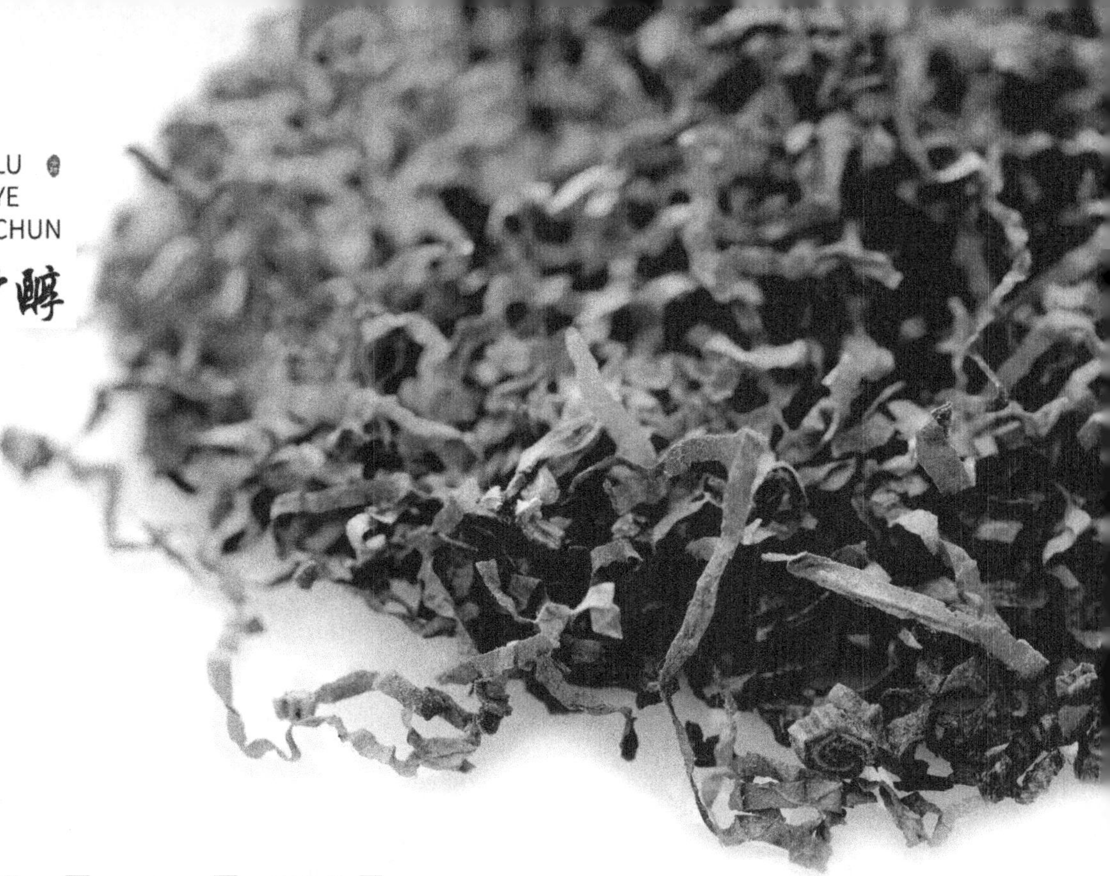

“泸叶醇”

烟叶品质特征形成及生产实践

罗 旭 顾 勇 鲁黎明 陈 勇 宋朝鹏 主编

中国农业科学技术出版社

图书在版编目（CIP）数据

“泸叶醇”烟叶品质特征形成及生产实践 / 罗旭等主编 . --北京：中国农业科学技术出版社，2021. 11

ISBN 978-7-5116-5561-5

Ⅰ. ①泸…　Ⅱ. ①罗…　Ⅲ. ①烟叶-产品质量-研究-泸州　Ⅳ. ①TS47

中国版本图书馆 CIP 数据核字（2021）第 220568 号

责任编辑　申　艳
责任校对　马广洋
责任印制　姜义伟　王思文

出 版 者　中国农业科学技术出版社
北京市中关村南大街 12 号　邮编：100081
电　　话　(010)82106636(编辑室)　(010)82109702(发行部)
(010)82109709(读者服务部)
传　　真　(010) 82106636
网　　址　http://www.castp.cn
经 销 者　各地新华书店
印 刷 者　北京建宏印刷有限公司
开　　本　185 mm×260 mm　1/16
印　　张　17. 75
字　　数　410 千字
版　　次　2021 年 11 月第 1 版　2021 年 11 月第 1 次印刷
定　　价　98. 00 元

《“泸叶醇”烟叶品质特征形成及生产实践》

编委会

主　编： 罗　旭　顾　勇　鲁黎明　陈　勇　宋朝鹏

副主编： 夏　春　夏建华　张永辉　李雪利　雷云康

编　委： 张远盖　王　飞　蒲进平　雷　晓　谢　强
徐传涛　赵锦超　张明金　方　勇　陈　剑
蔡辽燕　王李芳　姬鸿飞　彭　涛　唐　珊
李　浩　秦艳青　李文刚　谢云波　王浮波
袁　强　王　炼　曾　旭　吴　磊　彭　勇
王　川　白　钰　侯文涵　王　佳　谭　馨
曾孝敏　李灏麟

序

泸州市地处川南，是四川省重要的烤烟产区之一。泸州市烤烟种植可以追溯到20世纪40年代。进入21世纪后，泸州市烤烟生产得到了长足发展，为泸州市财政收入以及烟农增产增收做出了巨大贡献。

泸州市烤烟生产规模经历了由小变大、由弱变强的发展历程，年烟叶收购量最高达近2万t。“泸叶醇”烟叶的质量风格也经历了由不明确到质量上乘、特色鲜明、风格突出的历程。在外观质量上，“泸叶醇”烟叶油分足、成熟度好；在化学品质方面，“泸叶醇”烟叶糖碱比、氮碱比协调，钾与氯含量适中；在感官质量方面，“泸叶醇”烟叶香气质较好、香气量较足、成团性较好；在香韵特征方面，“泸叶醇”烟叶的突出特征是坚果香与果香彰显。工业企业对“泸叶醇”烟叶的总体评价为：香气质好、香气量足、化学成分协调、香韵突出、桥梁作用明显。依靠优异的质量与鲜明的特色风格，“泸叶醇”烟叶赢得了工业企业的赞誉，已经成为行业许多重点卷烟品牌的主料烟。

“泸叶醇”烟叶鲜明的风格特征，得益于泸州烟区良好的气候与生态资源。泸州市地处长江上游，在烟叶种植区划上属于“西南烟草种植区”之“滇东北黔西北川南高原山地烤烟区”。该区域丰富的光热资源、充沛的降水量以及适宜的土壤营养元素含量，为烟叶生长提供了得天独厚的生态条件，也奠定了“泸叶醇”烟叶风格的生态基础。“醉美泸州、生态泸烟”，是对“泸叶醇”烟叶的最好诠释。

为了深入认识“泸叶醇”烟叶的质量特征，探索“泸叶醇”风格特色形成的生态与生理生化基础，四川省烟草公司泸州市公司与四川农业大学携手开展了“泸州烟叶特色定位”研究。本书的出版既是对该项目研究成果的总结，也是对“泸叶醇”烟叶质量风格特色再认识的升华。

“优质、特色、生态、高效”是烟叶生产发展的目标与方向。科研成果只有转化为生产力，才能发挥其对生产的巨大推动作用。本书的出版，能够助力“泸叶醇”烟叶生产科技含量的不断提升，也期望泸州优质烟叶生产不断取得新的成绩。

2021年8月26日

序

前　　言

泸州市位于四川盆地南缘，永宁河、赤水河、沱江与长江交汇处。东部、北部及南部分别与重庆市和贵州省接壤，西与云南省相连。全市地理坐标为北纬27°39′~29°20′，东经105°08′~106°28′。泸州市南北长184.84 km，东西宽121.64 km，全市辖区面积12 232.34 km^2。泸州市为典型的山地市，海拔500~1 000 m的低山以及海拔1 000~1 902 m的中山占全市总面积的56.14%。

泸州市属亚热带湿润气候，是烟草的适宜种植区。季风气候特点明显，四季分明、春秋季暖和、夏季炎热、冬无严寒。总体日照充足、气温较高、雨量充沛、无霜期长，温、光、水同季，但受四川盆地地形影响，泸州市夏季多雷雨，冬季多为连绵阴雨天气。

泸州烟草种植的历史较为悠久，烤烟的种植自20世纪40年代开始。目前，泸州市烤烟的生产集中在叙永、古蔺两县。从烤烟种植区划来看，泸州烟区属于“西南烟草种植区”的“滇东北黔西北川南高原山地烤烟区”。泸州烟区所生产的烟叶总体质量较好，是“利群”“黄鹤楼”“双喜”等品牌卷烟的主料烟。2018年，四川省烟草公司泸州市公司对泸州烟叶进行了品牌注册，将泸州烟区所生产的烟叶统一注册为“泸叶醇”。

“泸叶醇”烟叶的质量特色明显，其外观质量呈现“颜色橘黄、成熟度适中、叶片结构疏松、身份中等、油分足、色度高”的特点；化学成分含量适宜，比例协调，总糖、还原糖含量以及总植物碱含量较高，钾与氯含量适中，糖碱比、氮碱比协调；感官质量特征表现为香气质较好、香气量较足、成团性较好、有回甜感、余味尚舒适；香韵特征以正甜香为主体香韵，并辅以干草香、辛香、木香、青香、清甜香、焦甜香、焦香、坚果香与果香等。“泸叶醇”烟叶具有较高的工业配方应用价值。据浙江中烟工业有限公司评价，“泸叶醇”烟叶的重要特征就是“桥梁作用突出”。

为了探明“泸叶醇”烟叶的质量特色及其形成的基础，2014—2019年，四川省烟草公司泸州市公司与四川农业大学联合开展了“泸州烟叶特色定位”的研究。从“质量定位”“区域定位”“技术定位”等方面对“泸叶醇”烟叶的质量特征、生态基础、生理生化等进行研究，取得了预期的研究成果。本书即是该研究成果的总结。

本书共分为8章。第一章为“泸叶醇”烟叶的品质特征，第二章为“泸叶醇”烟叶风格形成的香气物质基础，第三章为“泸叶醇”烟叶品质形成的气候条件，第四章为“泸叶醇”烟叶品质形成的土壤基础，第五章为“泸叶醇”烟叶品质形成的生理生化基础，第六章为泸州烟区烤烟杂交组合筛选，第七章为“泸叶醇”烟叶品质技术保障，第八章为“泸叶醇”烟叶品质管理保障。在附录部分，进行了“泸叶醇”烟叶品牌 LOGO 解读、“泸叶醇”烟叶品牌内涵解读，提出了“泸叶醇”烟叶品牌发展愿景并提供了烤烟湿润育苗技术规程。

本书力图以简洁明快的语言、深入浅出的叙述，全方位呈现“泸叶醇”烟叶质量风格特色的研究成果，以期为从事相关研究的同行提供参考。本书也可作为农学类专业研究生的科研参考。

本书在写作过程中，得到了行业内专家、领导的大力支持与帮助，许多专家、领导提出了宝贵的意见与建议，在此一并致谢。同时，也非常感谢本书编辑的辛勤付出以及出版社的大力支持。

由于写作时间有限，书中可能存在疏漏和不妥之处，敬请读者批评指正。

编者

2021. 06. 14

目　录

第一章 “泸叶醇”烟叶的品质特征

第一节 “泸叶醇”烟叶质量总体特征

一、烟叶外观质量总体特征

（一）烟叶外观质量总体特征

从2009—2015年在泸州各地调查的初烤烟样本看，外观质量评价指标变异系数均小于25%，属低等变异强度，说明泸州烟区烟叶外观质量波动较小。偏度是用于衡量分布的不对称程度或偏斜程度的指标。从偏度来看，烟叶外观指标中颜色、成熟度、叶片结构、身份、油分、色度分值均为负偏斜。油分、身份、色度分值最接近正态分布；峰度是用于衡量分布的集中程度或分布曲线的尖峭程度的指标。从峰度来看，外观指标中颜色、成熟度、叶片结构、身份分值呈尖峰状态，各样本分值更靠近平均值。油分、色度呈低峰状态，分布分散。具体结果见表1-1。

表1-1 泸州烟区烟叶外观指标历史资料统计描述

指标	最小值	最大值	平均值	标准差	变异系数	偏度	峰度
颜色	6.90	13.50	11.20	1.30	0.12	−0.42	0.48
成熟度	8.00	17.00	15.07	1.39	0.09	−2.03	6.64
叶片结构	10.00	18.00	15.26	1.36	0.09	−1.63	3.60
身份	6.00	9.00	7.61	0.61	0.08	−0.20	0.49
油分	8.00	16.00	12.49	1.63	0.13	−0.10	−0.39
色度	6.00	12.00	9.77	1.41	0.14	−0.30	−0.04

（二）烟叶外观质量在2009—2015年的变化特征

泸州烟区不同年份烟叶外观评价结果如表1-2所示。就年度间而言，各年份间颜色、成熟度、叶片结构、身份、油分、色度均有变化，其中颜色、身份、油分、色度波动较大，成熟度、叶片结构波动较小；就单个指标而言，颜色、成熟度、叶片结构分值最低的是2009年；身份、油分、色度分值最低的是2011年，这可能与当年气候状况、栽培措施、品种因素等有关系。

表 1-2 泸州烟区烟叶外观指标在 2009—2015 年的变化特征

年份	颜色	成熟度	叶片结构	身份	油分	色度
2009	9.98c	13.44b	14.10b	7.39c	11.66c	9.21cd
2010	12.57a	15.82a	15.72a	7.67bc	12.80b	11.07a
2011	10.17c	15.18a	15.07a	7.10c	11.03c	8.33d
2012	11.55b	16.08a	16.00a	7.90ab	14.00ab	10.62ab
2013	11.81b	15.87a	16.33a	7.85ab	13.00b	9.81bc
2015	11.95ab	15.14a	15.50a	8.25a	14.14a	10.29b

注：同列数据不同小写字母表示不同年份间差异显著（$P<0.05$）。下同。

二、烟叶化学成分含量总体特征

（一）烟叶化学成分含量总体特征

从 2009—2015 年在泸州各地调查的初烤烟样本看，烟叶中总糖、还原糖、总氮含量变异系数均小于 25%，属低等变异强度，说明泸州烟区烟叶中总糖、还原糖、总氮含量波动较小；其他化学成分含量变异系数均属于中等变异强度，含量波动较大。从偏度来看，化学指标中总糖、还原糖、总植物碱含量均为负偏斜。总植物碱含量最接近正态分布；从峰度来看，化学指标中总糖、还原糖、糖碱比、氯、钾、钾氯比、总氮、氮碱比呈尖峰状态，各样本含量更靠近平均值。总植物碱、淀粉含量呈低峰状态，分布分散，如表 1-3 所示。

表 1-3 泸州烟区烟叶化学指标历史资料统计描述

指标	最小值	最大值	平均值	标准差	变异系数	偏度	峰度
总糖/%	15.85	34.30	28.82	4.46	0.15	-0.93	1.28
还原糖/%	14.75	30.30	24.12	3.44	0.14	-0.30	0.62
总植物碱/%	1.21	2.94	2.55	0.64	0.25	-0.02	-0.01
糖碱比	4.30	18.16	10.27	3.76	0.37	1.29	1.89
氯/%	0.05	0.37	0.27	0.15	0.56	1.68	4.35
钾/%	0.77	2.15	1.79	0.55	0.31	2.15	9.24
钾氯比	1.80	13.38	8.96	7.29	0.81	3.35	17.54
总氮/%	1.37	3.03	2.02	0.32	0.16	0.93	0.97
氮碱比	0.51	1.69	0.85	0.28	0.33	1.27	0.48
淀粉/%	1.93	5.75	4.47	1.25	0.28	0.37	-0.05

（二）烟叶化学质量在 2009—2015 年的变化特征

泸州烟区不同年份烟叶化学成分含量结果如表 1-4 所示。就年度间而言，各年份间各类指标均有变化，其中还原糖、钾氯比、总植物碱、钾、总氮波动较大，糖碱比、淀粉、氯、氮碱比波动较小；就单个指标而言，总糖、氮碱比、淀粉呈上升趋势。钾氯比、钾呈下降趋势。糖碱比、淀粉、氯、氮碱比这4个指标年度间变化都不太大，而其他化学指标随年份变化有较大起伏，说明环境因子对糖碱比、淀粉、氯、氮碱比影响较小，对其他指标影响较大。

表1-4 泸州烟区烟叶化学成分含量在2009—2015年的变化特征

年份	总糖/%	还原糖/%	总植物碱/%	糖碱比	氯/%	钾/%	钾氯比	总氮/%	氮碱比	淀粉/%
2009	28.37bc	23.42d	2.29d	11.95a	0.19a	2.27a	17.02a	1.98ab	0.95a	
2010	30.09ab	24.99bc	2.87bc	9.65ab	0.25a	1.86b	9.08b	1.85bc	0.68c	4.28a
2011	30.27ab	23.05bcd	2.69bcd	8.68b	0.39a	1.68b	4.96b	1.94bc	0.72abc	4.50a
2012	31.33a	28.43a	2.91a	9.84ab	0.29a	1.63b	5.73b	2.13abc	0.73abc	4.39a
2013	31.55a	25.66b	2.63b	9.86ab	0.33a	1.59b	5.15b	1.80c	0.69bc	4.92a
2015	22.61c	22.10cd	2.02cd	11.52a	0.23a	1.36b	7.02b	2.48a	1.27ab	

三、烟叶感官质量总体特征

（一）烟叶感官质量总体特征

从2009—2015年在泸州各地调查的初烤烟样本看，感官指标中香气质、香气量、杂气、刺激性、回甜感、干燥感、细腻度、成团性变异系数小于25%，各指标分值之间变化较小。余味变异系数较大，说明余味的分值波动稍大。从偏度来看，感官指标中香气质、杂气分值均为负偏斜。刺激性分值最接近正态分布；从峰度来看，感官指标中杂气、刺激性、回甜感、干燥感、成团性分值呈尖峰状态，各样本分值更靠近平均值。香气质、香气量、余味、细腻度呈低峰状态，分布分散，如表1-5所示。

表1-5 泸州烟区烟叶感官指标历史资料统计描述

指标	最小值	最大值	平均值	标准差	变异系数	偏度	峰度
香气质	11.33	16.00	15.75	1.52	0.10	-0.60	-0.26
香气量	12.33	19.75	15.44	2.20	0.14	0.15	-1.34
余味	6.00	10.27	8.57	2.78	0.32	1.05	-0.51
杂气	6.00	9.97	8.34	0.76	0.09	-0.97	1.50
刺激性	6.67	9.36	8.10	0.50	0.06	0.09	0.28
回甜感	2.59	4.00	3.29	0.30	0.09	0.36	0.28
干燥感	3.00	4.00	3.35	0.24	0.07	1.13	1.21
细腻度	3.00	4.00	3.43	0.28	0.08	0.61	-0.28
成团性	2.94	3.90	3.34	0.19	0.06	0.62	1.33

（二）烟叶感官质量在2009—2015年的变化特征

泸州烟区不同年份烟叶感官评价结果如表1-6所示。就年度间而言，各年份间各类指标均有变化，其中余味、刺激性、干燥感、成团性波动较小；就单个指标而言，香气量、余味、回甜感、干燥度、细腻度、成团性呈上升趋势，香气质呈下降趋势。除刺激性在年度间变化不太大外，而其他感官指标随年份变化有较大起伏，说明环境因子对它们都有较大的影响。

表1-6　泸州烟区烟叶感官指标2009—2015年的变化特征

年份	香气质	香气量	余味	杂气	刺激性	回甜感	干燥感	细腻度	成团性
2009	16. 70bc	16. 83c	13. 39a	8. 43bc	8. 02bc	2. 96d			
2010	16. 94a	13. 51d	6. 75c	8. 70ab	8. 11bc	3. 35bc	3. 31c	3. 39cd	3. 40b
2011	16. 15ab	12. 89d	6. 37c	8. 30bc	7. 74c	3. 19c	3. 19c	3. 21d	3. 16c
2012	13. 34d	16. 78bc	8. 70b	6. 75d	8. 13b	3. 49b	3. 48b	3. 40c	3. 35b
2013	14. 20cd	18. 25a	9. 20b	7. 66c	8. 52a	3. 81a	3. 83a	3. 76a	3. 59a
2015	14. 37cd	17. 46ab	6. 95c	9. 03a	8. 49a	3. 44b	3. 30c	3. 61b	

第二节　“泸叶醇”烟叶质量随海拔分布特征

一、烟叶外观质量随海拔分布特征

不同海拔泸州烟叶外观质量特征如图1-1所示。由图1-1可知，泸州烟叶外观质量中除烟叶成熟度以外，其他指标受海拔高度影响较大。泸州烟区烟叶颜色、叶片结构随海拔升高呈波浪形上升趋势；烟叶色度随海拔升高呈波浪形下降趋势；烟叶身份、油分随海拔升高呈下降趋势。

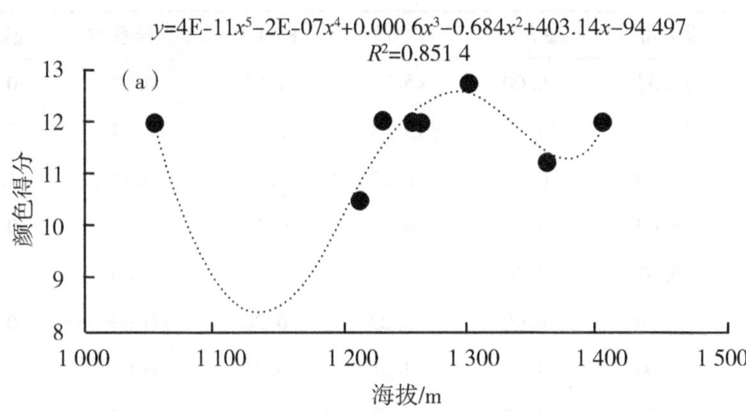

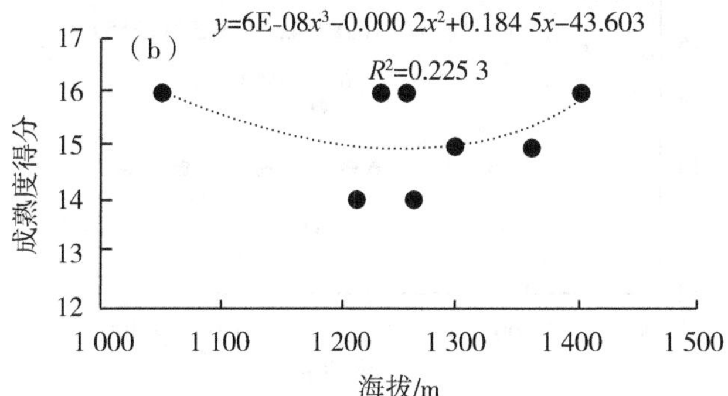
y=6E-08x3-0.000 2x2+0.184 5x-43.603
R2=0.225 3
(b)
成熟度得分
17
16
15
14
13
12
1 000
1 100
1 200
1 300
1 400
1 500
海拔/m

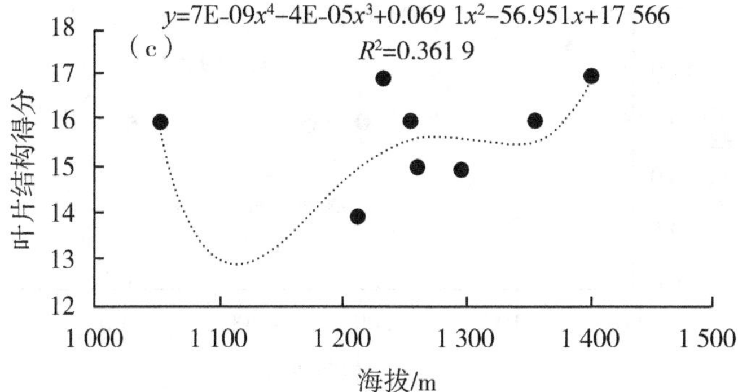
y=7E-09x4-4E-05x3+0.069 1x2-56.951x+17 566
R2=0.361 9
(c)
叶片结构得分
18
17
16
15
14
13
12
1 000
1 100
1 200
1 300
1 400
1 500
海拔/m

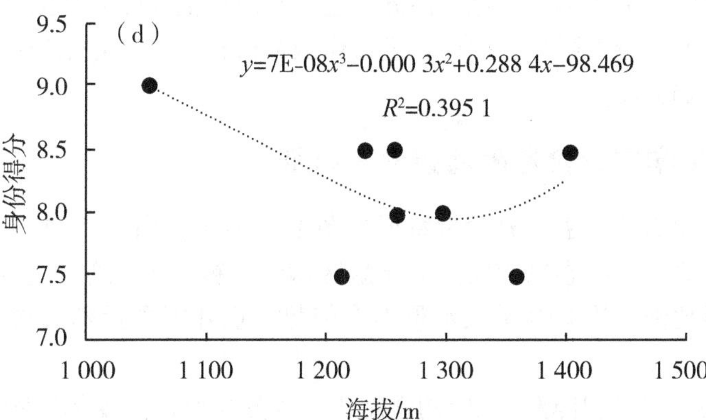
(d)
y=7E-08x3-0.000 3x2+0.288 4x-98.469
R2=0.395 1
身份得分
9.5
9.0
8.5
8.0
7.5
7.0
1 000
1 100
1 200
1 300
1 400
1 500
海拔/m

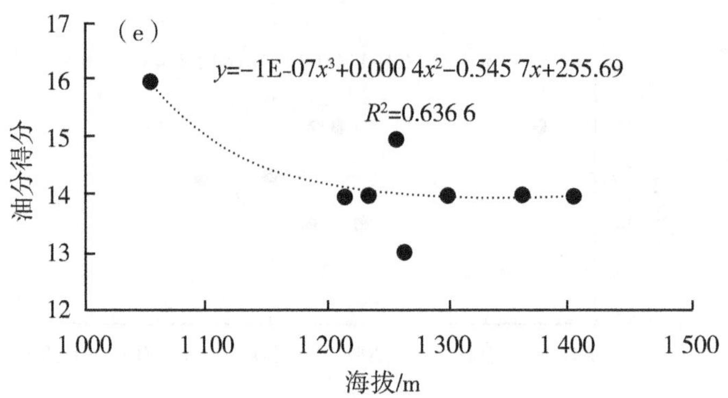

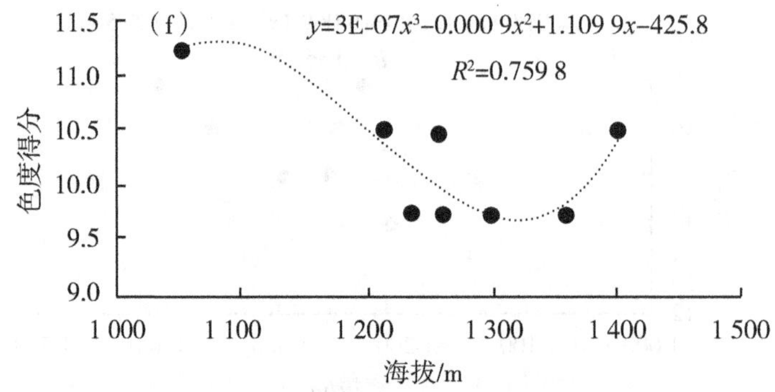

图 1-1　不同海拔烟叶外观质量特征

以上结果表明，泸州烟叶颜色、油分、色度与海拔呈高度曲线拟合，进而对烟叶产量、工业可用性产生较大影响，因而在进行烤烟种植布局时，应充分考虑海拔高度对烟叶外观质量的影响程度。

二、烟叶化学成分含量随海拔分布特征

不同海拔泸州烟叶化学成分含量特征如图 1-2 所示。由图 1-2 可知，泸州烟叶化学成分各指标受海拔高度影响较大。泸州烟区烟叶总糖、还原糖、总植物碱、糖碱比、氯、总氮、氮碱比随海拔升高呈波浪形上升趋势；烟叶钾含量随海拔升高呈直线上升趋势。

以上结果表明，" 泸叶醇 "烟叶的常规化学成分受海拔高度的影响较大，有可能会影响到烟叶的质量以及工业可用性。所以，在进行烤烟种植区域布局时，应充分考虑海拔高度的因素。

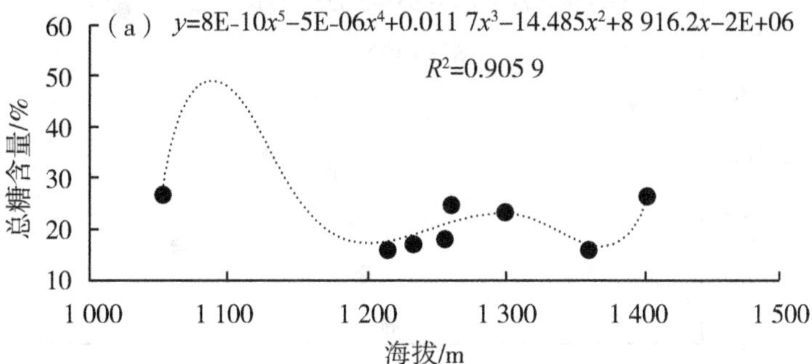
(a) y=8E-10x^5–5E-06x^4+0.011 7x^3–14.485x^2+8 916.2x–2E+06
R^2=0.905 9
总糖含量/%
海拔/m
60
50
40
30
20
10
1 000
1 100
1 200
1 300
1 400
1 500

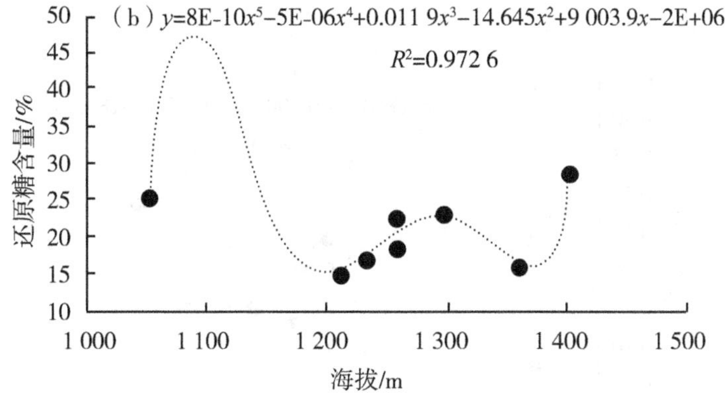
(b) y=8E-10x^5–5E-06x^4+0.011 9x^3–14.645x^2+9 003.9x–2E+06
R^2=0.972 6
还原糖含量/%
海拔/m
50
45
40
35
30
25
20
15
10
1 000
1 100
1 200
1 300
1 400
1 500

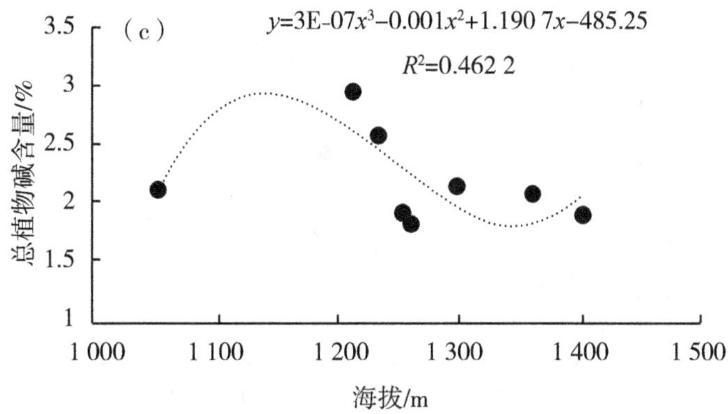
(c)
y=3E-07x^3–0.001x^2+1.190 7x–485.25
R^2=0.462 2
总植物碱含量/%
海拔/m
3.5
3
2.5
2
1.5
1
1 000
1 100
1 200
1 300
1 400
1 500

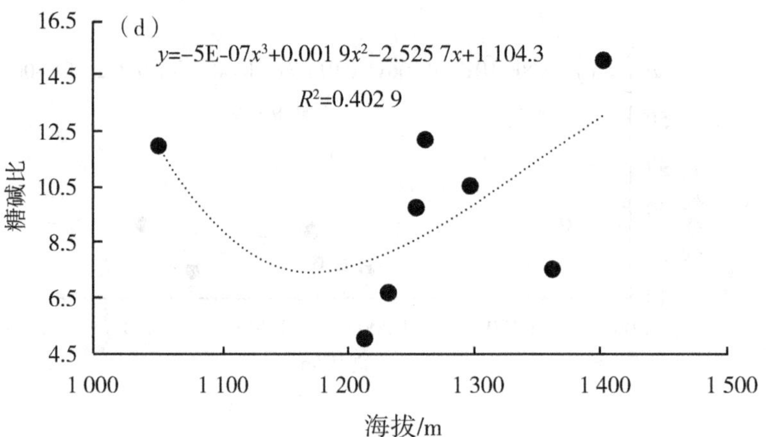
(d)
y=−5E-07x^3+0.001 9x^2−2.525 7x+1 104.3
R^2=0.402 9
糖碱比
16.5
14.5
12.5
10.5
8.5
6.5
4.5
1 000
1 100
1 200
1 300
1 400
1 500
海拔/m

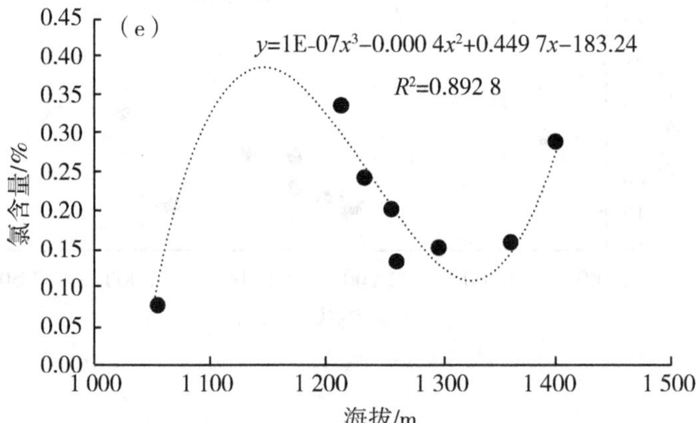
(e)
y=1E-07x^3−0.000 4x^2+0.449 7x−183.24
R^2=0.892 8
氯含量/%
0.45
0.40
0.35
0.30
0.25
0.20
0.15
0.10
0.05
0.00
1 000
1 100
1 200
1 300
1 400
1 500
海拔/m

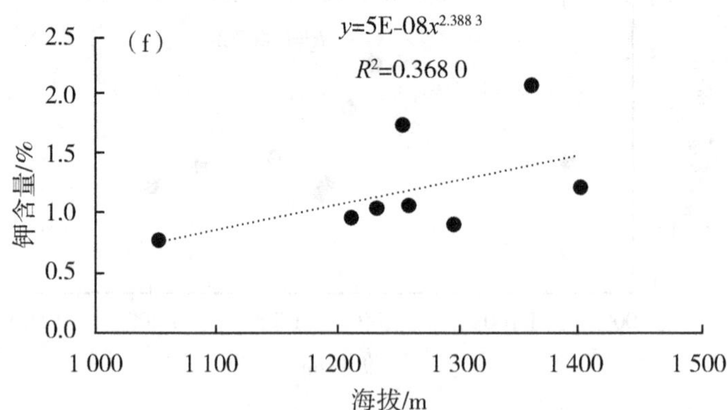
(f)
y=5E-08$x^{2.388\ 3}$
R^2=0.368 0
钾含量/%
2.5
2.0
1.5
1.0
0.5
0.0
1 000
1 100
1 200
1 300
1 400
1 500
海拔/m

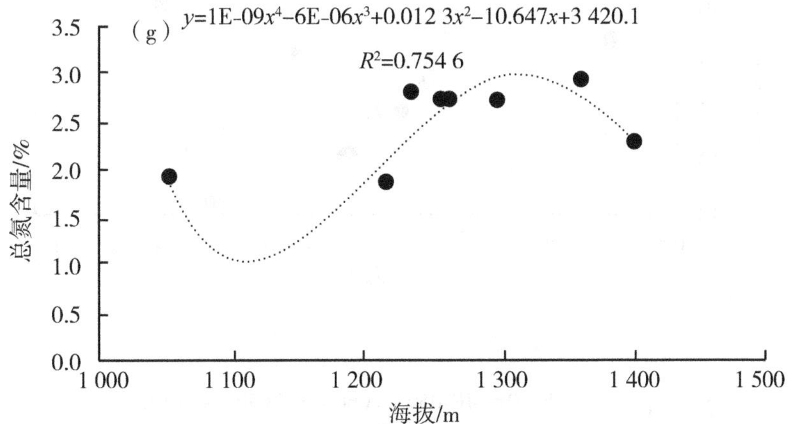

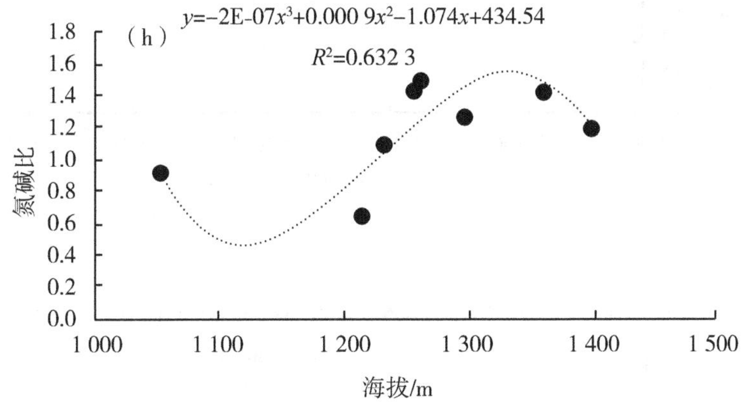

图 1-2 不同海拔烟叶主要化学成分特征

三、烟叶感官质量随海拔分布特征

不同海拔泸州烟叶感官质量特征如图 1-3 所示。由图 1-3 可知，泸州烟叶感官质量中香气质、香气量受海拔高度影响较大。余味、杂气、成团性、刺激性、回甜感、干燥感等指标则随海拔上升波动较小。

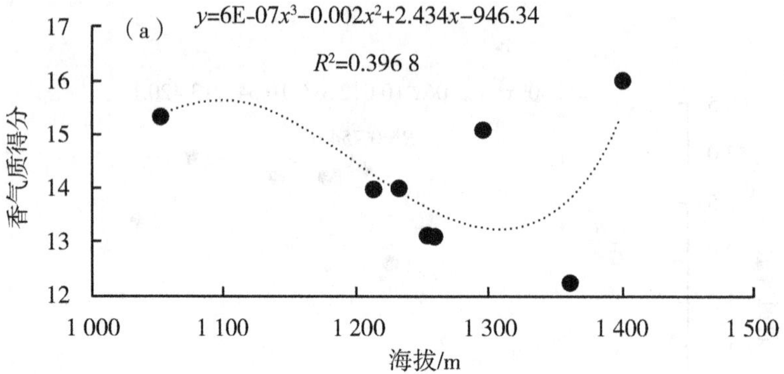

(a)
y=6E-07x³-0.002x²+2.434x-946.34
R²=0.396 8
香气质得分
17
16
15
14
13
12
1 000
1 100
1 200
1 300
1 400
1 500
海拔/m

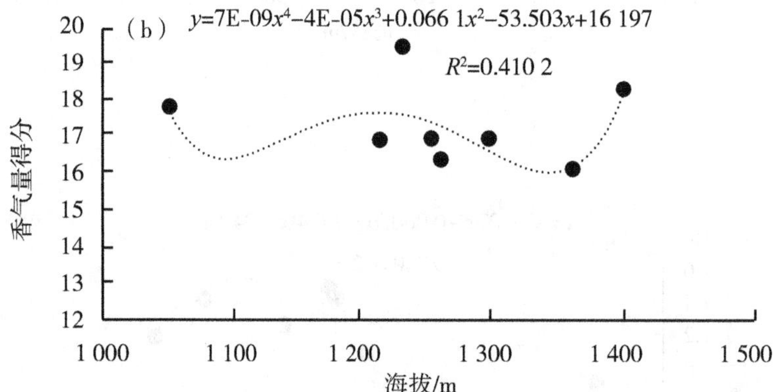

(b)
y=7E-09x⁴-4E-05x³+0.066 1x²-53.503x+16 197
R²=0.410 2
香气量得分
20
19
18
17
16
15
14
13
12
1 000
1 100
1 200
1 300
1 400
1 500
海拔/m

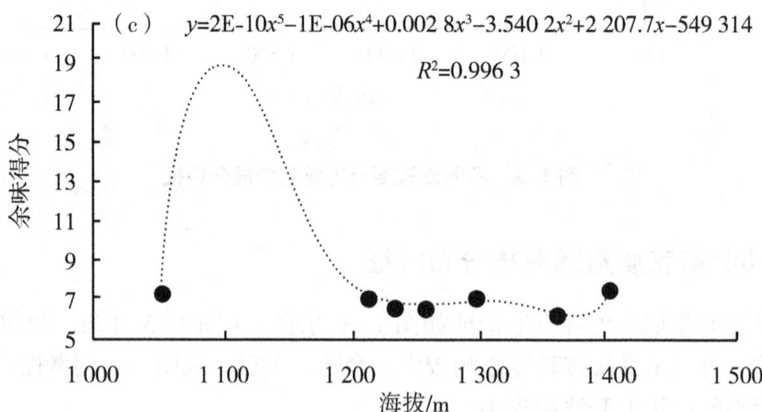

(c)
y=2E-10x⁵-1E-06x⁴+0.002 8x³-3.540 2x²+2 207.7x-549 314
R²=0.996 3
余味得分
21
19
17
15
13
11
9
7
5
1 000
1 100
1 200
1 300
1 400
1 500
海拔/m

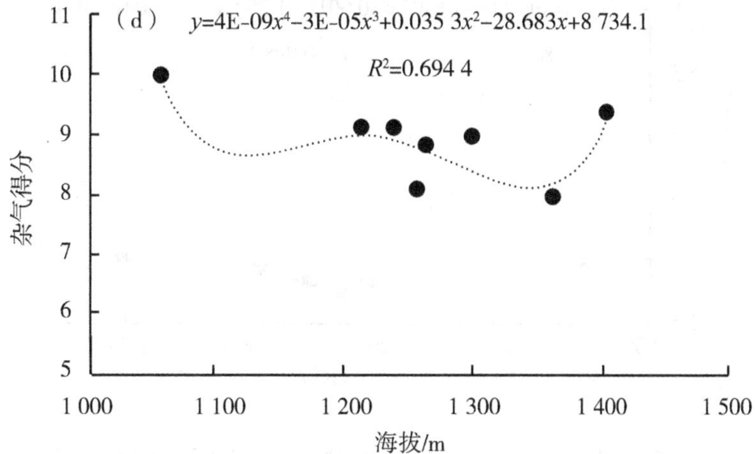

（d） y=4E-09x⁴-3E-05x³+0.035 3x²-28.683x+8 734.1
R²=0.694 4
杂气得分
11
10
9
8
7
6
5
1 000
1 100
1 200
1 300
1 400
1 500
海拔/m

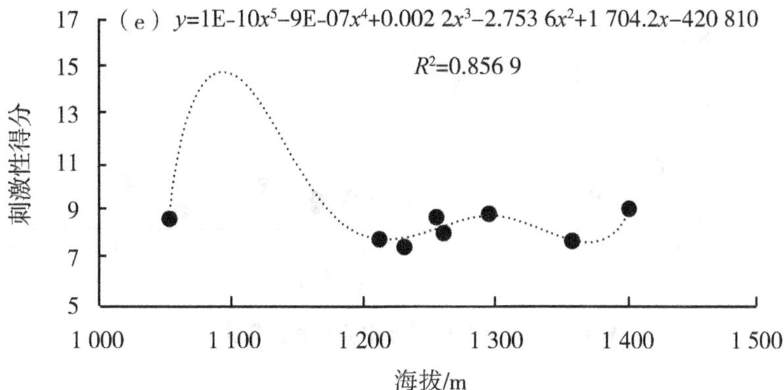

（e） y=1E-10x⁵-9E-07x⁴+0.002 2x³-2.753 6x²+1 704.2x-420 810
R²=0.856 9
刺激性得分
17
15
13
11
9
7
5
1 000
1 100
1 200
1 300
1 400
1 500
海拔/m

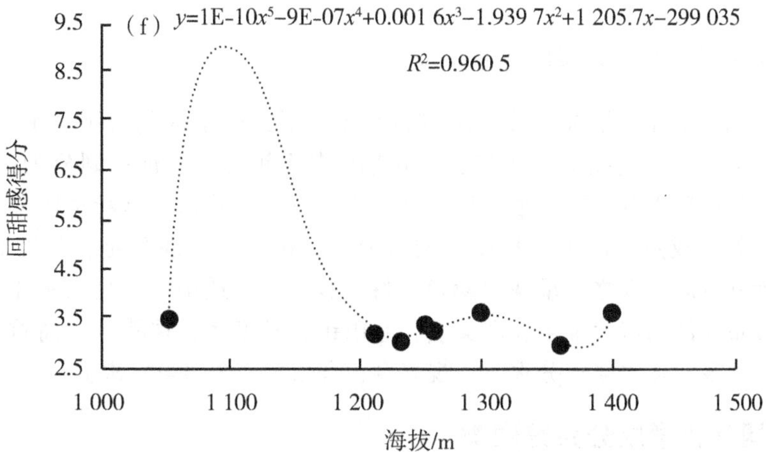

（f） y=1E-10x⁵-9E-07x⁴+0.001 6x³-1.939 7x²+1 205.7x-299 035
R²=0.960 5
回甜感得分
9.5
8.5
7.5
6.5
5.5
4.5
3.5
2.5
1 000
1 100
1 200
1 300
1 400
1 500
海拔/m

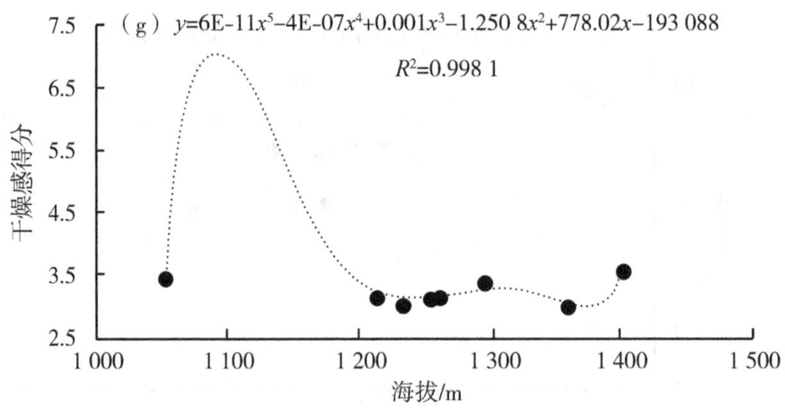

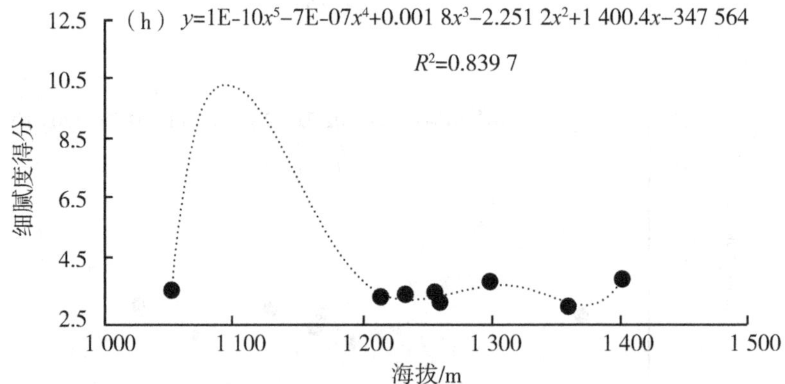

图 1-3 不同海拔烟叶主要感官质量指标特征

第三节 "泸叶醇"烟叶质量系统聚类分析

一、烟叶外观质量系统聚类

依据外观质量评价指标得分情况进行系统聚类，度量区间为平方 Euclidean 距离，结果如图 1-4 所示。由图 1-4 可知，泸州烟区各乡镇外观特征可划分为两大类。第Ⅰ类分布在泸州市后山乡、石宝镇、双沙乡、水口镇、鱼化镇，烟叶总体外观质量最好，呈现"颜色好、成熟度适中、叶片结构疏松、身份中等、油分足、色度高"的特点。第Ⅱ类烟叶外观质量次之，呈现"颜色较好、成熟度较适中、叶片结构疏松、色度高"的特点，分布在泸州市大寨乡、观文镇、龙山镇、护家乡、枧槽乡、箭竹乡、麻城乡、摩尼乡、营山乡、赤水乡、分水乡、观兴乡、合乐乡、金星乡、水潦乡。

二、烟叶化学成分系统聚类

依据初烤烟叶化学成分含量情况进行系统聚类，度量区间为平方 Euclidean 距离，结

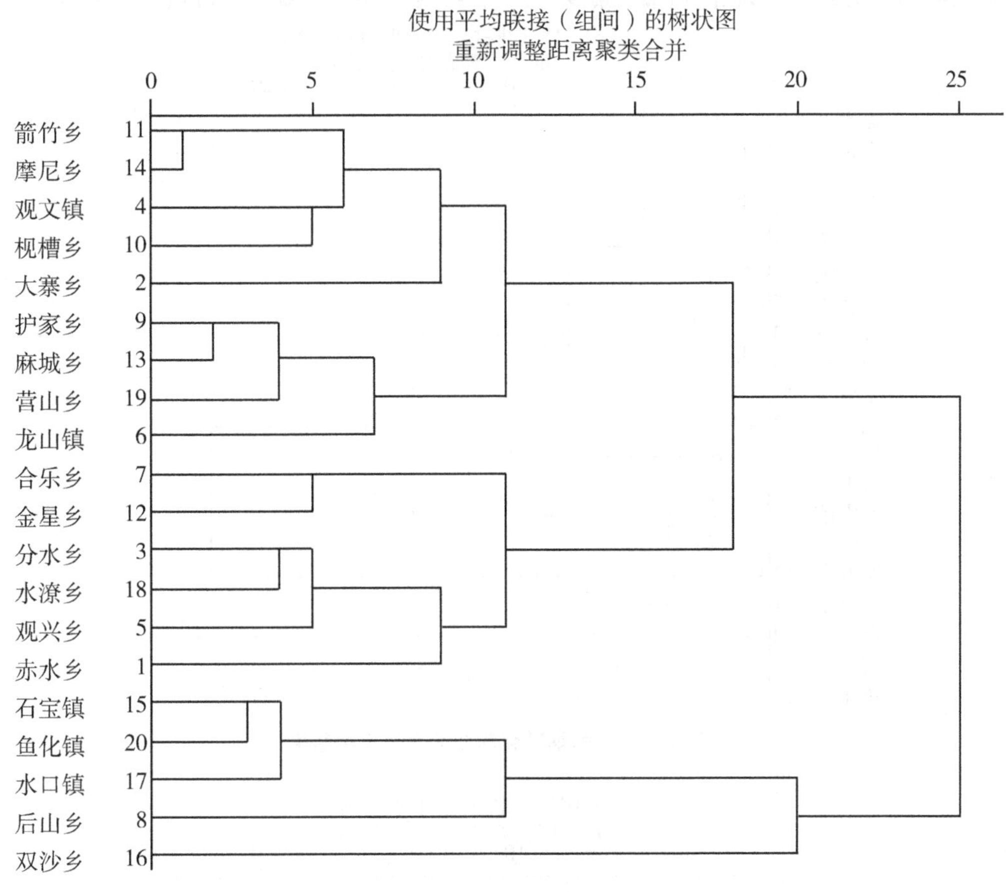

图 1-4 泸州烟叶外观质量系统聚类结果

果如图 1-5 所示。由图 1-5 可知，泸州烟区烟叶化学成分特征可划分为两大类。第Ⅰ类分布在泸州市观文镇、箭竹乡、金星乡、鱼化镇，烟叶总体呈现“还原糖含量较低、总植物碱含量较低、糖碱比较高、氯含量较低、钾含量较高、氯钾比较高、总氮含量较低、氮碱比较高”的特点。第Ⅱ类烟叶总体呈现“还原糖含量较高、总植物碱含量较高、糖碱比较低、氯含量较高、钾含量较低、氯钾比较低、总氮含量较高、氮碱比较低”的特点，分布在泸州市赤水乡、大寨乡、分水乡、观兴乡、龙山镇、合乐乡、后山乡、护家乡、枧槽乡、麻城乡、摩尼乡、石宝镇、双沙乡、水口镇、水潦乡、营山乡。

三、烟叶感官质量系统聚类

依据感官质量评价指标得分情况进行系统聚类，度量区间为平方 Euclidean 距离，结果如图 1-6 所示。由图 1-6 可知，泸州烟区乡镇感官质量特征可划分为两大类。第Ⅰ类分布在泸州市赤水乡、分水乡、观文镇、观兴乡、合乐乡、枧槽乡、箭竹乡、金星乡、摩尼乡、石宝镇、双沙乡、水口镇、水潦乡、鱼化镇，呈现“香气量足、余味足、刺激性强、回甜感强、细腻度好”的特点。第Ⅱ类烟叶感官质量次之，呈现“香气质高、杂气强、干燥感强”的特点，分布在泸州市大寨乡、龙山镇、后山乡、护家乡、麻城乡、营山乡。

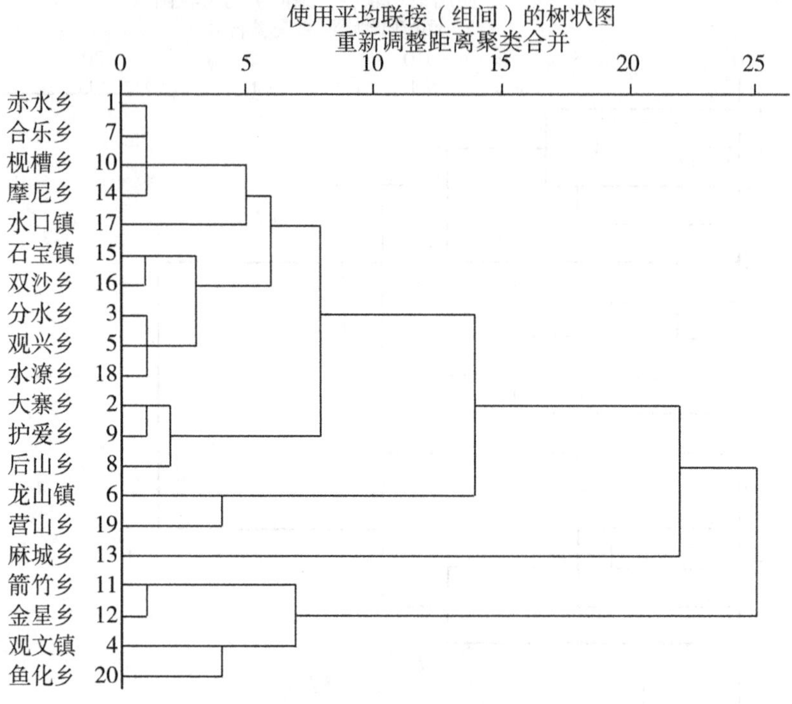

图 1-5 泸州烟叶化学成分系统聚类结果

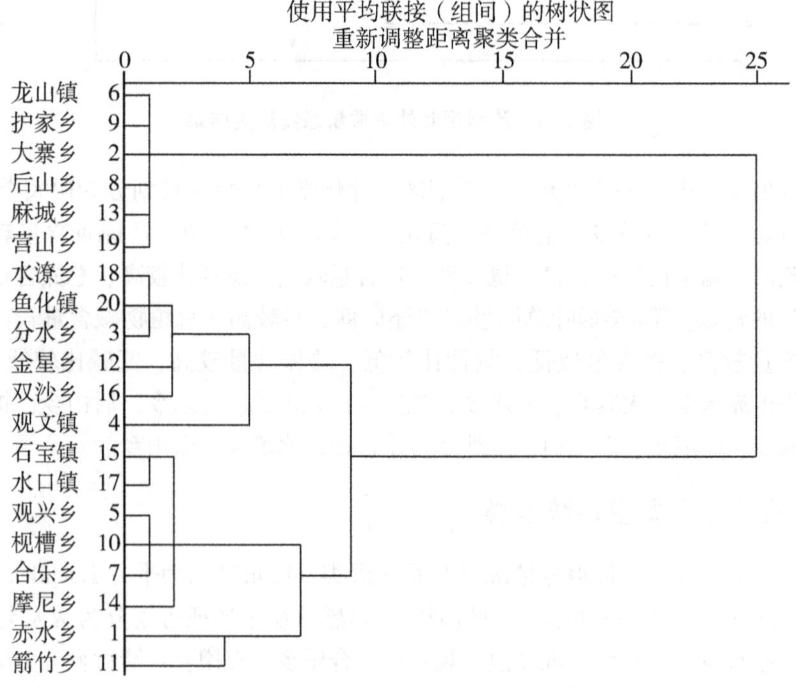

图 1-6 泸州烟叶感官质量系统聚类结果

第四节 “泸叶醇”烟叶的风格

一、我国烟叶的八大香型

2017 年，中国烟草总公司发布了《全国烤烟烟叶香型风格区划》。该区划是国家局（总公司）特色优质烟叶开发重大专项的标志性成果，将全国烤烟烟叶产区划分为八大生态区，相应地把烟叶风格划分为八大香型，突破了传统浓、中、清三大香型划分。

1. 西南高原生态区——清甜香型

风格特征为清甜香突出，青香明显；生态特征为旺长期光温水中等、成熟期温度较低；分布区域涵盖云南全部、四川大部及贵州、广西部分产地，具体包括玉溪、昆明、大理、曲靖、凉山、楚雄、红河、攀枝花、普洱、文山、临沧、保山、昭通、毕节西部、黔西南西部、六盘水西部、德宏、丽江、百色西部，典型产地为江川（玉溪）。

2. 黔桂山地生态区——蜜甜香型

风格特征为蜜甜香突出；生态特征为生育期温度较高、光照和煦、旺长期降雨充沛；分布区域涵盖贵州、广西大部及四川部分产地，具体包括遵义、贵阳、毕节中部和东部、黔南、黔西南中部和东部、安顺、黔东南、铜仁、泸州、宜宾、六盘水中部和东部、百色中部和东部、河池，典型产地为播州（遵义）。

3. 武陵秦巴生态区——醇甜香型

风格特征为醇甜香突出；生态特征为生育期光照和降雨中等、温度较高；分布区域涵盖重庆、湖北全部、陕西大部及湖南、甘肃部分产地，具体包括重庆、恩施、十堰、宜昌、湘西、张家界、怀化、常德、安康、汉中、商洛（镇安）、襄阳、广元、陇南，典型产地为巫山（重庆）。

4. 黄淮平原生态区——焦甜焦香型

风格特征为焦甜香突出，焦香较明显，树脂香微显；生态特征为生育期降雨量低、温度较高；分布区域涵盖河南、山西全部及陕西、甘肃部分产地，具体包括许昌、平顶山、漯河、驻马店、南阳、商洛（洛南）、洛阳、三门峡、宝鸡、咸阳、延安、庆阳、临汾、长治、运城，典型产地为襄城（许昌）。

5. 南岭丘陵生态区——焦甜醇甜香型

风格特征为焦甜香突出，醇甜香较明显，甜香香韵较丰富；生态特征为生育期降雨充沛、成熟期温度高；分布区域涵盖江西、安徽全部，广东、湖南大部及广西部分产地，具体包括郴州、永州、韶关、宣城、赣州、芜湖、长沙、衡阳、邵阳、池州、抚州、益阳、娄底、贺州、株洲、黄山、宜春、吉安、清远，典型产地为桂阳（郴州）。

6. 武夷丘陵生态区——清甜蜜甜香型

风格特征为清甜香突出，蜜甜香明显，花香微显，香韵种类丰富；生态特征为生育期光照和煦、降雨充沛、生育前期温度低；分布区域涵盖福建全部及广东部分产地，具体包括三明、龙岩、南平、梅州，典型产地为宁化（三明）。

7. 沂蒙丘陵生态区——蜜甜焦香型

风格特征为焦香突出，蜜甜香明显，木香较明显，香韵较丰富；生态特征为生育期温度较高、旺长期降雨量低、成熟前期降雨量稍高；分布区域涵盖山东全部产地，具体包括潍坊、临沂、日照、淄博、青岛、莱芜，典型产地为诸城（潍坊）。

8. 东北平原生态区——木香蜜甜香型

风格特征为木香突出，蜜甜香明显；生态特征为生育期昼夜温差大、光照充足、成熟期温度低；分布区域涵盖黑龙江、辽宁、吉林、内蒙古、河北全部产地，具体包括牡丹江、丹东、哈尔滨、绥化、赤峰、延边、朝阳、铁岭、大庆、白城、双鸭山、鸡西、七台河、长春、通化、抚顺、本溪、鞍山、阜新、锦州、张家口、保定、石家庄，典型产地为宁安（牡丹江）。

《全国烤烟烟叶香型风格区》对中式卷烟发展的原料保障具有战略意义，将进一步推进全国烟叶差异化、特色化、品牌化发展，促进卷烟工业原料精细化高效利用水平提升，指引卷烟产品配方设计和原料基地建设。各烟叶产区、各卷烟工业企业要以该区划为指引，继续深化烟叶特色定位、生态定位、品牌定位研究，推进烟叶原料供给创新升级，更好地满足中式卷烟品牌发展对风格多样化烟叶的原料需求。

二、“泸叶醇”烟叶的香型与风格

（一）泸州烟叶的香型与香韵

1. 感官评吸结果

烟叶香型、香韵的研究与分析是进行烟叶的特色风格定位的必要环节。因此，本书在对泸州烟叶感官质量进行分析的基础上，分析了其香型与香韵。

通过对近年来泸州烟叶的感官评吸结果进行分析发现，泸州烟叶的香型为中间香型，但香韵类型较多，包括干草香、正甜香、辛香、木香、青香、清甜香、焦甜香、焦香、坚果香以及果香等，其中，主体香韵为正甜香韵。

中国烟草总公司郑州烟草研究院的研究结果表明，烟叶香型与香韵的关系可以做如下表述。

第一，浓香型是在烤烟本香（干草香）的基础上，以焦甜香、木香、焦香、辛香等为主体香韵，而以焦甜香韵突出；

第二，清香型是在烤烟本香（干草香）的基础上，以清甜香、青香、木香、辛香等为主体香韵，而以清甜香韵突出；

第三，中间香型是在烤烟本香（干草香）的基础上，以正甜香、木香、辛香等为主体香韵，而以正甜香韵突出。

对比上述研究结果发现，泸州烟叶的正甜香韵突出，并伴有木香、辛香等主体香韵。因此，泸州烟叶是较为典型的中间香型烟叶。

2. 中间香型与蜜甜香型

2017 年中国烟草总公司发布了《全国烤烟烟叶香型风格区划》，在原来的浓香型、清香型、中间香型 3 种类型区划的基础上进行了重新区划、细分，将全国烤烟产区分为了八大香型区，与四川相关的包括以下 3 类香型。

①西南高原生态区——清甜香型（Ⅰ区），四川烟区大部分属于该区域，具体包括凉山和攀枝花。

②黔桂山地生态区——蜜甜香型（Ⅱ区），涵盖四川部分产区，具体包括泸州和宜宾。

③武陵秦巴生态区——醇甜香型（Ⅲ区），涵盖四川广元烟区。

表 1-7 是张红等（2018）根据四川各烟区烟叶质量评价报告，对四川烟叶的评吸质量以及化学成分进行的归纳与总结。

表 1-7 四川各烟区烟叶评吸质量及化学成分（2015—2016 年，中部叶）

项目	烟区	凉山	攀枝花	泸州	宜宾	广元
评吸质量	主要特征	清香型较明显，清香型较显著	正甜香韵较明显，清甜香韵尚显著	正甜香韵较明显，有辛香香韵	正甜香韵较明显，有坚果香韵	清甜香韵较明显，有辛香香韵
	主体香韵	清甜香	清甜香	正甜香	正甜香	正甜香
	辅助香韵	果香、青香、木香、焦香	果香、木香、焦香	青香、木香、果香、焦香	青香、木香、果香、焦香	清甜香、木香、焦香、青香
	杂气	枯焦、木质	生青、木质	枯焦、生青	枯焦、生青、木质	枯焦、木质、生青
	浓度	适中	适中	适中	适中	适中
	劲头	适中	适中	适中	适中	适中
化学成分	还原糖/%	31.60	31.41	26.61	28.83	27.70
	总植物碱/%	2.24	1.68	2.76	2.34	2.63
	总氮/%	1.82	1.67	1.86	1.85	1.81
	钾/%	1.60	1.68	1.94	2.28	1.67

数据来源：张红等（2018）。

从表 1-7 可以看出，在四川烟叶质量评价中，泸州烟叶主体香韵为正甜香，辅助香韵为青香、木香、果香、焦香，两者在命名上存在差异。

《烤烟烟叶质量风格特色感官评价方法》中，明确风格特征指标包括香型、香韵、香气状态、烟气浓度和劲头。其中，香型分为清香型、中间香型和浓香型；香韵分为干草香、清甜香、正甜香、焦甜香、青香、木香、豆香、坚果香、焦香、辛香、果香、药草香、花香、树脂香和酒香；香气状态分为沉溢、悬浮和飘逸。赵铭钦在所著的《卷烟调香学》中，对蜜甜香进行了进一步的阐述。他认为，蜜甜香，花香中以玫瑰为正甜香韵，在非花香中的蜜甜香，以香叶、玫瑰等精油为代表。蜜甜香也可按其互相间的香调差别，分为若干小类：玫瑰甜（或醇甜）、宵甜（或橙花甜）、柔甜（或蜜甜）、盛甜（或金合欢甜）、辛甜（或焦甜）等。

由此，张红等（2018）认为，蜜甜香和醇甜香的命名分类是在正甜香的基础上进一步的细化或区分。

(二)泸州烟叶的香韵特征分析

1. 泸州烟叶的香韵特色

泸州烟叶感官评价的结果表明，泸州烟叶的主体香韵为正甜香，辅助香韵为青香、木香、果香、焦香。为了更进一步明确泸州烟叶的香韵特征，本书将其与其他典型中间香型产区烟叶的香韵特征进行了比较，结果如表 1-8 所示。分析结果表明，泸州烟叶的香韵与典型正甜香烟叶产区湖北房县及宣恩较为类似，还具有自身的香韵特征，如坚果香与果香等。

表 1-8 泸州烟叶与典型中间香型烟叶香韵的比较

产地	香韵种类
吉林汪清	干草香、正甜香、辛香、木香、青香
重庆丰都	干草香、正甜香、辛香、木香、青香、清甜香
重庆涪陵	干草香、正甜香、辛香、木香、青香、清甜香、焦香
贵州遵义	干草香、正甜香、辛香、木香、青香、焦香
贵州黔南	干草香、正甜香、辛香、木香、青香、清甜香
山东潍坊	干草香、正甜香、辛香、木香、青香
湖北房县	干草香、正甜香、辛香、木香、青香、清甜香、焦甜香、焦香
湖北宣恩	干草香、正甜香、辛香、木香、青香、清甜香、焦甜香、焦香
湖北保康	干草香、正甜香、辛香、木香、焦甜香、焦香
四川泸州	干草香、正甜香、辛香、木香、青香、清甜香、焦甜香、焦香、坚果香、果香

根据 2017 年中国烟草总公司发布的《全国烤烟烟叶香型风格区划》，蜜甜香型烟叶的主体香韵为干草香、蜜甜香，辅助香韵为醇甜香、木香、清甜香、酸香、焦香、烘焙香、辛香等。此定性与本书感官评价结果有一定的出入。其差异主要是香韵中的正甜香和蜜甜香，而蜜甜香的命名分类是在正甜香基础上进一步的细化或区分。所以，两者之间并没有显著的差异。但泸州烟叶中出现的果香与坚果香，却是较为独特的。

2. 泸州烟叶果香与坚果香香韵出现的频率

由以上分析可以看出，泸州烟叶所出现的果香与坚果香香韵，是有别于其他蜜甜香型烟叶产区的特征之一。本书统计了 2012—2017 年泸州烟叶果香与坚果香香韵所出现的频次及其占比，如表 1-9 所示。

表 1-9 2012—2017 年泸州烟叶果香与坚果香香韵出现的频次

年份	上部叶	中部叶	下部叶	果香			坚果香		
				上部叶	中部叶	下部叶	上部叶	中部叶	下部叶
2012	8	8	8	0	0	0	1	0	1
2013	8	8	8	5	0	0	0	0	0
2014	8	18	8	1	4	0	1	4	0
2015	9	9	9	2	0	0	1	0	0
2016	14	14	0	1	2	0	0	3	0
2017	14	14	0	0	0	0	0	2	0

（续表）

年份	上部叶	中部叶	下部叶	果香			坚果香		
				上部叶	中部叶	下部叶	上部叶	中部叶	下部叶
合计	61	71	33	9	6	0	3	9	1
占比/%	100.00	100.00	100.00	14.75	8.45	0.00	4.92	12.68	3.03

2012—2017年，上部叶共评价了61份样品，其中，果香出现了9次，占总数的14.75%，坚果香出现了3次，占比为4.92%。对中部叶来说，果香出现了6次，占总数的8.45%，坚果香出现了9次，占比为12.68%。下部叶仅出现1次坚果香，占比为3.03%。总体而言，果香香韵出现的频率，占总样品量的6.47%，坚果香香韵则占总评价样品数的7.88%。由此可以看出，果香与坚果香两者香韵较为频繁地出现在泸州烟叶中，可以认定为泸州烟叶的特征香韵之一，也是泸州烟叶区别于其他蜜甜香型产区烟叶的独特香韵特征。

第五节 "泸叶醇"烟叶品质区域分类与定位

采用不转换数据、欧氏距离、Duncan新复极差法等方法，对泸州烟叶的品质得分进行系统聚类分析，如图1-7所示。当截距为14.450 0时，可划分为3类，其中摩尼乡、双沙乡、麻城乡、合乐乡、龙山镇为Ⅰ类；水口镇、观兴乡、营山乡、观文镇为Ⅱ类；金星乡、护家乡、赤水乡、大寨乡、后山乡、分水乡、石宝镇、水潦乡、枧槽乡为Ⅲ类。

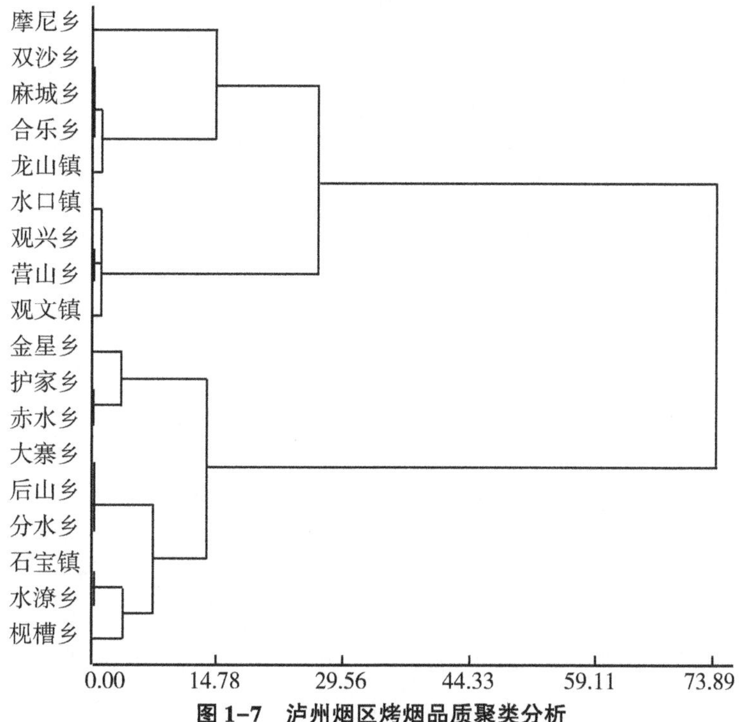

图1-7 泸州烟区烤烟品质聚类分析

Ⅰ类区平均总得分为69.20，Ⅱ类区平均总得分为61.50，Ⅲ类区平均总得分为53.67。各类间具有极显著差异（$P<0.01$）。表明摩尼乡、双沙乡、麻城乡、合乐乡、龙山镇整体烟叶生产水平较高，烟叶各部位综合得分较高；水口乡、观兴乡、营山乡、观文镇各部位综合得分居于中间档次；金星乡、护家乡、赤水乡、大寨乡、后山乡、分水乡、石宝镇、水潦乡、枧槽乡各部位综合得分较低。

根据泸州烟叶的品质特点，将这3类品质区域，分别定义为特色核心区、特色典型区及特色类型区。

第二章 “泸叶醇”烟叶风格形成的香气物质基础

第一节 烟叶中的香气物质

烤烟是最为重要的卷烟原料。在其质量评价的众多指标当中，香气（包括香气质、香气量）是核心指标，也是其工业可用性的重要判别依据。烤烟的香气质、香气量以及香气类型，是由多种因素决定的。从化学物质层面上看，多种香气成分的数量、比例组成及其之间的相互作用，在很大程度上决定了烟叶的香气。

一、烟叶香气物质的种类

香气物质，分为烟叶中的香气物质以及烟气中的香气物质两大类。本章主要讨论烟叶中的香气物质。烟叶中的香气物质，主要指能够从烟叶中挥发出来的具有芳香味的小分子化合物，如挥发油等。香气物质的分类，主要有以下几种分类方法。

（一）按照致香基团分类

按照致香基团，烟叶中的香气物质包括醛酮类、醇类、脂类、内酯类、酚类、呋喃类以及氮杂环类化合物。

（二）按照香气物质的来源分类

按照香气物质的来源，可分为香味物质及香气前体物质。由于烟叶中的香味物质含量很低，再加上其种类繁多，所以，研究起来不太便利。因此，在烟叶香气物质的研究中，往往以香气前体物质为主要研究对象。

香气前体物质在烟叶的生长发育过程中会合成与积累；在烟叶调制与醇化的过程中会降解产生小分子的香气物质。因此，烟叶中的香气前体物质含量对烟叶的香气产生极大的影响。

烟叶中的香气前体物质，也有几大类型。可以按照合成代谢途径以及化学结构，对其进行分类。

1. 代谢途径

从代谢途径方面来讲，香气前体物质包括以下 5 类。

①生物碱及其衍生物，主要包括烟碱、去甲基烟碱、假木贼碱等。

②异戊间二烯与降-异戊间二烯类化合物，主要包括类胡萝卜素、无环类异戊间二

烯及双萜类化合物。

③脂类代谢产物，如磷脂、糖脂及甘油酯等化合物。

④糖与氨基酸的非酶棕色化产物，主要包括吡啶、吡咯、吡嗪等氮杂环类的物质及其衍生物，以及羰基化合物、有机酸类物质。

⑤苯丙氨酸及木质素代谢产物等。

2. 化学结构

在化学结构上，香气前体物质也可以分成 5 类。

①西柏烷类化合物。茄酮是其主要的降解产物。

②多酚类物质。主要包括芸香苷与绿原酸。

③高级脂肪酸及非挥发性有机酸。

④烟碱。烟碱是烟草最为重要的生物碱，其含量与烟叶的香气密切相关。

⑤质体色素。主要为类胡萝卜素与叶绿素。这两类物质的降解产物，对烟叶的香气有着重要的影响。新植二烯的叶绿素的主要降解产物，有研究表明，该物质与类胡萝卜素的降解产物之间的相互作用，可能是清香型烟叶形成以及导致烟气醇和的关键原因。

二、影响烤烟香气物质产生的关键因素

影响烟叶香气物质产生的因素较多，主要包括 4 个方面，即遗传背景、生态环境、栽培技术、调制醇化。

（一）遗传背景

遗传的因素，即品种因素对烟叶的香气物质有着决定性的影响，其对烟叶香吃味的贡献率可达 50%左右。常寿荣等（2010）的研究说明，烟叶中的醛、酮、酚等香气物质的含量，主要由品种决定；在云南的 4 个主栽烤烟品种中，红花大金元的香气物质总量最高，K326 则最低，云烟 87 与云烟 85 居中，两者相差不大。所以，选育高香气的烤烟品种，对于提高烟叶的香气具有十分重要的意义。

（二）生态环境

烟叶生产所处的区域不同，其烟叶中的香气物质也不尽相同。生态环境对烟叶香气物质的影响，主要是通过海拔、土壤、气候等因素来起作用的。

1. 海拔

海拔高度的不同，导致了光照、气温、降水等气象条件的不同，它们通过影响烟株的生长发育及代谢，最终影响到烟叶中香气物质的形成。韩锦峰等（1993）的研究显示，在低海拔地区的烟叶中，其高分子的香气物质较多，其烟叶往往呈现浓香型；而在高海拔地区，烟叶中低分子量的香气物质居多，烟叶的香型偏向清香型。

2. 气候

气候条件主要包括温度、光照及降水等。

烟草是一种喜温的作物。生长前期稍低的气温以及后期稍高的气温，对烟叶的生长及物质的代谢与转化较为有利，同时，也影响香气物质的合成。

烟草的生产需要较为充足的光照条件。研究表明，光照强度不够、光照时间过短，

易导致香气质差、香气量不足。光照与烟碱的形成也有着密切的关系。光照过强时，烟叶的烟碱含量高、刺激性强，香吃味品质变差。

烟叶成熟期适度的干旱，有利于烟叶腺毛的发育，使茄酮、高级脂肪酸以及西柏三烯二醇的含量升高，烟叶的香吃味变好。

3. 土壤

土壤类型、质地、酸碱度以及土壤养分等，都会影响烟叶的发育与代谢，并导致烟叶香气物质的不同。红壤、黄壤、紫色土、棕壤、水稻土等不同类型土壤进行烟叶生产时，其烟叶中香气物质的含量高低顺序为：红壤＞黄壤＞紫色土＞棕壤＞水稻土。土壤的 pH 值低于 6.5，有利于烟叶清香型的形成；pH 值为 6.5~7.5，既可以形成清香型烟叶，也可以形成浓香型烟叶；而土壤的 pH 值低于 7.5，则有利于烟叶浓香型的形成。有研究认为，在中等肥力的土壤上，有机质与氮的含量协调、有效磷与速效钾含量较高、中微量元素含量适宜时，其所出产烟叶的香气较好。

（三）栽培技术

施肥、密度以及耕作方式等，均影响烟叶香气物质的形成与含量。

研究表明，施肥是仅次于品种的影响烟叶香气物质含量的第二大因素，其贡献率占 27.8%。刘国顺（2009）通过研究，认为 N：P：K 的施肥比例为 1：2：3（纯 N、P_2O_5、K_2O 的用量分别为 125 $kg \cdot hm^{-2}$、150 $kg \cdot hm^{-2}$、225 $kg \cdot hm^{-2}$）是保证烟叶香气物质含量的基础。在氮肥的使用中，硝态氮与铵态氮的比例各为 50%时，对烟叶香气物质的形成有利。微量元素锌的施用，也可以提高烟叶中香气物质的含量。

烟株的种植密度通过影响田间小气候，进而影响烟株的发育以及叶片中物质的代谢与积累。有研究指出，烟株的种植密度，对于烟叶中性香气物质的形成及含量关系密切。

土壤耕作与培肥措施，也会通过改良土壤结构、促进土壤中微生物的活动、增加土壤养分的释放，最终影响烟叶香气物质的形成。孟祥东等（2010）的研究表明，深耕、秸秆覆盖以及垄下深松等耕作措施，均能够不同程度地影响烟叶中性香气物质的含量。

此外，在烟叶生产大田管理过程中，植物生长调节剂以及抑芽剂的施用，也会对烟叶的香气物质含量产生一定的影响。

（四）调制醇化

烟叶中的香气物质，有很多都是大分子的香气前体物质在调制及醇化过程中降解后产生的。因此，烟叶调制以及醇化的条件，会对烟叶中香气物质的多少产生影响。

第一，烟叶的成熟度是影响烟叶香气的一个重要因素。研究表明，中部烟叶在充分成熟时，其中性香气物质的含量达到最高；而对上部叶片来说，只有当烟叶过熟时，其中性香气物质的含量才能达到最高。

第二，烟叶的烘烤过程，实际上是一个烟叶变干与变黄的过程。这个过程中，温度、湿度以及风机的风速，都会对烟叶香气物质的产生造成影响。研究表明，为保证烟叶中香气的产生，在变黄期及定色期，需要达到一定的失水速度及失水量。而在定色及干筋期，只有在通风量适宜、风速恰当的条件下，才能够达到烤后烟叶香气量足、吃味纯净的效果。

第三，烟叶的自然醇化过程，是一个烟叶内部物质变化的过程。经过醇化后的烟叶，其工业可用性得到了进一步的增强。研究表明，在烟叶的醇化过程中间，一些对烟叶香气有重要作用的物质，如β-大马酮、β-二氢大马酮、3-羟基大马酮、香叶基丙酮、二氢猕猴桃内酯、巨豆三烯酮（包括 a、b、c、d 4 种异构体），均呈现增加的趋势。所以，在自然醇化过程中，适宜的温湿度条件，对于烟叶香气物质的产生极为重要。

第二节　烟叶挥发性香气物质含量

一、"泸叶醇"烟叶挥发性成分的 GC-MS 分析

对泸州烟草挥发性成分进行 GC-MS 分析，得到叙永县和古蔺县烟叶样品挥发性成分的总离子色谱（TIC）图。图 2-1、图 2-2、图 2-3 依次为两地部分烟叶样品的上、中、下 3 部位烟叶样品的 TIC 图对比。从图中可以看出，泸州叙永县和古蔺县的烟草样品的 TIC 图在峰个数及峰高、峰宽上均存在差异。

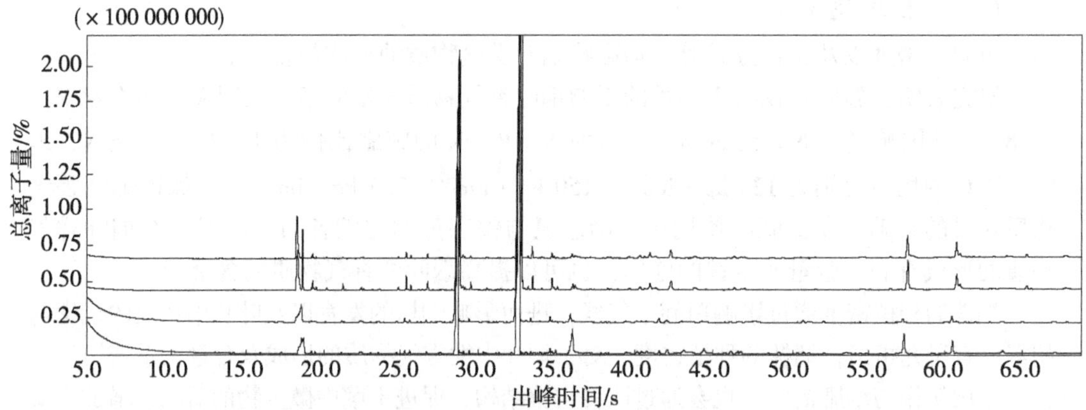

注：上两条线为泸州叙永县，下两条线为泸州古蔺县。

图 2-1　泸州两产区上部烟叶样品挥发性成分 TIC 图

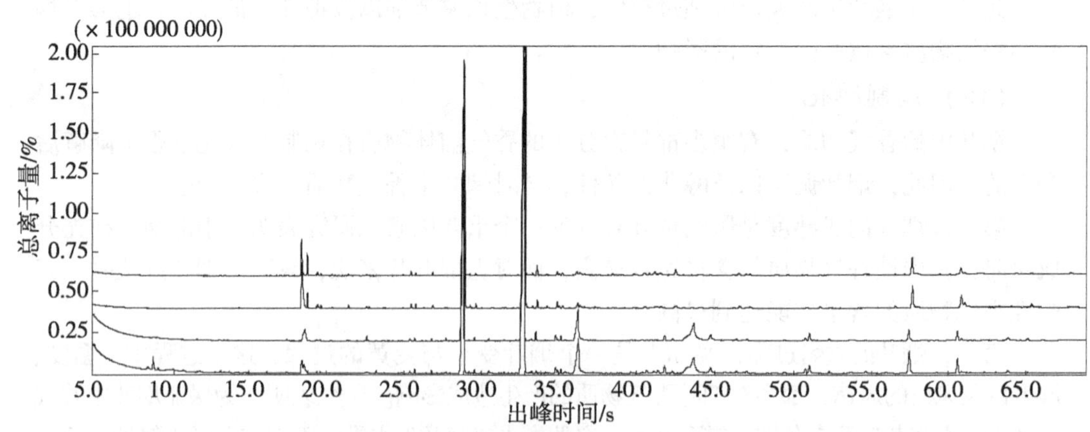

注：上两条线为泸州叙永县，下两条线为泸州古蔺县。

图 2-2　泸州两产区中部烟叶样品挥发性成分 TIC 图

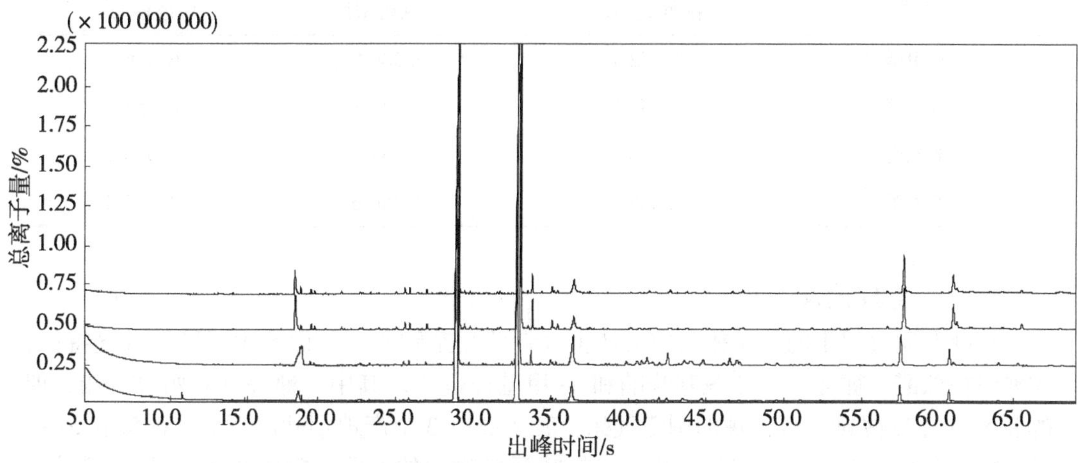

注：上两条线为泸州叙永县，下两条线为泸州古蔺县。

图 2-3 泸州两产区下部烟叶样品挥发性成分 TIC 分析

二、“泸叶醇”特色烟叶中性香气物质分析

（一）烟叶中性香气物质总量

烟叶中性香气物质的含量，在一定程度上是优质烟叶的重要指标之一。从中性香气物质的前体物质来看，主要可以分为苯丙氨酸类、美拉德反应产物类、西柏烷类化合物、类胡萝卜素类和新植二烯五大类。

对 3 个产地烟叶的中性香气物质含量的总量进行了比较（表 2-1）。由表 2-1 可以看出，香气物质总含量最多的是特色类型区，其次是特色典型区，最后是特色核心区。

表 2-1 各个烟区中性香气物质含量总量 单位：μg · g⁻¹

项目	特色类型区	特色典型区	特色核心区
中性香气物质总量	1 136. 017 3	944. 278 9	907. 904 2

（二）苯丙氨酸类降解产物

烟叶中的苯丙氨酸类物质降解物主要有 4 种，它们在香气物质中都是重要的成分。它们分别是苯甲醇、苯甲醛、苯乙醇和苯乙醛。来自泸州 3 个产地烟叶的苯甲醇、苯甲醛、苯乙醇和苯乙醛含量见表 2-2。由表 2-2 可以看出，苯甲醇和苯乙醛最高的是特色类型区，其次是特色核心区，最后是特色典型区。而苯甲醛则最高的是特色核心区含量，其次特色典型区，最后是特色类型区。苯乙醇最好的是特色核心区，其次是特色类型区，最后是特色典型区。

表 2-2　各个烟区苯丙氨酸类降解物含量　　单位：μg · g^{-1}

成分	特色类型区	特色典型区	特色核心区
苯甲醇	8. 152 7	5. 380 9	6. 416 8
苯甲醛	0. 357 3	0. 440 1	0. 454 0
苯乙醇	2. 090 9	1. 759 7	2. 930 9
苯乙醛	3. 088 4	2. 256 6	3. 015 4

（三）美拉德反应物

烟叶调制过程中的美拉德反应会产生大量的复杂物质，从而产生不同的香气特征，主要包括糠醛、糠醇、2-乙酰基呋喃和 5-甲基糠醛等。其中，糠醛具有奶香气味，糠醇和 5-甲基糠醛则具有苦辣的刺激气味。表 2-3 是 3 个产地烟叶的糠醛、糠醇和 5-甲基糠醛等含量。由表 2-3 可以看出，美拉德反应物中的糠醛、糠醇和 5-甲基糠醛的含量都是特色类型区最高，其次是特色典型区，最后是特色核心区。3 个产地烟叶中，2-乙酰基呋喃的含量则正好相反。

表 2-3　各个烟区美拉德反应物含量　　单位：μg · g^{-1}

成分	特色类型区	特色典型区	特色核心区
糠醛	13. 686 8	12. 642 0	11. 600 4
糠醇	1. 149 2	0. 502 9	0. 464 2
2-乙酰基呋喃	0. 593 5	0. 669 0	0. 887 4
5-甲基糠醛	1. 179 1	1. 458 7	1. 412 9

（四）西柏三烯降解产物

西柏三烯降解过程会产生香气成分，主要的产物是茄酮。在烟叶中性香气物质中，茄酮是主要的香气成分之一。表 2-4 是特色类型区、特色典型区及特色核心区烟叶的茄酮含量。由表 2-4 可以看出，3 地烟叶茄酮含量的高低趋势为：特色类型区＞特色典型区＞特色核心区。

表 2-4　各个烟区西柏三烯降解物含量　　单位：μg · g^{-1}

成分	特色类型区	特色典型区	特色核心区
茄酮	24. 171 7	23. 393 6	17. 280 0

（五）类胡萝卜素降解产物

类胡萝卜素是一多烯烃大分子，它氧化降解后可生成许多分子量较小的香味物质，如大马酮、紫罗兰酮、氧化异佛尔酮、猕猴桃内酯等。类胡萝卜素的降解与烟叶香气物质息息相关，是烟草香气物质的主要前体物之一。其中，类胡萝卜素降解的 β-大马酮具有清香和水果香味，而β-二氢大马酮则具有木香、花香及果香味。来自 3 地烟叶的类胡萝卜素主要降解产物见表 2-5。

表 2-5 各个烟区类胡萝卜素降解物含量 单位：$\mu g \cdot g^{-1}$

成分	特色类型区	特色典型区	特色核心区
β-大马酮	18.377 5	16.382 6	16.300 8
β-二氢大马酮	15.119 2	12.348 4	11.396 7
巨豆三烯酮 1	1.265 3	1.087 6	1.655 8
巨豆三烯酮 2	5.282 6	4.707 5	7.764 5
巨豆三烯酮 3	1.624 3	1.501 7	1.762 8
巨豆三烯酮 4	7.999 0	6.708 5	9.107 6
二氢猕猴桃内酯	2.139 6	1.911 5	1.610 3
6-甲基-5-庚烯-2-酮	0.471 8	0.781 6	0.348 9
香叶基丙酮	1.439 6	1.584 7	1.110 2

由表 2-5 可以看出，β-大马酮、β-二氢大马酮含量最高的是特色类型区，其次是特色典型区，最低的是特色核心区。巨豆三烯酮具有香草味和清香，而二氢猕猴桃内酯则可以减少烟气的刺激性并且是中性香气物质的主要成分之一。巨豆三烯酮 1、巨豆三烯酮 2、巨豆三烯酮 3 和巨豆三烯酮 4 含量最高的均是特色核心区，其次是特色类型区，最后是特色典型区。而二氢猕猴桃内酯含量最高的是特色类型区，其次是特色典型区，最后是特色核心区。香叶基丙酮和 6-甲基-5-庚烯-2-酮的含量最高的均是特色典型区烟叶，其次是特色类型区烟叶，最低的为特色核心区烟叶。

（六）新植二烯

新植二烯是烤烟中性香气物质中含量最高的成分，其含量的高低不仅直接影响烟叶的吃味和香气，而且还影响其他致香成分的形成。其本身是不具有香气的，但它的降解产物对烟草的香气具有重要的影响，是中性香气物质的主要成分之一。特色类型区、特色典型区及特色核心区烟叶的新植二烯含量并不相同，其中，特色类型区烟叶最高，其次是特色典型区烟叶，特色核心区烟叶的新植二烯含量最低（表 2-6）。

表 2-6 各个烟区新植二烯含量 单位：$\mu g \cdot g^{-1}$

成分	特色类型区	特色典型区	特色核心区
新植二烯	1 010.000 0	826.009 5	785.706 8

（七）其他香气物质

除了以上的各类香气物质外，烟叶中还包括了其他的一些香气物质，见表 2-7。

表 2-7　3 个烟叶产地烟叶中其他香气物质含量　　单位：μg · g⁻¹

成分	特色类型区	特色典型区	特色核心区
6-甲基-5-庚烯-2-醇	0.792 9	0.587 3	0.667 6
3,4-二甲基-2,5-呋喃	0.219 1	0.215 1	0.174 9
愈创木酚	1.287 6	1.089 9	1.240 1
芳樟醇	0.421 1	0.480 7	0.467 8
2,6-壬二烯醛	0.223 6	0.151 2	0.354 7
藏花醛	0.144 2	0.186 8	0.179 7
b-环柠檬醛	0.644 7	0.761 9	0.592 4
螺岩兰草酮	0.292 4	0.355 8	0.485 3
法尼基丙酮	7.149 7	7.497 3	6.704 3

这些香气物质也是从烟叶中鉴定出的中性香气物质，它不属于上述几类降解所产生的中性香气香气物质，但在烟叶中也是香气物质非常重要的成分，它的量的多少也一定程度上影响了烟叶的品质和口感。从含量上来看，这些中性香气物质在特色核心区、特色类型区及特色典型区烟叶中的含量各不相同，没有一定的规律可循。因此，我们从每种物质在 3 个地方的最高含量来进行总结和归纳。从表 2-7 可以看出，6-甲基-5-庚烯-2-醇、3,4-二甲基-2,5-呋喃以及愈创木酚均以特色类型区烟叶含量为最高；芳樟醇、藏花醛、b-环柠檬醛及法尼基丙酮，则均以特色典型区烟叶含量为最高；2,6-壬二烯醛及螺岩兰草酮则是以特色核心区烟叶含量为最高。

泸州特色烟叶 3 个特色区域产地中，中部烟叶共鉴定出 29 种中性香气物质。这 29 种物质在 3 个产地的烟叶中含量各异。在总量方面，特色类型区烟叶的中性香气物质总量最高，其次为特色典型区烟叶，而特色核心区烟叶的香气物质则最少。

第三节 "泸叶醇"烟叶致香前体物质含量分析

一、不同区域不同部位烟叶多酚含量的差异

就烟叶的多酚含量来看，泸州烟区 3 个特色区域烟叶的多酚含量，虽然略有差别，但基本接近（表 2-8）。

上部叶：特色典型区烟叶的多酚含量最高，特色核心区及特色类型区基本相同。

中部叶：特色类型区烟叶的多酚含量最高，特色核心区及特色典型区烟叶基本相同。

下部叶：特色类型区烟叶的多酚含量最高，其次为特色核心区，最低的为特色典型区。

表 2-8　不同区域不同部位烟叶的多酚含量　　单位：mg · g^{-1}

部位	区域	多酚含量
上部叶	特色核心区	5.55
	特色典型区	6.15
	特色类型区	5.56
中部叶	特色核心区	5.32
	特色典型区	5.33
	特色类型区	5.63
下部叶	特色核心区	5.53
	特色典型区	4.82
	特色类型区	5.94

二、不同区域不同部位烟叶类胡萝卜素含量的差异

烤烟类胡萝卜素是一类重要的香气物质。从表 2-9 来看，泸州 3 个特色区域不同部位烟叶的类胡萝卜素含量相差不大。

上部叶：特色核心区、特色典型区烟叶的类胡萝卜素含量基本相同，均高于特色类型区。

中部叶：特色典型区烟叶的类胡萝卜素含量最高，特色核心区、特色类型区的类胡萝卜素含量接近。

下部叶：下部烟叶类胡萝卜素含量最高的为特色核心区，特色典型区、特色类型区下部烟叶的类胡萝卜素含量接近。

表 2-9　不同区域不同部位烟叶的类胡萝卜素含量　　单位：mg · g^{-1}

部位	区域	类胡萝卜素含量
上部叶	特色核心区	2.48
	特色典型区	2.47
	特色类型区	2.22
中部叶	特色核心区	2.33
	特色典型区	2.85
	特色类型区	2.27
下部叶	特色核心区	2.92
	特色典型区	2.42
	特色类型区	2.48

三、不同区域不同部位烟叶石油醚提取物含量的差异

泸州烟区3个区域不同部位烟叶的石油醚提取物含量有一定的差异（表2-10）。具体而言，上部叶石油醚提取物含量高低顺序为：特色类型区＞特色典型区＞特色核心区；中部叶的顺序则为：特色核心区＞特色类型区＞特色典型区；下部叶的顺序为：特色核心区＞特色典型区＞特色类型区。

表2-10　不同区域不同部位烟叶的石油醚提取物含量　　单位：mg·g^{-1}

部位	区域	石油醚提取物含量
上部叶	特色核心区	2.63
	特色典型区	2.91
	特色类型区	3.08
中部叶	特色核心区	3.52
	特色典型区	2.85
	特色类型区	3.26
下部叶	特色核心区	3.15
	特色典型区	3.05
	特色类型区	2.90

四、不同区域不同部位烟叶烟碱含量的差异

烟碱也是一类重要的香气物质。从表2-11可以看出，泸州烟区不同部位烟叶的烟碱含量有明显差异。部位之间的烟叶烟碱含量趋势明显，即上部叶＞中部叶＞下部叶。上部叶烟碱含量的高低顺序为：特色类型区＞特色典型区＞特色核心区，特色核心区的烟叶烟碱含量较为适宜；各品质区域中部叶的烟碱含量均较为适中，顺序则为：特色典型区＞特色核心区＞特色类型区；各品质区域下部叶烟碱含量偏低，含量顺序为：特色典型区＞特色核心区＞特色类型区。

表2-11　不同区域不同部位烟叶的烟碱含量　　单位：mg·g^{-1}

部位	区域	烟碱含量
上部叶	特色核心区	2.57
	特色典型区	2.85
	特色类型区	2.93

（续表）

部位	区域	烟碱含量
中部叶	特色核心区	2.06
	特色典型区	2.12
	特色类型区	1.99
下部叶	特色核心区	1.31
	特色典型区	1.39
	特色类型区	1.26

五、不同区域中部烟叶有机酸含量的差异

泸州烟区3个区域中部烟叶的有机酸含量均超过了100 mg·g^{-1}，在绝对含量上属于较高的水平。具体表现为：特色类型区＞特色典型区＞特色核心区（表2-12）。

表2-12 不同区域中部烟叶的有机酸总量 单位：mg·g^{-1}

区域	有机酸含量
特色核心区	100.24
特色典型区	112.91
特色类型区	119.62

六、不同区域不同部位烟叶潜香物质含量的差异

为了对比3个区域烟叶的部分潜香物质的总量，将3个区域的上、中、下3个部位烟叶的多酚、类胡萝卜素、石油醚提取物、烟碱及有机酸等进行汇总，具体数值见表2-13。

由表2-13可以看出，对上部叶而言，烟叶中潜香物质总量的高低趋势为特色类型区＞特色典型区＞特色核心区。中部烟叶由于加上了有机酸，所以，潜香物质总量的数值较大，但趋势依然为特色类型区＞特色典型区＞特色核心区。对于下部叶来说，趋势略有不同，表现为特色核心区＞特色类型区＞特色典型区。

对来自3个区域不同部位烟叶的致香前体物质进行了分析，结果表明，无论从潜香物质的总量来看，还是从单一物质的含量来看，其绝对值的高低与烟叶的感官质量之间并没有表现出直接的关联性。也就是说，特色核心区烟叶的潜香物质并非最多。这也说明，烟叶中潜香物质的含量与烟叶的感官质量之间的关系是极其复杂的。

表 2-13　不同区域不同部位烟叶部分潜香物质总量比较　　单位：mg · g^{-1}

区域	部位	多酚	类胡萝卜素	石油醚提取物	烟碱	有机酸	总量
特色核心区	上部叶	5. 55	2. 48	2. 63	2. 57	—	13. 23
	中部叶	5. 32	2. 33	3. 52	2. 06	100. 24	113. 47
	下部叶	5. 53	2. 92	3. 15	1. 31	—	12. 91
特色典型区	上部叶	6. 15	2. 47	2. 91	2. 85	—	14. 38
	中部叶	5. 33	2. 85	2. 85	2. 12	112. 91	126. 06
	下部叶	4. 82	2. 42	3. 05	1. 39	—	11. 68
特色类型区	上部叶	6. 56	2. 22	3. 08	2. 93	—	14. 79
	中部叶	5. 63	2. 27	3. 26	1. 99	119. 62	132. 77
	下部叶	5. 94	2. 48	2. 9	1. 26	—	12. 58

第三章 “泸叶醇”烟叶品质形成的气候条件

第一节 泸州烟区气候的宜烟性分析

风光旖旎的泸州位于四川盆地南缘，地理坐标北纬27°，东经105°，川、滇、黔、渝4省市接合部，距省会成都市267 km。东邻重庆市、贵州省，南接贵州省、云南省，西连宜宾市、自贡市，北接重庆市、内江市。地处长江和沱江的交汇处，幅员12 243 km^2，东西宽121.64 km，南北长181.84 km，最低点是合江九层长江出境河口，海拔203 m，最高点是叙永县分水杨龙梁弯子，海拔1 902 m。同时，该区域海拔变化大，丘陵地区特征显著，地区地貌变化显著。

泸州全市属亚热带湿润气候区，南部山区气候明显，气温较高，日照充足，雨量充沛，四季分明，无霜期长，温、光、水同季，季风气候明显，春秋季暖和，夏季炎热，冬季不太寒冷，年平均气温17.5~18.0 ℃，年际之间的变化为16.8~18.6 ℃，泸州市无霜期在300 d以上，降雪甚少，个别年无霜雪，适宜作物生长期长。

古蔺、叙永是泸州市烤烟的主产区。古蔺县位于四川盆地南部，处在云贵高原北部边缘，海拔高度在320~1 845 m，最大相对高差达1 525 m，属云贵高原气候，主产优质烟区5—9月平均温度为17.2 ℃；半高山地区5—9月平均温度为19.3~26 ℃，特别是7—9月有70多天时间是烤烟生长发育和成熟最理想的温度期。4—9月平均日照时数为130~230 h，日照率为28%~56%，除7月、8月日照率比较高外，其余月份日照率都比较理想。叙永县处于四川盆地南部边缘，与云南省毗邻，与贵州省隔河相望，属云贵高原娄山余脉，境内南北低半倾斜状，海拔247~1 902 m，其中700 m以下为紫色土，肥力较高，叙永县属亚热带湿润性气候，四季分明，冬暖夏热，降水充沛，光照适宜，非常适合烤烟栽培、调制。由于地形作用，该县南北气候差异较大，可分为北面气候和南面气候。

烟叶的正常生长发育，需要有一定的光热资源。通过对比表3-1及表3-2可以看出，泸州市区主要烤烟产地古蔺、叙永的生态条件均接近或超过最适宜的条件。因此，从气候资源来看，泸州市是发展特色优质生态烟叶的得天独厚的优质产地。

表 3-1 全国烤烟适生类型划分指标系统

适生类型	主要划分指标
不适宜类型	无霜期小于 120 d；0~60 cm 土层土壤含氯量小于 45 mg·kg^{-1}
次适宜类型	无霜期大于等于 120 d；≥10 ℃的积温小于 2 600 ℃；日均温≥20 ℃持续天数大于 50 d；0~60 cm 土层土壤含氯量小于 45 mg·kg^{-1}
适宜类型	无霜期大于 120 d；≥10 ℃的积温大于 2 600 ℃；日均温≥20 ℃持续天数大于等于 70 d；0~60 cm 土层土壤含氯量小于 30 mg·kg^{-1}；土壤 pH 值 5.0~7.0；地貌类型：中低山、低山、丘陵、高原
最适宜类型	无霜期大于 120 d；≥10 ℃的积温大于 2 600 ℃；日均温≥20 ℃持续天数大于等于 70 d；0~60 cm 土层土壤含氯量小于 30 mg·kg^{-1}；土壤 pH 值 5.5~6.5；地貌类型：中低山、低山、丘陵、高原

表 3-2 优质烟叶生产条件及泸州生产条件

项目	最适宜类型	叙永县	古蔺县
≥10 ℃积温/℃	＞2 600	≥5 781	5 629
无霜期/d	＞200	306	300
日均温≥20 ℃/d	≥70	＞102	＞78
0~60 cm 土层土壤含氯量/(mg·kg^{-1})	＜30	＜30	＜30
土壤 pH 值	5.5~6.5	5.6~6.9	6.1~6.9
地貌类型	中低山丘陵	中低山区	中低山区

第二节 泸州烟区气候条件与其他烟区的对比分析

气候条件对烟叶品质影响重大，温度、光照和水分是影响作物生长发育、产量、质量和风格形式的主要生态因子，是影响烟叶品质的主要气候因素。泸州位于中国四川省东南部，全市属亚热带湿润气候区，南部山区立体气候明显。气温较高，日照充足，雨量充沛，四季分明，无霜期长，温、光、水同季，季风气候明显，春秋季暖和，夏季炎热，冬季不太冷。全年少有大风，是优质烟叶生产的最适宜区，有巨大的发展潜力。但由于泸州市各产烟区受自然生态条件和社会条件等因素的影响，其烟叶风格特色也存在着一定的差异，在烟叶风格特色的形成过程中，有些因素可以通过人为的调节使其向着有利的方向发展，但是许多自然因素是难以改变的，因此，需要进一步明确泸州烟区的气候特点，以及与其他著名产区之间的差别。

温度、光照及降水等气象因子，是影响烟叶发育、叶片内含物积累以及单叶重的重要因素之一。尽管叙永、古蔺两县是优质烟叶生产的适宜区域，还是应该明确一下影响烟叶发育的关键气象因子。下面就将叙永、古蔺两县的年平均气温、≥10 ℃平均积温、全年日照时数、大田期日照总时数、大田期总降水量、大田期有效积温，与攀西地区的仁和区及会理市进行比较。

（一）温度

烤烟是典型喜温作物，它对温度的反应较为敏感，温度是决定烤烟产量和质量的主要生态因素之一。有效积温、日平均温度、昼夜温差对烟叶品质均有影响。烤烟的适宜生长温度范围比较宽，在10~35 ℃条件下均能正常生长，但最适的生长温度是25~28 ℃。品质良好的烟叶，在其前期要求较低的气温，生长中期要求较高的温度，成熟期气温条件以不低于20 ℃为宜。在成熟期温度大于20 ℃，且24~25 ℃下持续30 d左右，易形成优质烟叶。

过高或过低的日平均温度对烟叶品质都会产生不利影响。有研究表明，烤烟生长期温度高于36 ℃，会产生热害，破坏叶片中的叶绿素结构，影响光合作用，使呼吸作用异常增强，导致新陈代谢失调，使得烟株干物质的消耗大于积累，从而影响烟株的生长、成熟，显著降低烟叶的品质。反之，过低的温度则会延长烤烟生育期。烟株生长前期如果遭遇短期气温骤降、低温期的延长等恶劣条件，则会引起低温光抑制。降低叶片的光能吸收和利用能力，影响烟株的正常发育，导致产量和质量的下降。在烤烟移栽期，如果连续15 d以上气温低于18 ℃，会导致生殖生长提前，从而造成烟株早花。

烤烟大田生长期昼夜温差大，有利于烟草香气的形成。气温日差较大，夜间气温低，烟株呼吸作用减弱，内含物消耗减少，干物质积累增多，特别是糖分含量增加，烟叶内含物质协调，烟叶风格表现为清香型。相关研究表明：在白天气温相同时，随着夜晚气温的上升，烟叶非蛋白氮含量增加，覆盖香气物质香气，从而降低烟叶品质。

烟草生命周期的完成，需要2 200~2 800 ℃的有效积温。有研究认为，烟草苗期>10 ℃的活动积温为950~1 100 ℃，从移栽到成熟>10 ℃的活动积温为2 200~2 600 ℃。成熟期总积温对烟叶还原糖积累的影响接近显著水平，且与烟叶糖碱比在0.01水平上呈显著负相关关系。5—8月的气温与烟叶化学成分达到显著相关水平，烟碱、还原糖与气候条件呈显著正相关。另外，诸气象因子中，温度对烤烟叶面积影响最大，进入团棵期后，温度是影响烤烟叶面积的主要因子。烟碱是烟叶化学成分中与气候生态因子关系最密切的指标，各生育期平均地温（5 cm）及6—7月平均气温与烟碱含量成正相关，且相关系数较高。地温(5 cm)、气温每升高1 ℃，则烟碱含量分别增加1.5 $g \cdot kg^{-1}$、3.3~3.5 $g \cdot kg^{-1}$。

1. 年平均气温的比较

在年平均气温方面，仁和超过了20 ℃，会理超过了15 ℃，而古蔺与叙永两县均没有达到15 ℃（图3-1）。此结果说明，古蔺与叙永两县的年总热量要比会理、仁和低，在一定程度上会影响叶片的发育及干物质的积累。

2. ≥10 ℃平均积温的比较

图3-2展示了在≥10 ℃平均积温方面古蔺、叙永与会理、仁和的不同。从图3-2可以看出，4个区域≥10 ℃平均积温表现出仁和>叙永>古蔺>会理的趋势。此结果表明，就烟叶发育所需要的有效积温来说，古蔺、叙永要高于会理，但低于仁和。

3. 大田期有效积温的比较

从大田期的有效积温来看，表现出叙永>古蔺>会理的趋势，以叙永的总有效积温

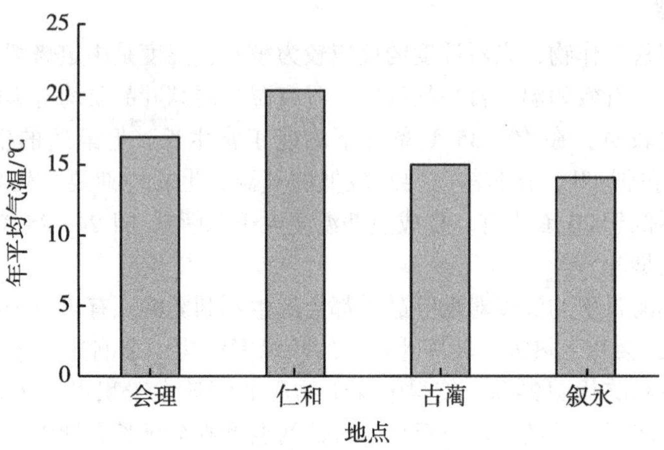

图3-1　古蔺、叙永与会理、仁和年平均气温的比较

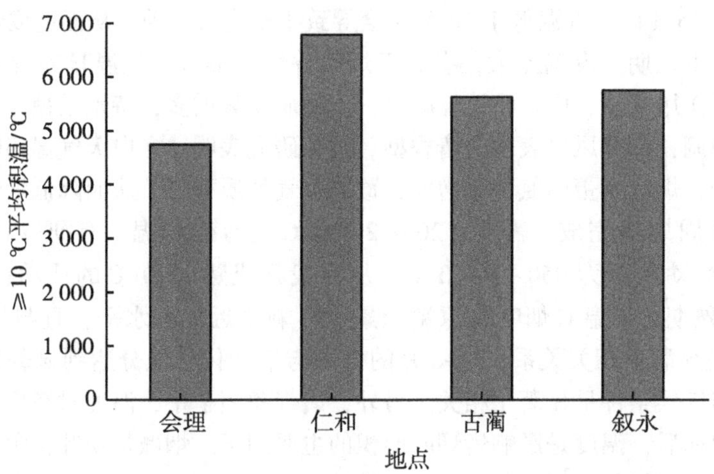

图3-2　古蔺、叙永与会理、仁和≥10 ℃平均积温的比较

为最高，会理最低（图3-3）。此结果说明，叙永、古蔺在烟叶生长期间的积温均较高，有利于叶片的发育及干物质的积累。

（二）日照时数

1. 全年日照时数

在全年日照时数方面，仁和、会理均超过了2 000 h，而古蔺与叙永两县均没有达到1 500 h（图3-4）。此结果说明，古蔺与叙永两县所接受的总日照时数要大大低于会理、仁和，在某种程度上可能会影响叶片的光合作用及干物质的积累。

2. 大田期总日照时数

古蔺、叙永与会理之间在大田期总日照时数方面的比较，见图3-5。

在大田期总日照时数方面，会理超过了1 000 h，而古蔺与叙永两县则均在800 h左右（图3-5）。此结果说明，古蔺与叙永两县在大田期所接受的总日照时数要大大低于

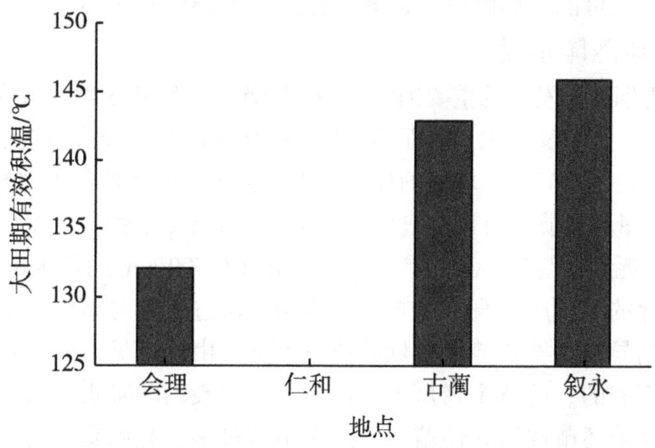

图 3-3 古蔺、叙永与会理、仁和大田期有效积温的比较

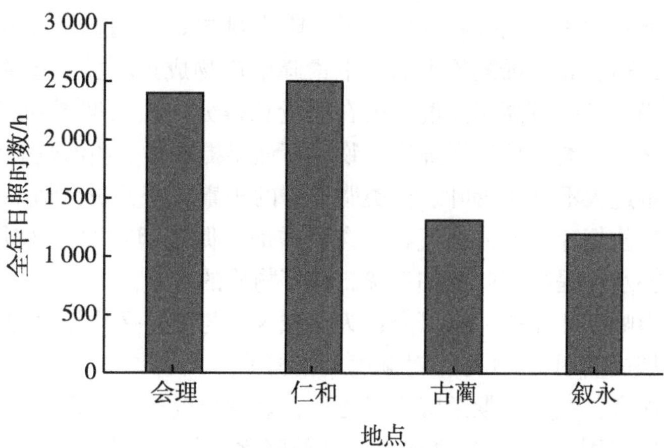

图 3-4 古蔺、叙永与会理、仁和全年日照时数的比较

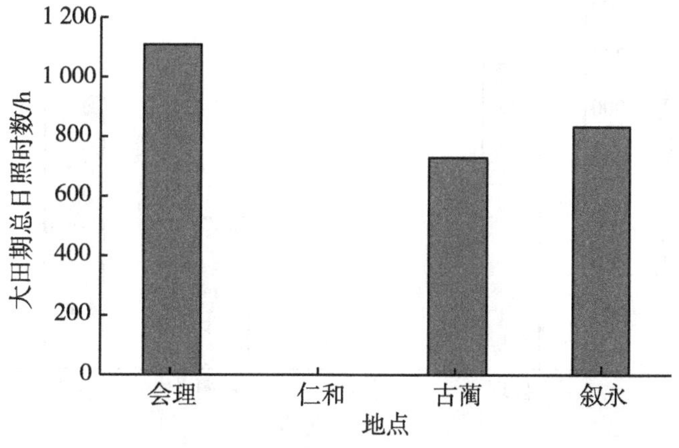

图 3-5 古蔺、叙永与会理、仁和大田期总日照时数的比较

会理，在某种程度上可能会影响叶片的光合作用及干物质的积累。

（三）大田期总降水量

水分是影响烤烟生长发育的重要因素之一。降水通过影响土壤水分含量而影响烟株的生长和物质的吸收、运输及转化，进而影响烟叶的化学成分。合适的土壤水分有利于烟株光合产物的积累和转化及产量、质量的提高。干旱会导致烟叶光合产物的积累下降，消耗增加，从而影响产量和品质。有研究表明，烟草每产生 1 g 干物质需要大于 500 g 的水分，整个大田生育期总耗水量约为5 010 $m^3 \cdot hm^{-2}$、相当于 500 mm 的降水量。

降水量对烟叶的品质产生直接影响。大田期降水过多会对烟株根系发育产生不利影响；降水不足，则导致烟株长势差，烟叶质量下降。由此可见，降水过多或过少对于优质烟的生产都是不利的。就整个烤烟生育期而言，移栽期间降水量宜多不宜少，日照不宜太强，有利于烟苗还苗成活。还苗后，降水不宜过多，光照宜充足，以促进根系的生长。旺长期需要有充足的降水以促进烟株的整体生长发育。烟叶转入成熟期后，降水不宜多，否则会影响烟叶适时成熟，降低最终品质。

降水量还与烟叶的化学成分有密切关系。降水量与烟叶烟碱量在 0.01 水平上显著正相关，与新植二稀、豆三烯酮等类胡萝卜素降解产物成正相关；还原糖、总植物碱、总氮与旺长期的降水量有较高相关度；内在质量总得分与大田期 5—8 月平均降水量成负相关，低分子醇类、类西柏烷类降解产物、石油醚提取物、脂溶性香气物质与降水量成负相关；降雨量过大不利于烟叶表面类脂成分的积累。相关研究结果表明，成熟期出现轻度干旱，会促使烟叶大部分香气物质含量增加，促进烟叶香气物质的形成和转化。干旱条件下适当补水可提高烟叶西柏三烯二醇等物质的含量。

相对湿度也影响烟叶品质。有研究认为，碱含量与 7 月平均相对湿度成负相关，蛋白质含量则与烤烟成熟期 7—8 月相对湿度成正相关。

就泸州烟区而言，在大田期总降水量方面，表现出会理>叙永>古蔺的趋势，以古蔺的总降水量最低（图 3-6）。过高或者过低的降水，对叶片的发育及干物质的积累都会产生不利的影响。

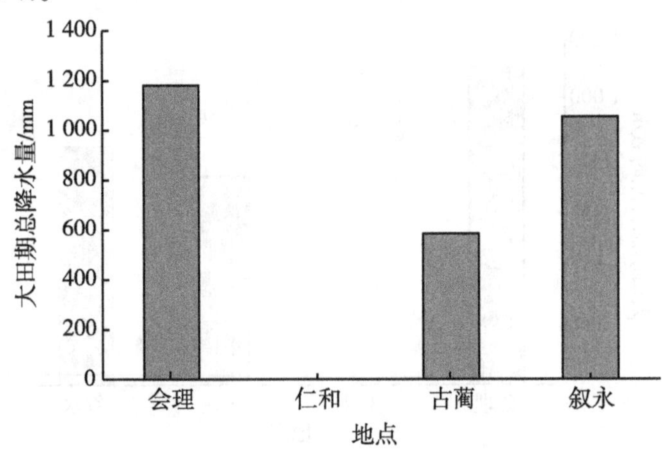

图 3-6　古蔺、叙永与会理、仁和大田期总降水量的比较

第四章 “泸叶醇”烟叶品质形成的土壤基础

第一节 泸州烟区土壤养分状况

一、土壤养分总体特征

从2006—2015年在泸州各地调查的植烟土壤样本看，土壤主要养分含量中有机质、有效磷变异系数相对较大，各样品间有机质、有效磷含量变化稍大。pH值变异系数较小，各样品间pH值变化较小。从偏度来看，pH值为负偏斜，有机质、全氮、碱解氮、有效磷、速效钾为正偏斜；pH值最接近正态分布。从峰度来看，养分指标中有机质、全氮、碱解氮、有效磷、速效钾呈尖峰状态，各样本分值更靠近平均值。pH值呈低峰状态，分布分散，如表4-1所示。

表4-1 2006—2015年泸州烟区植烟土壤主要养分因子描述性统计

指标	样本数	最大值	最小值	平均值	标准差	变异系数	偏度	峰度
pH值	290	8.16	3.80	6.23	1.12	0.18	-0.09	-1.12
有机质/（$g \cdot kg^{-1}$）	392	32.92	0.42	3.70	5.49	1.48	4.41	18.61
全氮/（$g \cdot kg^{-1}$）	392	3.76	0.34	1.57	0.50	0.32	0.95	2.30
碱解氮/（$mg \cdot kg^{-1}$）	391	491.00	24.26	134.82	51.11	0.38	1.43	6.17
有效磷/（$mg \cdot kg^{-1}$）	390	147.21	0.69	14.28	15.01	1.05	3.38	18.67
速效钾/（$mg \cdot kg^{-1}$）	384	772.05	29.00	166.81	110.57	0.66	2.00	5.31

采用组间连间以及平方Euclidean度量标准的系统聚类分析方法对泸州植烟土壤6项主要养分因子进行系统聚类分析，其树状图见图4-1。由该图可知，泸州烟区植烟土壤按养分含量可分为两大类。第Ⅰ类土壤养分特征为“pH值较高，有效磷、速效钾含量较高”，主要分布于泸州市箭竹乡、赤水乡、水潦乡、双沙乡、水口镇、石宝镇、鱼化镇、金星乡；第Ⅱ类土壤养分特征为“pH值较低，有机质含量、碱解氮含量较低”，主要分布于泸州市分水乡、麻城乡、摩尼乡、枧槽乡、合乐乡、观文镇、营山乡、龙山镇。该结果进一步说明，泸州烟区植烟土壤主要分为两大区域：泸州植烟区东北部（pH值稍高、养分含量稍高）、植烟区西南部（pH值稍低、养分含量稍低），符合泸州烤烟生产实际。

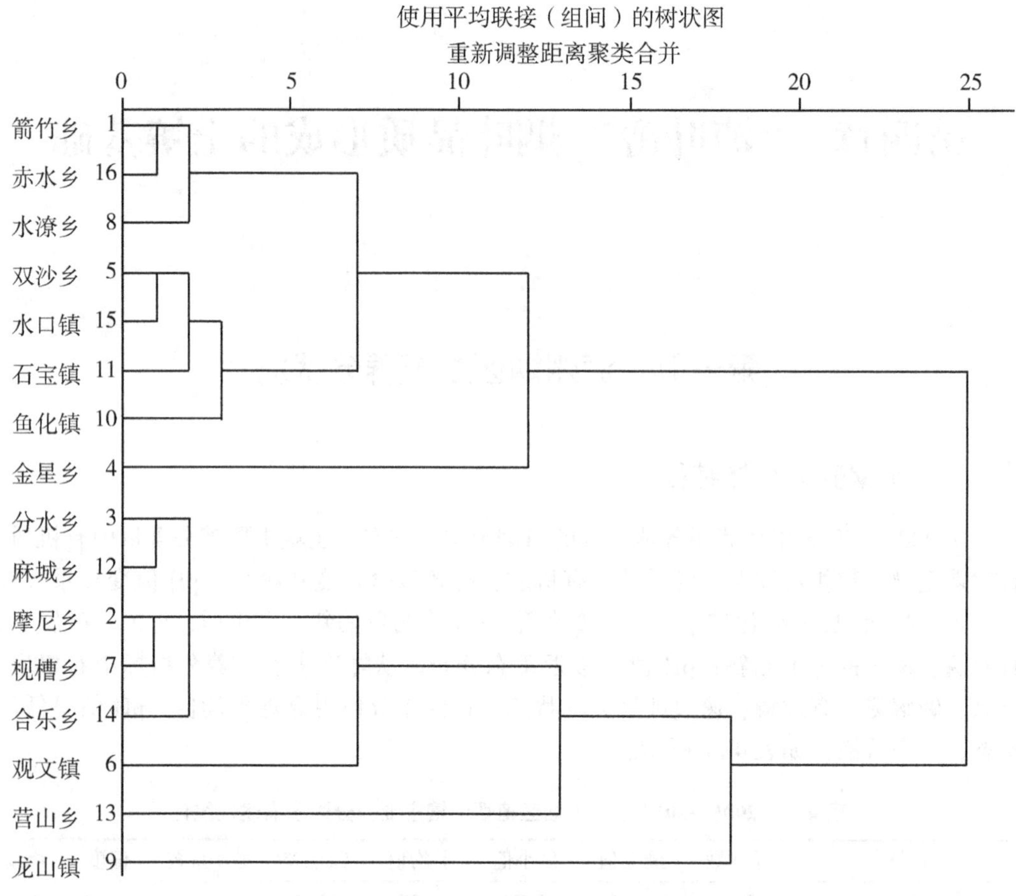

图 4-1　泸州土壤系统养分因子聚类特征分析

使用灰色系统法对泸州植烟土壤养分情况作稳定性分析。根据土壤各养分含量，计算各指标值域，如表 4-2 所示。其中 $\bar{x}$ 为年度间数据平均值，σ 为年度间数据标准差，结果见表 4-2。

表 4-2　灰色系统法计算的各指标值域

指标	$\bar{x}$	σ	$\bar{x}-\sigma$	$\bar{x}+\sigma$
pH 值	6.229	1.120	5.109	7.349
有机质/（$g \cdot kg^{-1}$）	3.698	5.486	-1.788	9.184
全氮/（$g \cdot kg^{-1}$）	1.567	0.502	1.066	2.069
碱解氮/（$mg \cdot kg^{-1}$）	134.823	51.112	83.710	185.935
有效磷/（$mg \cdot kg^{-1}$）	14.280	15.012	-0.732	29.292
速效钾/（$mg \cdot kg^{-1}$）	166.813	110.567	56.246	277.380

按照公式 $\delta_i^{k^*}=\max\limits_{1\leqslant k\leqslant s}\{\delta_i^k\}$，则判断对象 i 属于 k^* 灰类。土壤养分指标中有机质含量、全氮含量、碱解氮含量、有效磷含量、速效钾含量所属灰类为 B 类，变化稍稳定；pH 值所属灰类为 C 类，变化不稳定。土壤养分指标灰色统计数见表 4-3。

表 4-3 各指标灰类统计系数及所属灰类

指标	A 类	B 类	C 类	灰色统计系数			所属灰类
				σ1	σ2	σ3	
pH 值	104.770	84.700	202.530	0.267	0.216	0.517	C 类（不稳定）
有机质/（g·kg⁻¹）	26.256	279.914	85.831	0.067	0.714	0.219	B 类（稍稳定）
全氮/（g·kg⁻¹）	105.470	159.931	126.599	0.269	0.408	0.323	B 类（稍稳定）
碱解氮/（mg·kg⁻¹）	103.396	161.933	126.671	0.264	0.413	0.323	B 类（稍稳定）
有效磷/（mg·kg⁻¹）	72.202	195.411	124.387	0.184	0.498	0.317	B 类（稍稳定）
速效钾/（mg·kg⁻¹）	91.776	165.485	134.738	0.234	0.422	0.344	B 类（稍稳定）

二、土壤中各养分因子的分布特征

（一）土壤 pH 值的分布特征

1. 土壤 pH 值描述性统计分析

土壤 pH 值不仅影响烟草对养分的吸收能力，还影响着烟草的生长及品质。泸州烟区不同年份植烟土壤 pH 值状况如表 4-4 所示。就年度间而言，2008 年、2009 年、2010 年、2012 年、2015 年与 2006 年、2007 年、2011 年、2013 年间差异不显著，但 2007 年与 2006 年、2011 年、2013 年差异显著。各年度植烟土壤 pH 值平均值为 5.90~6.67，年度间土壤 pH 值较均衡，平均值最高年份是 2013 年，最低年份是 2007 年和 2009 年，各年度土壤 pH 值高低依次为 2013 年＞2011 年＞2006 年＞2012 年＞2008 年＞2010 年＞2015 年＞2007 年＞2009 年。上述结果说明，泸州植烟土壤 pH 值整体呈中性-偏酸性，基本满足优质烟叶生产要求。

表 4-4 2006—2015 年泸州烟区植烟土壤 pH 值描述性统计分析

年份	样本数	最大值	最小值	平均值	标准差	变异系数	偏度	峰度
2006	20	7.97	5.41	6.57a	0.86	0.13	0.21	-1.25
2007	62	8.02	3.80	5.90b	1.25	0.21	0.19	-1.20
2008	115	8.03	4.15	6.27ab	1.16	0.19	-0.12	-1.40
2009	19	8.16	4.80	5.90ab	0.94	0.16	0.87	0.31
2010	18	7.61	4.56	6.26ab	0.92	0.15	-0.22	-1.08

（续表）

年份	样本数	最大值	最小值	平均值	标准差	变异系数	偏度	峰度
2011	16	8.06	3.90	6.65a	1.29	0.19	-0.70	-0.43
2012	16	8.02	4.73	6.47ab	1.16	0.18	-0.24	-1.53
2013	8	7.60	4.90	6.67a	0.90	0.14	-1.08	1.03
2015	16	6.87	5.65	6.25ab	0.31	0.05	-0.14	0.45

就年度内而言，各年份土壤 pH 值极差差异较大，为 1.22~4.22，其中极差最大的年份为 2007 年，极差最小的年份为 2015 年；而各年度土壤 pH 值变异系数均小于 25%，属低等变异强度，说明泸州烟区土壤 pH 值年度内变异较小，土壤 pH 值在各年度均比较均衡，有利于优质烟叶的生产。

2. 土壤 pH 值的频数分布状况

参照《中国植烟土壤分类标准》并结合泸州实际土壤状况，将土壤 pH 值分为强酸（pH 值：＜4.5）、酸性（pH 值：4.5~5.5）、微酸（pH 值：5.5~6.5）、中性（pH 值：6.5~7.5）和碱性（pH 值：≥7.5）5 个类群。各段频数分布状况如表 4-5 和图 4-2 所示。pH 值＜4.5 和≥7.5 的样本数分别为 25 和 69，占总样本数的百分比为 8.6% 和 23.7%；4.5~5.5、5.5~6.5、6.5~7.5 的样本数分别为 70、65 和 62，其样品分别占总样本数的 24.0%、22.4%和 21.3%。最适宜烤烟生长的 pH 值范围为 5.5~6.5。最适宜种烟的 pH 值样点占 22.4%，69.9%的样点土壤呈酸性。图 4-2 表明：土壤 pH 值多分布在 4.8~8.0，整体上呈近似对称分布。

表 4-5 土壤 pH 值的频率分布

区间	样本数	百分率/%	累积百分率/%
＜4.5	25	8.6	8.6
4.5~5.5	70	24.0	32.6
5.5~6.5	65	22.4	55.0
6.5~7.5	62	21.3	76.3
≥7.5	69	23.7	100.0

3. 土壤 pH 值空间分布特征

由表 4-6 可知，从不同县域来看，古蔺县和叙永县土壤酸碱度差异显著。古蔺和叙永土壤 pH 值的变幅与平均值相差不大，两县最适宜烤烟种植的样点分别占 21.21% 和 21.85%，综合 pH 值在 4.5~7.5 来看，古蔺相较于叙永更适宜种植烤烟。

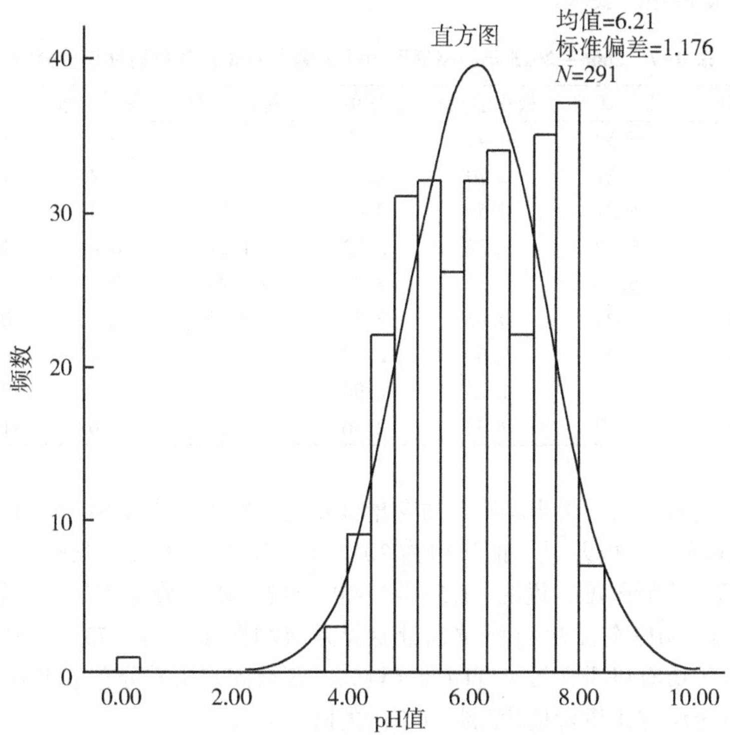

图 4-2 土壤 pH 值的频数分布状况

表 4-6 泸州烟区土壤 pH 值空间分布特征

地区	最大值	最小值	平均值	标准差	变异系数	类群分布/%				
						强酸	酸性	微酸	中性	碱性
古蔺县	8.16	3.80	6.12b	1.16	0.19	10.91	26.67	21.21	16.97	24.24
叙永县	8.06	3.90	6.39a	1.07	0.17	5.04	21.01	21.85	27.73	24.37

注：强酸、酸性、微酸、中性、碱性对应的 pH 值分别为＜4.5、4.5~5.5、5.5~6.5、6.5~7.5、≥7.5。同列不同小写字母表示地区间差异显著（$P<0.05$）。下同。

（二）土壤有机质含量的分布特征

1. 土壤有机质含量描述性统计分析

土壤有机质是衡量土壤肥力高低的重要指标之一，不仅能促使土壤结构的形成，改善土壤物理、化学性质，提高土壤的吸收性能和缓冲性能，同时它本身又含有烟叶所需要的各种养分。泸州烟区不同年份植烟土壤有机质含量状况如表 4-7 所示。就年度间而言，各年度间植烟土壤有机质含量差异不显著。各年度植烟土壤有机质含量平均值为 2.45%~2.96%，年度间土壤有机质含量较均衡，平均值最高年份是 2015 年，最低年份是 2008 年，各年度土壤有机质含量高低依次为 2015 年＞2013 年＞2010 年＞2007 年＞2009 年＞2012 年＞2006 年＞2011 年＞2008 年。上述结果说明，泸州植烟土壤有机质含量整体呈充足，基本满足优质烟叶生产要求。

表 4-7　2006—2015 年泸州烟区植烟土壤有机质含量描述性统计分析

年份	样本数	最大值/%	最小值/%	平均值/%	标准差/%	变异系数	偏度	峰度
2006	121	6. 52	0. 42	2. 57a	1. 11	0. 43	1. 35	2. 56
2007	62	7. 21	0. 70	2. 75a	1. 28	0. 47	1. 33	2. 32
2008	116	6. 21	0. 53	2. 45a	1. 05	0. 43	1. 15	1. 67
2009	19	5. 42	1. 29	2. 72a	1. 21	0. 44	1. 21	0. 53
2010	18	6. 68	1. 38	2. 87a	1. 47	0. 51	1. 69	2. 29
2011	16	4. 21	0. 46	2. 46a	0. 85	0. 35	−0. 31	1. 56
2012	16	5. 31	0. 60	2. 72a	1. 08	0. 40	0. 44	1. 39
2013	8	4. 27	1. 59	2. 93a	0. 90	0. 31	−0. 10	−1. 01
2015	16	3. 29	2. 38	2. 96a	0. 24	0. 08	−1. 34	1. 56

就年度内而言，各年份土壤有机质含量极差差异较大，为 0. 91~6. 51，其中极差最大的年份为 2007 年，极差最小的年份为 2015 年。2015 年土壤有机质含量变异系数小于 25%，属低等变异强度，说明 2015 年区域内土壤有机质分布均匀，有利于优质烟叶生产；而 2006—2013 年土壤有机质含量变异系数均属于 25%~75%，中等变异强度，说明泸州烟区土壤有机质含量年度内变异较大，区域内有机质分布不均匀，进行烤烟生产时，应根据土壤有机质含量状况制订不同的施肥方案。

2. 土壤有机质含量频数分布状况

参照《中国植烟土壤分类标准》并结合泸州实际土壤状况，将土壤有机质含量由低至高分为Ⅰ（有机质含量：＜1. 78%）、Ⅱ（有机质含量：1. 78%~3. 14%）、Ⅲ（有机质含量：3. 14%~4. 49%）、Ⅳ（有机质含量：4. 49%~5. 85%）和Ⅴ（有机质含量：≥5. 85%）5 个类群。各段频数分布状况如表 4-8 和图 4-3 所示。有机质含量处于最低段＜1. 78%和最高段≥5. 85%的样本数分别为 84 和 9，分别占总样本数的 21. 4%和 2. 3%；1. 78%~3. 14%、3. 14%~4. 49%和 4. 49%~5. 85%的样本数分别为 218、62 和 19，分别占总样本数的 55. 6%、15. 9%和 4. 8%。南方多雨地区植烟土壤有机质以 1. 5%~3. 0%为宜。泸州烟区最适宜种烟的有机质样点占 55. 6%。图 4-3 表明，土壤有机质含量多分布在 1. 6%~3. 2%，整体上呈对称分布。

表 4-8　土壤有机质不同含量区间的频率分布

区间/%	样本数	百分率/%	累积百分率/%
＜1. 78	84	21. 4	21. 4
1. 78~3. 14	218	55. 6	77. 0
3. 14~4. 49	62	15. 9	92. 9
4. 49~5. 85	19	4. 8	97. 7
≥5. 85	9	2. 3	100. 0

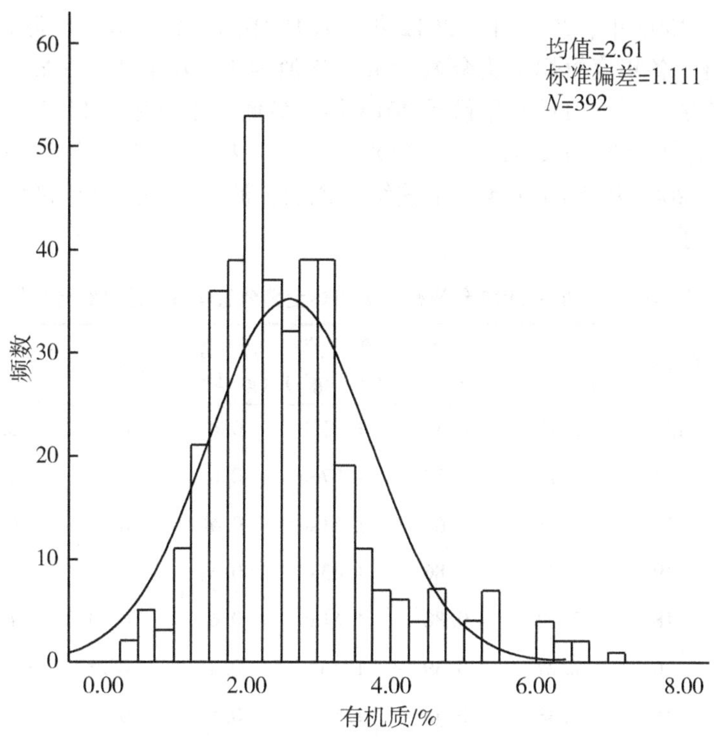

图 4-3 土壤有机质不同含量区间的频数分布状况

3. 土壤有机质含量空间分布特征

由表 4-9 可知，从不同县域来看，土壤有机质含量在古蔺、叙永为Ⅱ类群最多，均超过 50%，叙永其次为Ⅰ类群，所占比例为 28.7%；古蔺其次为Ⅲ类群，所占比例为 23.53%。

表 4-9 泸州烟区土壤有机质空间分布特征

地区	最大值/%	最小值/%	平均值/%	标准差/%	变异系数	类群分布/%				
						Ⅰ	Ⅱ	Ⅲ	Ⅳ	Ⅴ
古蔺县	7.21	0.42	2.36b	1.06	0.45	28.70	56.02	10.19	3.24	1.85
叙永县	6.52	0.60	2.95a	1.09	0.37	11.76	54.71	23.53	7.06	2.94

注：Ⅰ、Ⅱ、Ⅲ、Ⅳ、Ⅴ对应的有机质含量分别为<1.78%、1.78%~3.14%、3.14%~4.49%、4.49%~5.85%、≥5.85%。

（三）土壤全氮含量的分布特征

1. 土壤全氮含量描述性统计分析

土壤全氮是土壤养分的重要组成部分，也是烤烟生长发育的必需要素，直接制约着烟株形态、生长速度、叶片大小及烟叶产量与品质。泸州烟区不同年份植烟土壤全氮含量状况如表 4-10 所示。就年度间而言，2011 年、2013 年与 2006 年、2007 年、2008 年、2009 年、2010 年、2012 年、2015 年间差异不显著，但 2011 年与 2013 年间差异显著。各年度植烟土壤全氮含量平均值为 1.46~1.72 g·kg^{-1}，年度间土壤全氮含量较均衡，平均值最高年份是 2013 年，最低的年份是 2011 年，各年度土壤全氮含量由高至低依次为 2013 年＞2009 年＞2012 年＞2010 年＞2006 年＞2007 年＞2015 年＞2008 年＞2011 年。上述结果说明，泸州植烟土壤全氮含量基本满足优质烟叶生产要求。

表 4-10　2006—2015 年泸州烟区植烟土壤全氮含量描述性统计分析

年份	样本数	最大值/（g·kg^{-1}）	最小值/（g·kg^{-1}）	平均值/（g·kg^{-1}）	标准差/（g·kg^{-1}）	变异系数	偏度	峰度
2006	121	3.47	0.34	1.61ab	0.46	0.29	0.78	1.90
2007	62	3.76	0.52	1.57ab	0.65	0.41	1.34	2.35
2008	116	2.71	0.61	1.51ab	0.46	0.30	0.27	-0.45
2009	19	3.28	0.86	1.63ab	0.59	0.36	1.41	2.26
2010	18	3.62	0.88	1.61ab	0.66	0.41	1.77	4.03
2011	16	2.27	0.39	1.46b	0.41	0.28	-0.76	2.55
2012	16	2.48	0.48	1.61ab	0.52	0.32	-0.52	0.11
2013	8	2.45	1.07	1.72a	0.44	0.26	0.02	-0.07
2015	16	1.66	1.23	1.52ab	0.12	0.08	-0.94	0.98

就年度内土壤全氮含量而言，各年份间极差差异较大，为 0.43~3.24 g·kg^{-1}，其中极差最大的年份为 2007 年，极差最小的年份为 2015 年。2015 年土壤有机质含量变异系数为 8%，属低等变异强度，说明 2015 年区域内土壤碱解氮分布均匀，有利于优质烟叶生产；而 2006—2013 年土壤全氮含量变异系数均属于 25%~75%，中等变异强度，说明泸州烟区土壤全氮含量在同一年度内不同地区间差异较大，进行烤烟生产时，应根据土壤全氮含量状况制订不同的施肥方案。

2. 土壤全氮含量的频数分布状况

参照《中国植烟土壤分类标准》并结合泸州实际土壤状况，将土壤全氮含量由低至高分为Ⅰ（全氮含量：＜1.02 g·kg^{-1}）、Ⅱ（全氮含量：1.02~1.71 g·kg^{-1}）、Ⅲ（全氮含量：1.71~2.39 g·kg^{-1}）、Ⅳ（全氮含量：2.39~3.07 g·kg^{-1}）和Ⅴ（全氮含量：≥3.07 g·kg^{-1}）5 个类群。各段频数分布状况如表 4-11 和图 4-4 所示。泸州烟区植烟土壤全氮含量在 1.02~1.71 g·kg^{-1}的最多，占调查样本总数的 55.9%；其次为 1.71~2.39 g·kg^{-1}，占 26.5%；≥3.07 g·kg^{-1}的最少，仅占样本总数的 1.8%。最适宜烤烟生长的土壤全氮含量范围为 0.76~1.68 g·kg^{-1}。最适宜种烟的全氮含量样点占 61.7%。图 4-4 表明，泸州市植烟土壤全氮含量整体上呈对称分布。

表 4-11 土壤全氮不同含量区间的频率分布

区间/($g \cdot kg^{-1}$)	样本数	百分率/%	累积百分率/%
<1.02	45	11.5	11.5
1.02~1.71	219	55.9	67.4
1.71~2.39	104	26.5	93.9
2.39~3.07	19	4.8	98.7
≥3.07	5	1.3	100.0

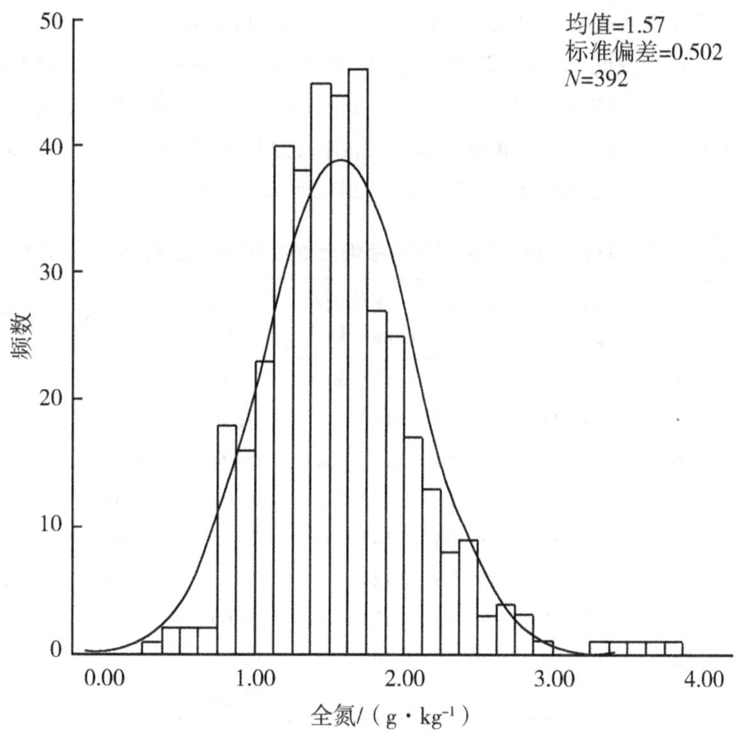

图 4-4 土壤全氮不同含量区间的频数分布状况

3. 土壤全氮含量空间分布特征

由表 4-12 可知，从泸州不同县域来看，古蔺、叙永间土壤有机质含量差异显著。古蔺土壤全氮含量在Ⅱ类群最多，占古蔺样本总数的 61.57%，其次为Ⅲ类群，占 18.52%；叙永为土壤全氮含量在Ⅱ类群最多，占古蔺样本总数的 48.82%，其次为Ⅲ类群，所占比例为 37.65%。

表 4-12 泸州烟区土壤全氮空间分布特征

地区	最大值/(g·kg⁻¹)	最小值/(g·kg⁻¹)	平均值/(g·kg⁻¹)	标准差/(g·kg⁻¹)	变异系数	类群分布/%				
						Ⅰ	Ⅱ	Ⅲ	Ⅳ	Ⅴ
古蔺县	3.76	0.34	1.47b	0.51	0.35	15.28	61.57	18.52	2.78	1.85
叙永县	3.47	0.48	1.71a	0.46	0.27	5.29	48.82	37.65	7.65	0.59

注：Ⅰ、Ⅱ、Ⅲ、Ⅳ、Ⅴ对应的土壤全氮含量分别为＜1.02 g·kg^{-1}、1.02~1.71 g·kg^{-1}、1.71~2.39 g·kg^{-1}、2.39~3.07 g·kg^{-1}、≥3.07 g·kg^{-1}。

（四）土壤碱解氮含量的分布特征

1. 土壤碱解氮含量描述性统计分析

碱解氮也称土壤水解性氮或有效氮，反映土壤近期内氮素供应情况。泸州烟区不同年份植烟土壤碱解氮含量状况如表 4-13 所示。就年度间而言，各年度间植烟土壤碱解氮含量差异不显著，说明 2006—2016 年间泸州植烟土壤碱解氮含量较稳定。各年度植烟土壤碱解氮含量平均值为 122.76~145.93 mg·kg^{-1}，平均值最高年份是 2015 年，最低的年份是 2008 年，各年度土壤碱解氮含量由高至低依次为 2015 年＞2010 年＞2013 年＞2006 年＞2007 年＞2009 年＞2011 年＞2012 年＞2008 年。

表 4-13 2006—2015 年泸州烟区植烟土壤碱解氮含量描述性统计分析

年份	样本数	最大值/(mg·kg⁻¹)	最小值/(mg·kg⁻¹)	平均值/(mg·kg⁻¹)	标准差/(mg·kg⁻¹)	变异系数	偏度	峰度
2006	121	491.00	40.00	143.60 a	55.33	0.39	2.33	12.09
2007	61	316.85	34.00	140.12a	57.58	0.41	0.98	1.19
2008	116	249.25	31.50	122.76a	45.97	0.37	0.55	0.07
2009	19	237.07	63.13	130.24a	46.43	0.36	0.80	0.39
2010	18	302.00	70.00	144.06a	61.95	0.43	1.40	1.69
2011	16	210.95	24.26	126.30a	46.78	0.37	0.06	0.94
2012	16	199.86	55.66	123.59a	39.65	0.32	0.05	-0.63
2013	8	208.09	99.95	143.91a	35.41	0.25	0.91	0.26
2015	16	186.28	109.02	145.93a	17.59	0.12	0.11	1.33

就年度内而言，土壤碱解氮含量极差差异较大，为 77.26~451.00 mg·kg^{-1}，其中极差最大的年份为 2006 年，极差最小的年份为 2015 年。2013 年、2015 年土壤碱解氮含量变异系数小于等于 25%，属低等变异强度，说明 2015 年区域内土壤碱解氮分布均匀；而 2006—2012 年土壤碱解氮含量变异系数均属于 25%~75%，中等变异强度，说明泸州烟区土壤碱解氮含量在同一年度内不同地区间差异中等，进行烤烟生产时，应根据土壤碱解氮含量状况制订不同的施肥方案。

2. 土壤碱解氮含量的频数分布状况

参照《中国植烟土壤分类标准》并结合泸州实际土壤状况，将泸州市植烟土壤碱解氮含量由低至高平均分为 5 个类群，各段频数分布状况如表 4-14、图 4-5 所示。泸州烟区植烟土壤碱解氮含量 117. 60~210. 95 mg · kg^{-1}最多，占调查样本总数的 53. 8%；其次为 24. 26~117. 60 mg · kg^{-1}，占 39. 5%；304. 30~397. 65 mg · kg^{-1}、≥397. 65 mg · kg^{-1}最少，各占样本总数的 0. 3%。最适宜烤烟生长的植烟土壤碱解氮范围为 45~135 mg · kg^{-1}。最适宜种烟的碱解氮样点占 54. 8%。由图 4-5 可以看出，泸州市植烟土壤碱解氮含量整体上呈对称分布。

表 4-14 土壤碱解氮不同含量区间的频率分布

类群	区间/(mg · kg^{-1})	样本数	百分率/%	累积百分率/%
Ⅰ	<117. 60	156	39. 5	39. 5
Ⅱ	117. 60~210. 95	210	53. 8	93. 3
Ⅲ	210. 95~304. 30	24	6. 1	99. 4
Ⅳ	304. 30~397. 65	1	0. 3	99. 7
Ⅴ	≥397. 65	1	0. 3	100. 00

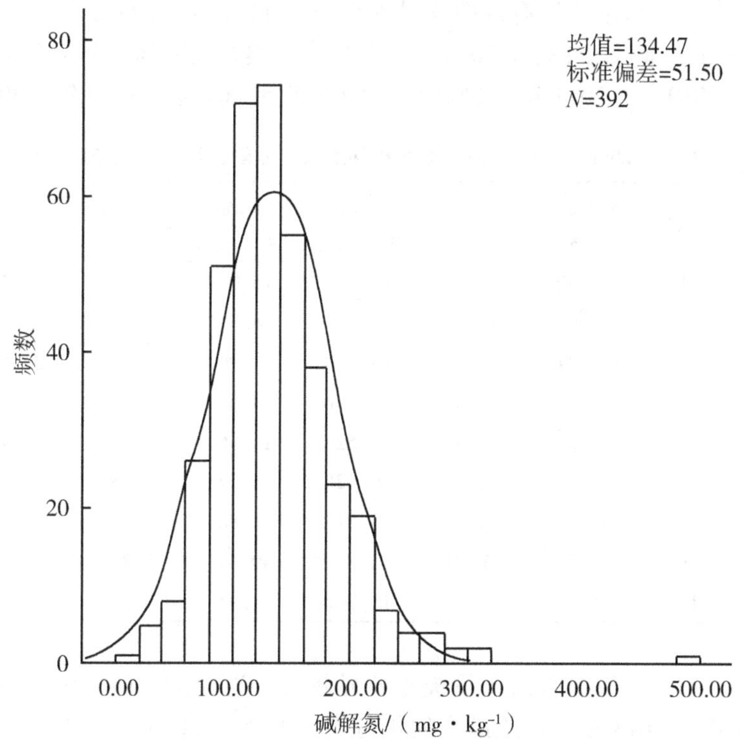

图 4-5 土壤碱解氮不同含量区间的频数分布状况

3. 土壤碱解氮含量空间分布特征

由表 4-15 可知，从泸州不同县域来看，古蔺县、叙永县间土壤碱解氮含量差异显著。古蔺县土壤碱解氮含量在Ⅱ类群最多，占古蔺县样本总数的48.15%，其次为Ⅰ类群，占47.69%；叙永县为土壤碱解氮含量在Ⅱ类群最多，占古蔺县样本总数的62.35%，其次为Ⅰ类群，所占比例为27.65%。

表4-15 泸州烟区土壤碱解氮空间分布特征

地区	最大值/ $(mg \cdot kg^{-1})$	最小值/ $(mg \cdot kg^{-1})$	平均值/ $(mg \cdot kg^{-1})$	标准差/ $(mg \cdot kg^{-1})$	变异系数	类群分布/%				
						Ⅰ	Ⅱ	Ⅲ	Ⅳ	Ⅴ
古蔺县	316.85	24.26	124.63b	48.23	0.39	47.69	48.15	3.70	0.00	0.46
叙永县	491.00	55.66	149.05a	51.79	0.35	27.65	62.35	9.41	0.00	0.59

注：Ⅰ、Ⅱ、Ⅲ、Ⅳ、Ⅴ对应的土壤碱解氮含量分别为<117.60 $mg \cdot kg^{-1}$、117.60~210.95 $mg \cdot kg^{-1}$、210.95~304.30 $mg \cdot kg^{-1}$、304.30~397.65 $mg \cdot kg^{-1}$、≥397.65 $mg \cdot kg^{-1}$。

（五）土壤有效磷含量的分布特征

1. 土壤有效磷含量描述性统计分析

磷是烟草生长发育的必要营养元素，其含量的高低直接影响烟草的生长速度和产量。泸州烟区不同年份植烟土壤有效磷含量状况如表4-16所示。年份间土壤有效磷含量差异显著。各年度植烟土壤有效磷含量平均值在11.76~40.87 $mg \cdot kg^{-1}$，平均值最高年份是2013年，最低的年份是2015年，各年度土壤有效磷含量由高至低依次为2013年>2012年>2010年>2011年>2008年>2006年>2007年>2009年>2015年。

表4-16 2006—2015年泸州烟区植烟土壤有效磷含量描述性统计分析

年份	样本数	最大值/ $(mg \cdot kg^{-1})$	最小值/ $(mg \cdot kg^{-1})$	平均值/ $(mg \cdot kg^{-1})$	标准差/ $(mg \cdot kg^{-1})$	变异系数	偏度	峰度
2006	121	79.50	1.50	13.99b	13.01	0.93	2.61	8.62
2007	62	47.04	0.69	12.27bc	8.31	0.68	1.71	4.06
2008	114	147.21	0.90	14.15b	18.96	1.34	3.96	22.09
2009	19	40.90	1.70	12.25bc	9.65	0.79	1.51	3.19
2010	18	68.20	3.80	18.52b	16.86	0.91	1.87	3.57
2011	16	64.38	3.80	16.82b	15.57	0.93	2.15	5.36
2012	16	66.90	4.70	28.52a	21.88	0.77	0.51	-1.29
2013	8	157.78	6.00	40.87c	49.47	1.21	2.35	5.98
2015	16	15.22	8.89	11.76bc	1.91	0.16	-0.02	-0.97

就年度内而言，土壤有效磷含量极差差异较大，为6.33~151.78 $mg \cdot kg^{-1}$，其中极差最大的年份为2013年，极差最小的年份为2015年。2015年土壤有效磷含量变异系数小于25%，属低等变异强度，说明2015年区域内土壤有效磷分布均匀；2007年土壤有效磷含量变异系数属于25%~75%，中等变异强度，说明泸州烟区土壤有效磷含量在同一年度内不同地区间差异中等；其他年份土壤有效磷含量变异系数大于75%，属高变异强度，说明泸州烟区土壤有效磷含量在同一年度内不同地区间差异极大。进行烤

烟生产时，应根据土壤有效磷含量状况制订不同的施肥方案。

2. 土壤有效磷含量的频数分布状况

参照《中国植烟土壤分类标准》并结合泸州实际土壤状况，将土壤有效磷含量由低至高分为Ⅰ（有效磷含量：<32.11 mg·kg^{-1}）、Ⅱ（有效磷含量：32.11～63.52 mg·kg^{-1}）、Ⅲ（有效磷含量：63.52～94.94 mg·kg^{-1}）、Ⅳ（有效磷含量：94.94～126.36 mg·kg^{-1}）和Ⅴ（有效磷含量：≥126.36 mg·kg^{-1}）5个类群。由表4-17可知，泸州烟区植烟土壤有效磷含量在<32.11 mg·kg^{-1}的最多，占调查样本总数的90.8%；94.94～126.36 mg·kg^{-1}和≥126.36 mg·kg^{-1}的最少，各占样本总数的0.3%。最适宜烤烟生长的土壤有效磷范围为10～35 mg·kg^{-1}。最适宜种烟的有效磷样点占42%。图4-6表明，泸州市植烟土壤有效磷含量整体上呈不对称分布。

表4-17 土壤有效磷不同含量区间的频率分布

类群	区间/(mg·kg^{-1})	样本数	百分率/%	累积百分率/%
Ⅰ	<32.11	356	90.8	90.8
Ⅱ	32.11～63.52	27	6.9	97.7
Ⅲ	63.52～94.94	7	1.7	99.4
Ⅳ	94.94～126.36	1	0.3	99.7
Ⅴ	≥126.36	1	0.3	100.0

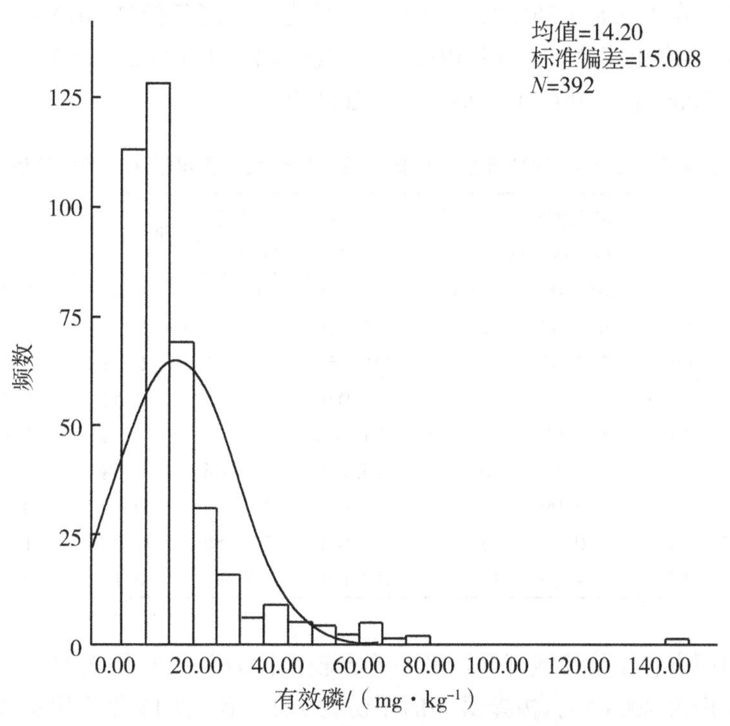

图4-6 土壤有效磷不同含量区间的频数分布状况

3. 土壤有效磷含量空间分布特征

由表4-18可知，从泸州不同县域来看，古蔺县、叙永县间土壤有效磷含量差异显著。古蔺县土壤有效磷含量在Ⅱ类群最多，占古蔺县样本总数的48.15%，其次为Ⅰ类群，占47.69%；叙永县为土壤有效磷含量在Ⅱ类群最多，占古蔺县样本总数的62.35%，其次为Ⅰ类群，所占比例为27.65%。

表4-18 泸州烟区土壤有效磷空间分布特征

地区	最大值/($mg\cdot kg^{-1}$)	最小值/($mg\cdot kg^{-1}$)	平均值/($mg\cdot kg^{-1}$)	标准差/($mg\cdot kg^{-1}$)	变异系数	类群分布/%				
						Ⅰ	Ⅱ	Ⅲ	Ⅳ	Ⅴ
古蔺县	78.19	0.69	9.69b	8.81	0.91	65.74	25.46	7.41	0.93	0.46
叙永县	157.8	1.45	20.45a	18.91	0.92	29.76	37.50	19.05	11.90	0.00

注：Ⅰ、Ⅱ、Ⅲ、Ⅳ、Ⅴ对应的土壤有效磷含量分别为<32.11 $mg\cdot kg^{-1}$、32.11~63.52 $mg\cdot kg^{-1}$、63.52~94.94 $mg\cdot kg^{-1}$、94.94~126.36 $mg\cdot kg^{-1}$、≥126.36 $mg\cdot kg^{-1}$。

（六）土壤速效钾含量的分布特征

1. 土壤速效钾含量描述性统计分析

烟草作为喜钾作物，其生长发育、产量与品质都与钾素的供应密切相关。泸州烟区不同年份植烟土壤速效钾含量状况如表4-19所示。就年度间而言，各年度植烟土壤速效钾含量平均值在145.85~356.02 $mg\cdot kg^{-1}$，平均值最高年份是2013年，最低的年份是2008年，各年度土壤速效钾含量由高至低依次为2013年>2012年>2011年>2010年>2006年>2009年>2007年>2015年>2008年。

表4-19 2006—2015年泸州烟区植烟土壤速效钾含量描述性统计分析

年份	样本数	最大值/($mg\cdot kg^{-1}$)	最小值/($mg\cdot kg^{-1}$)	平均值/($mg\cdot kg^{-1}$)	标准差/($mg\cdot kg^{-1}$)	变异系数	偏度	峰度
2006	121	654.00	31.00	172.50bc	101.90	0.59	1.95	5.23
2007	61	462.00	29.00	156.70bc	100.37	0.64	1.36	1.58
2008	109	772.05	29.30	145.85bc	108.51	0.74	2.69	10.61
2009	19	396.55	54.35	160.07bc	83.47	0.52	1.25	2.16
2010	18	660.00	58.00	201.06b	146.69	0.73	1.89	4.82
2011	16	452.57	61.95	204.25b	139.46	0.68	0.79	-0.92
2012	16	647.99	67.74	264.69a	181.67	0.69	0.77	-0.42
2013	8	920.34	117.06	356.02c	271.56	0.76	1.44	2.10
2015	16	204.13	114.00	150.83bc	24.82	0.16	0.33	-0.26

就年度内而言，土壤速效钾含量极差差异较大，为90.13~742.15 $mg\cdot kg^{-1}$，其中极差最大的年份为2008年，极差最小的年份为2015年。2015年土壤速效钾含量变异系数小于25%，属低等变异强度，说明2015年区域内土壤速效钾分布均匀；而2006—2012年土壤速效钾含量变异系数属于25%~75%，中等变异强度，说明泸州烟区土壤速

效钾含量在同一年度内不同地区间差异中等，进行烤烟生产时，应根据土壤速效钾含量状况制订不同的施肥方案。

2. 土壤速效钾含量的频数分布状况

参照《中国植烟土壤分类标准》并结合泸州实际土壤状况，将土壤速效钾含量由低至高分为Ⅰ（速效钾含量：＜207.27 mg·kg^{-1}）、Ⅱ（速效钾含量：207.27～385.54 mg·kg^{-1}）、Ⅲ（速效钾含量：385.54～563.80 mg·kg^{-1}）、Ⅳ（速效钾含量：563.80～742.07 mg·kg^{-1}）和Ⅴ（速效钾含量：≥742.07 mg·kg^{-1}）5个类群。由表4-20可知，泸州烟区植烟土壤速效钾含量为＜207.27 mg·kg^{-1}的最多，占调查样本总数的75.3%；≥742.07 mg·kg^{-1}的最少，占样本总数的0.5%。最适宜烤烟生长的植烟土壤速效钾范围为120～200 mg·kg^{-1}。最适宜种烟的植烟土壤速效钾样点占31.6%，图4-7表明，泸州市植烟土壤速效钾含量整体上呈不对称分布。

表4-20 土壤速效钾不同含量区间的频率分布

类群	区间/（mg·kg^{-1}）	样本数	百分率/%	累积百分率/%
Ⅰ	＜207.27	289	75.3	75.3
Ⅱ	207.27～385.54	72	18.6	93.9
Ⅲ	385.54～563.80	19	4.8	98.7
Ⅳ	563.80～742.07	3	0.8	99.5
Ⅴ	≥742.07	2	0.5	100.0

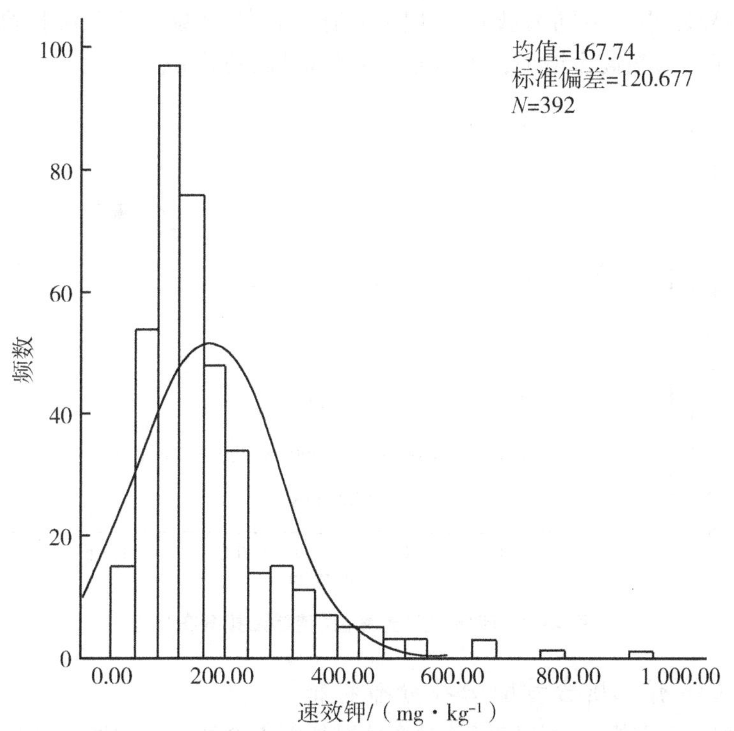

图4-7 土壤速效钾不同含量区间的频数分布状况

3. 土壤速效钾含量空间分布特征

由表 4-21 可知，从泸州不同县域来看，古蔺县、叙永县间土壤速效钾含量差异显著。古蔺县土壤速效钾含量在Ⅰ类群最多，占古蔺县样本总数的 77.78%；叙永县为土壤速效钾含量在Ⅰ类群最多，占古蔺县样本总数的 62.35%，其次为Ⅱ类群，所占比例为 30.67%。

表 4-21　泸州烟区土壤速效钾空间分布特征

地区	最大值/ $(mg \cdot kg^{-1})$	最小值/ $(mg \cdot kg^{-1})$	平均值/ $(mg \cdot kg^{-1})$	标准差/ $(mg \cdot kg^{-1})$	变异系数	类群分布/%				
						Ⅰ	Ⅱ	Ⅲ	Ⅳ	Ⅴ
古蔺县	920.34	29.00	137.94b	90.09	0.65	77.78	17.13	4.63	0.00	0.46
叙永县	660.00	49.45	206.86a	123.54	0.60	53.99	30.67	10.43	3.07	1.84

注：Ⅰ、Ⅱ、Ⅲ、Ⅳ、Ⅴ对应的土壤速效钾含量分别为＜207.27 $mg \cdot kg^{-1}$、207.27～385.54 $mg \cdot kg^{-1}$、385.54～563.80 $mg \cdot kg^{-1}$、563.80～742.07 $mg \cdot kg^{-1}$、≥742.07 $mg \cdot kg^{-1}$。

三、泸州植烟土壤主要养分因子随海拔分布特征

（一）土壤 pH 值随海拔分布特征

泸州植烟土壤 pH 值随海拔分布状况如图 4-8 所示。由图 4-8 可知，泸州不同海拔植烟土壤 pH 值在海拔高度 1 000～1 300 m 时，变化幅度不大，说明泸州烟区植烟土壤 pH 值海拔差异较小，不同海拔段土壤 pH 值分布较均衡；而在海拔高度为 1 300～1 500 m时，随着海拔高度增加，土壤 pH 值呈现升高的趋势。

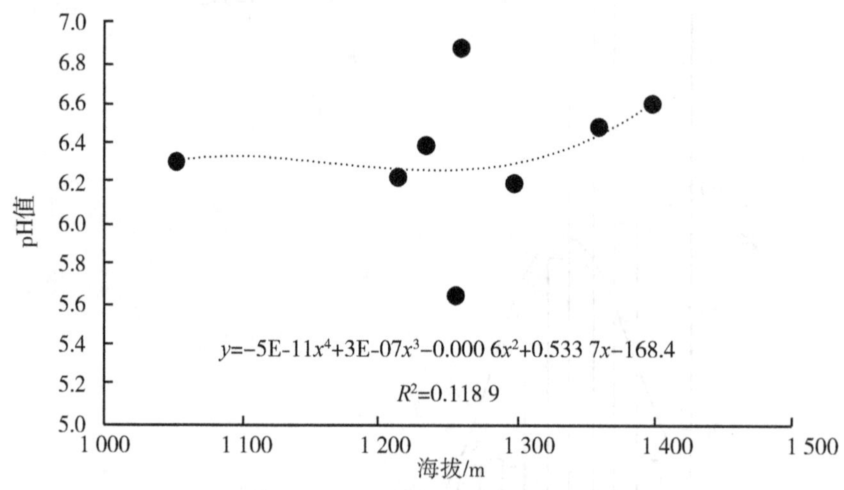

图 4-8　泸州植烟土壤 pH 值随海拔分布特征

（二）土壤有机质含量随海拔分布特征

泸州植烟土壤有机质含量随海拔分布状况如图 4-9 所示。由图 4-9 可知，泸州不同海拔植烟土壤有机质含量变化幅度不大，说明泸州烟区植烟土壤有机质含量海拔差异较小，

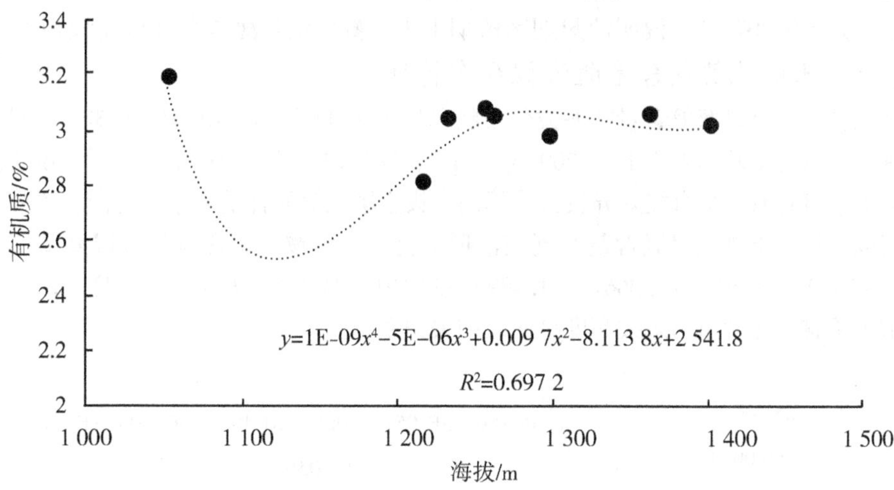

图 4-9 泸州植烟土壤有机质含量随海拔分布特征

不同海拔段土壤有机质含量分布较均衡；另外，随着海拔高度增加，土壤有机质含量呈波浪形变化，土壤有机质含量与海拔高度拟合方程为：$y = 1E\text{-}09x^4 - 5E\text{-}06x^3 + 0.009\ 7x^2 - 8.113\ 8x + 2\ 541.8$（$R^2=0.697\ 2$），说明泸州烟区植烟土壤有机质含量与海拔高度呈曲线相关关系。

（三）土壤全氮含量随海拔分布特征

泸州植烟土壤全氮含量随海拔分布状况如图 4-10 所示。由该图可知，泸州不同海拔植烟土壤全氮含量变化幅度较大，说明泸州烟区植烟土壤全氮含量海拔差异较大，不同海拔段土壤全氮含量分布不均衡；另外，随着海拔高度增加，土壤全氮含量呈现波浪

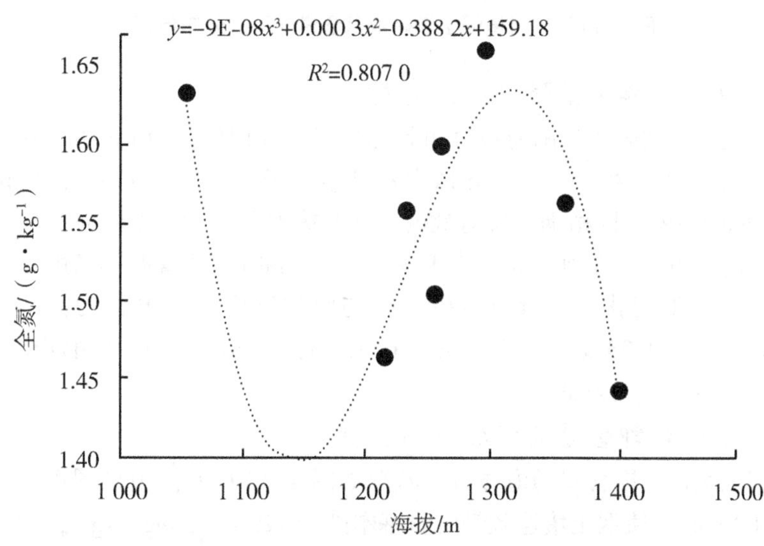

图 4-10 泸州植烟土壤全氮含量随海拔分布特征

形变化，土壤全氮含量与海拔高度拟合方程为：$y=-9E\text{-}08x^3+0.000\ 3x^2-0.388\ 2x+159.18$（$R^2=0.807\ 0$），说明泸州烟区植烟土壤全氮含量与海拔高度呈曲线相关关系。

（四）土壤碱解氮含量随海拔分布特征

泸州植烟土壤碱解氮含量随海拔分布状况如图 4-11 所示。由该图可知，不同海拔植烟土壤碱解氮含量基本处于100~200 mg·kg^{-1}，变化幅度约为100 mg·kg^{-1}，说明泸州烟区植烟土壤碱解氮含量海拔差异较大，不同海拔土壤碱解氮含量分布不均衡；另外，随着海拔高度增加，土壤碱解氮含量呈现波浪形变化，土壤碱解氮含量与海拔高度拟合方程为：$y=4E\text{-}09x^5-3E\text{-}05x^4+0.066x^3-81.489x^2+50\ 191x-1E+07$（$R^2=0.919\ 8$），说明泸州烟区植烟土壤碱解氮含量与海拔高度呈曲线相关关系。

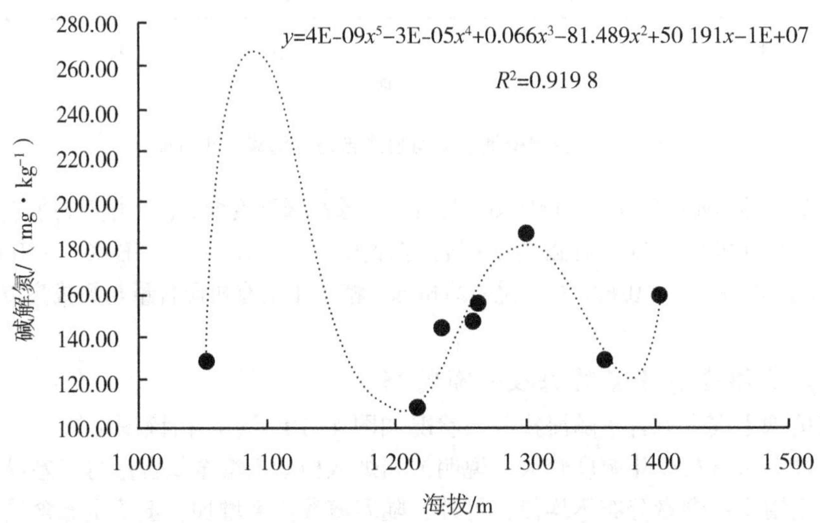

图 4-11 泸州植烟土壤碱解氮含量随海拔分布特征

（五）土壤有效磷含量随海拔分布特征

泸州植烟土壤有效磷含量随海拔分布状况如图 4-12 所示。由该图可知，在海拔高度为1 000~1 500 m时，植烟土壤有效磷含量基本处于 9~15 mg·kg^{-1}，变化幅度约为6 mg·kg^{-1}，说明泸州烟区植烟土壤有效磷含量海拔差异不大，不同海拔段土壤有效磷含量分布较均衡；另外，在海拔高度为1 200~1 500 m时，随着海拔高度增加，土壤有效磷含量呈现波浪形变化，土壤有效磷含量与海拔高度拟合方程为：$y=-9E\text{-}09x^4+5E\text{-}05x^3-0.087\ 5x^2+73.932x-23\ 310$（$R^2=0.554\ 3$），说明泸州烟区植烟土壤有效磷含量与海拔高度呈曲线相关关系。

（六）土壤速效钾含量随海拔分布特征

泸州植烟土壤速效钾含量随海拔分布状况如图 4-13 所示。由该图可知，海拔高度为1 000~1 500 m时，植烟土壤速效钾含量基本处于 120~170 mg·kg^{-1}，变化幅度约为50 mg·kg^{-1}，说明泸州烟区植烟土壤速效钾含量海拔差异较大，不同海拔段土壤速效钾含量分布不均衡；在海拔高度为1 200~1 500 m时，随着海拔高度增加，土壤速效钾

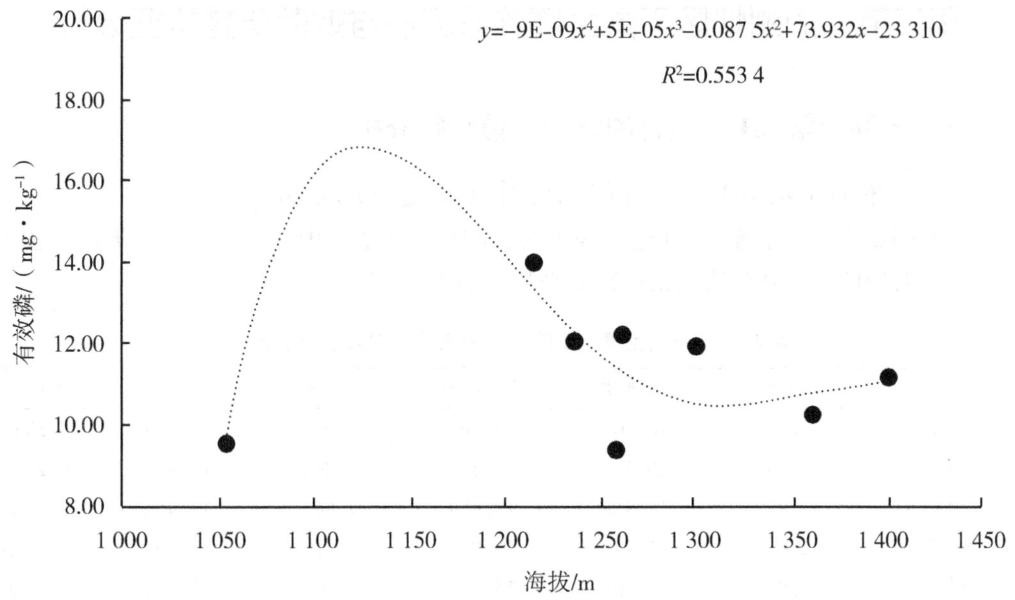

图 4-12 泸州植烟土壤有效磷含量随海拔分布特征

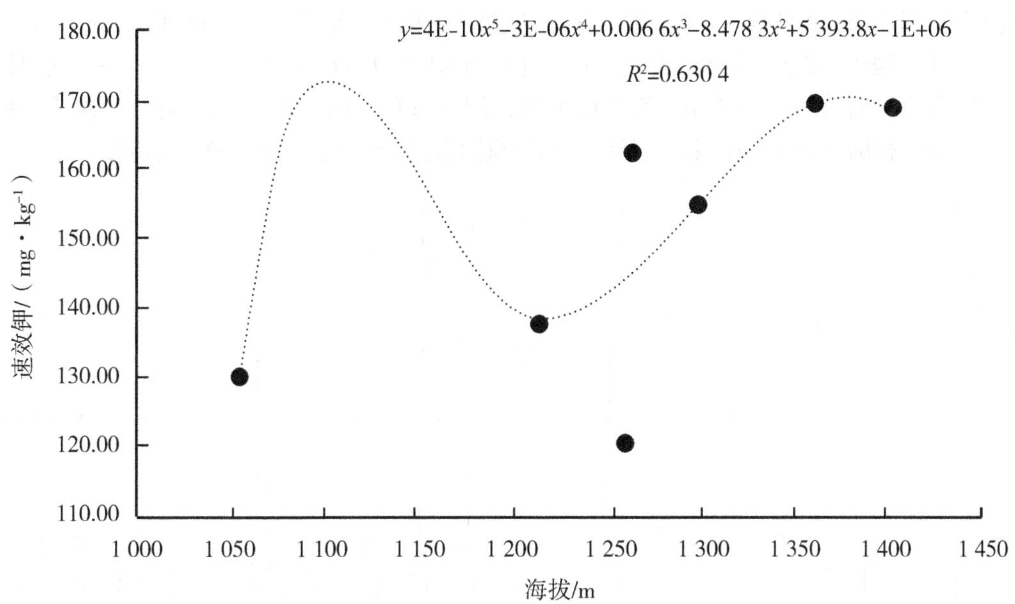

图 4-13 泸州植烟土壤速效钾含量随海拔分布特征

含量呈现上升趋势，另外，土壤速效钾含量与海拔高度拟合方程为：$y=4E\text{-}10x^5-3E\text{-}06x^4+0.006\ 6x^3-8.478\ 3x^2+5\ 393.8x-1E+06$（$R^2=0.630\ 4$），说明泸州烟区植烟土壤速效钾含量与海拔高度呈曲线相关关系。

第二节　泸州烟区不同土壤养分因子与烟叶质量特征分析

一、不同土壤 pH 值类群的烟叶质量特征分析

（一）不同土壤 pH 值类群间烟叶外观质量对比分析

将泸州烟区植烟土壤按 pH 值分为强酸、酸性、微酸、中性、碱性 5 个类群，各类群土壤所对应的烟叶外观质量指标得分平均值如表 4-22 所示。

表 4-22　不同土壤 pH 值类群间烟叶外观质量指标得分

类群	颜色	成熟度	叶片结构	身份	油分	色度
强酸	12. 30a	16. 00a	15. 60a	7. 60a	11. 60a	12. 30a
酸性	12. 09a	15. 77a	15. 54a	7. 29a	11. 83a	10. 24c
微酸	12. 27a	15. 46a	15. 45a	7. 84a	13. 45a	10. 49bc
中性	12. 60a	15. 74a	15. 98a	8. 02a	13. 26a	11. 26ab
碱性	12. 86a	15. 80a	15. 85a	7. 90a	13. 00a	11. 21ab

注：同列不同小写字母表示不同类群间差异显著（$P<0.05$）。下同。

将各土壤 pH 值类群所对应的烟叶成熟度、颜色、叶片结构、身份、油分、色度得分的最大值、最小值、中位数、1/4 位数、3/4 位数绘于坐标中，结果如图 4-14 所示。从图 4-14 可以看出，强酸、酸性、微酸、中性、碱性土壤所对应烟叶的成熟度、叶片结构得分情况较一致，但微酸时分值较其他 pH 值类群分散；烟叶颜色、色度得分由高至低依次为：碱性＞中性＞微酸＞酸性＞强酸；从身份、油分指标来看，微酸、中性、碱性时得分较高。

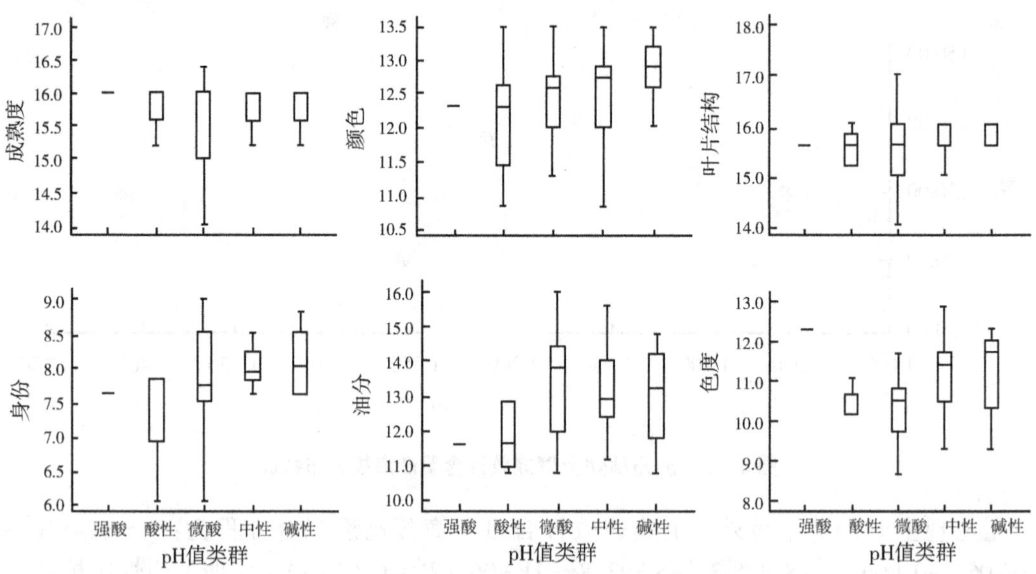

图 4-14　不同土壤 pH 值类群间烟叶外观质量对比

（二）不同土壤 pH 值类群间烟叶常规化学成分对比分析

将泸州烟区植烟土壤按 pH 值分为强酸、酸性、微酸、中性、碱性 5 个类群，各类群土壤所对应的烟叶常规化学成分量平均值如表 4-23 所示。

表 4-23 不同土壤 pH 值类群间烟叶常规化学成分含量

类群	总糖/%	还原糖/%	总植物碱/%	糖碱比	氯/%	钾/%	钾氯比	总氮/%	氮碱比	淀粉/%
强酸	31.20a	25.70a	2.40a	10.70a	0.10c	2.19a	21.90a	1.65b	0.69a	1.93b
酸性	30.24ab	24.24a	3.08a	8.77a	0.27ab	1.74ab	7.17b	1.84ab	0.62a	4.22a
微酸	25.55c	22.66a	2.62a	9.79a	0.25b	1.58b	7.13b	2.22a	0.95a	3.73a
中性	29.33b	24.97a	2.68a	10.61a	0.26ab	1.80ab	8.58b	1.94ab	0.79a	4.36a
碱性	30.60ab	25.61a	2.86a	9.79a	0.28a	1.94ab	8.63b	1.87ab	0.68a	4.38a

将各土壤 pH 值类型为横坐标，各土壤 pH 值所对应的烟叶总糖、还原糖、总植物碱、糖碱比、氯、钾、钾氯比、总氮、氮碱比、淀粉含量的最大值、最小值、中位数、1/4 位数、3/4 位数绘于坐标中，结果如图 4-15 所示。从烟叶总糖含量来看，碱性土壤所对应的烟叶总糖含量最高，微酸土壤所对应的烟叶总糖含量较低；从还原糖含量来看，中性土壤和碱性土壤所对应的烟叶还原糖含量较高，酸性、微酸土壤所对应的烟叶还原糖含量较低；从烟叶总植物碱含量来看，酸性土壤所对应的烟叶总植物碱含量较高。中性、碱土壤所对应的烟叶总植物碱含量较分散；从烟叶糖碱比来看，中性土壤所对应的烟叶糖碱比较高，碱性土壤所对应的烟叶糖碱比较集中；从烟叶氯含量来看，中性土壤所对应的烟叶氯含量较分散，碱性土壤所对应的烟叶氯含量较集中；从钾含量来

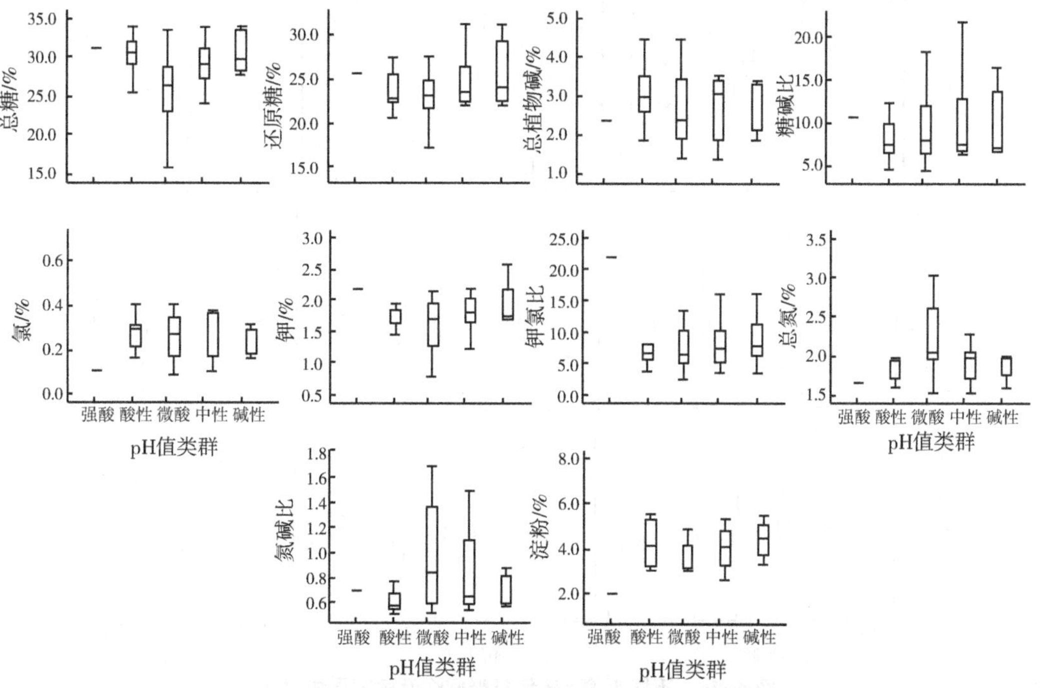

图 4-15 不同土壤 pH 值类群间烟叶常规化学成分含量对比

看，酸性、微酸、中性、碱性土壤类群所对应的烟叶钾含量依次升高；从钾氯比指标来看，强酸土壤所对应的钾氯比高于酸性、微酸、中性、碱性土壤；从烟叶总氮含量来看，强酸、酸性、微酸、中性、碱性土壤所对应的烟叶总氮含量最低值近似，但微酸土壤所对应的烟叶总氮含量最高值较高；从烟叶氮碱比指标来看，酸性、碱性土壤所对应的烟叶氮碱比分布最集中，微酸、中性土壤所对应的氮碱比最高；从烟叶淀粉含量来看，酸性、微酸、中性、碱性土壤所对应的淀粉含量要高于强酸土壤。

（三）不同土壤 pH 值类群间烟叶感官质量对比分析

将泸州烟区植烟土壤按 pH 值分为强酸、酸性、微酸、中性、碱性 5 个类群，各类群土壤所对应的烟叶感官质量指标得分平均值如表 4–24 所示。由表 4–24 可知，从香气质得分来看，强酸及微酸土壤所生产的烟叶得分要低于其他土壤所出产的烟叶。从香气量得分来看，各类型土壤之间没有显著差异。从余味来看，强酸及酸性土壤要差一些；在杂气、刺激性、回甜感、细腻度及成团性方面，强酸土壤生产的烟叶，得分显著低于其他土壤。对于干燥感而言，各个土壤类型之间没有显著差异。图 4–16 也反映了同样的趋势。

表 4–24　不同土壤 pH 值类群间烟叶感官质量指标得分

类群	香气质	香气量	余味	杂气	刺激性	回甜感	干燥感	细腻度	成团性
强酸	15. 28b	13. 33a	6. 59b	7. 94b	7. 62b	3. 06b	3. 17a	3. 13b	3. 25b
酸性	17. 29a	13. 49a	6. 71b	8. 74a	8. 11a	3. 35a	3. 30a	3. 43a	3. 41a
微酸	15. 73b	15. 45a	6. 85a	8. 88a	8. 27a	3. 37a	3. 29a	3. 51a	3. 36a
中性	16. 73a	14. 27a	6. 84ab	8. 91a	8. 26a	3. 42a	3. 35a	3. 47a	3. 45a
碱性	17. 31a	13. 69a	6. 85a	8. 76a	8. 15a	3. 45a	3. 34a	3. 41a	3. 41a

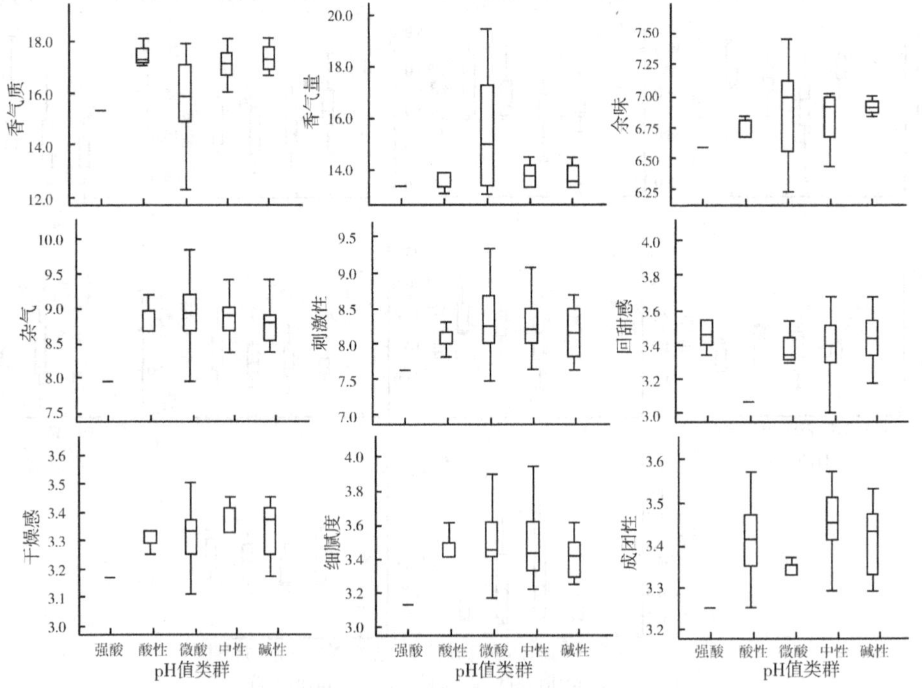

图 4–16　不同土壤 pH 值类群间烟叶感官质量对比

二、不同土壤有机质类群的烟叶质量特征分析

（一）不同土壤有机质类群间烟叶外观质量对比分析

将泸州烟区植烟土壤按有机质含量由少至多分为Ⅰ、Ⅱ、Ⅲ、Ⅳ、Ⅴ 5个类群，各类群土壤所对应的烟叶外观质量指标得分平均值如表4-25所示。

表4-25 不同土壤有机质类群间烟叶外观质量指标得分

类群	颜色	成熟度	叶片结构	身份	油分	色度
Ⅰ	12.35a	15.60a	15.60a	7.40a	12.40a	10.25b
Ⅱ	12.43a	15.59a	15.61a	7.81a	13.04a	10.78ab
Ⅲ	12.56a	15.80a	16.00a	8.08a	13.43a	11.30ab
Ⅳ	12.30a	16.00a	15.60a	7.60a	11.60a	12.30a
Ⅴ	12.00a	16.00a	15.60a	8.00a	13.80a	10.95ab

将各土壤有机质含量类型所对应的烟叶颜色、成熟度、叶片结构、身份、油分、色度得分的最大值、最小值、中位数、1/4位数、3/4位数绘于坐标中，结果如图4-17所示。从颜色指标来看，Ⅰ、Ⅳ、Ⅴ类群得分较集中，Ⅱ、Ⅲ类群得分较分散，Ⅲ类群颜色较好；从成熟度来看，Ⅰ、Ⅲ类群得分类似，Ⅳ、Ⅴ类群得分类似，Ⅱ类群成熟度得分较分散，成熟度得分最高、最低的土壤有机质类群均为Ⅱ类群；从油分来看，Ⅰ、Ⅳ、Ⅴ类群得分较集中，且Ⅴ类群优于Ⅲ类群优于Ⅱ类群优于Ⅰ类群；从叶片结构看，

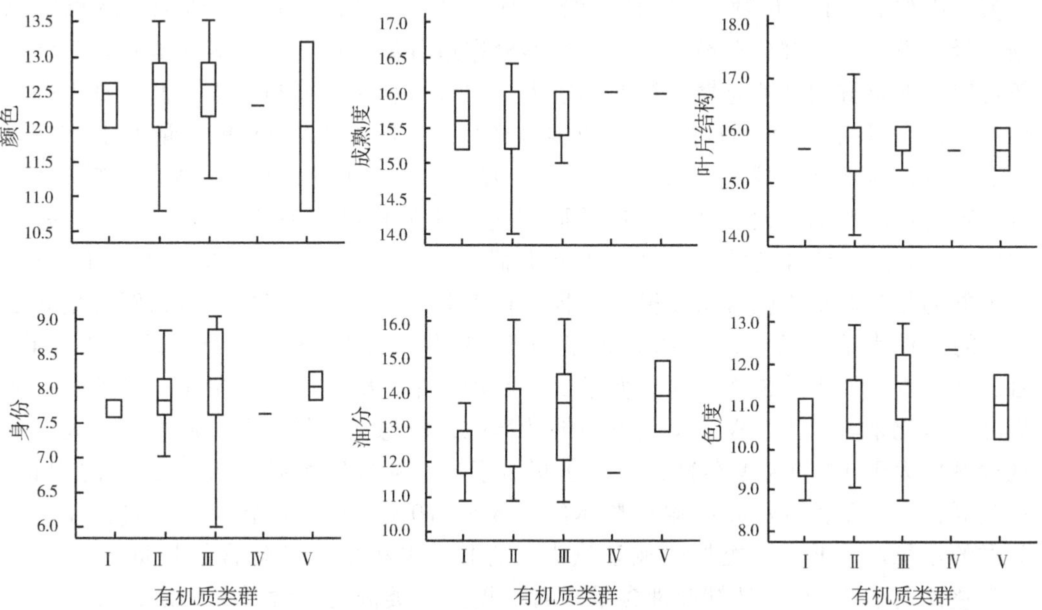

图4-17 不同土壤有机质类群间烟叶外观质量对比

Ⅰ、Ⅲ、Ⅳ、Ⅴ类群得分较集中，但得分最高值、最低值均分布于Ⅱ类群；从身份指标来看，Ⅰ、Ⅳ、Ⅴ类群得分较集中，得分最高值、最低值分布于Ⅲ类群；从色度来看，得分由高至低依次为Ⅴ>Ⅳ>Ⅲ>Ⅱ>Ⅰ。

(二) 不同土壤有机质类群间烟叶常规化学成分对比分析

将泸州烟区植烟土壤按有机质含量由少至多分为Ⅰ、Ⅱ、Ⅲ、Ⅳ、Ⅴ 5 个类群，各类群土壤所对应的烟叶常规化学成分含量平均值如表 4-26 所示。由表 4-26 可知，烟叶氯含量在Ⅲ、Ⅳ类群与Ⅰ、Ⅱ、Ⅴ类群差异不显著，但Ⅰ、Ⅱ类群与Ⅴ类群差异显著；Ⅰ类群的烟叶淀粉含量与Ⅱ、Ⅲ、Ⅳ、Ⅴ类群的烟叶淀粉含量差异不显著，Ⅱ、Ⅲ、Ⅴ类群与Ⅳ类群差异显著；其他化学成分含量在各土壤类群间差异均不显著。

表 4-26　不同有机质类群间烟叶常规化学成分含量

类群	总糖/%	还原糖/%	总植物碱/%	糖碱比	氯/%	钾/%	钾氯比	总氮/%	氮碱比	淀粉/%
Ⅰ	29.45a	24.23a	3.30a	8.90a	0.30a	1.85a	7.10b	1.93a	0.64a	3.53ab
Ⅱ	27.70a	23.92a	2.62a	9.98a	0.24a	1.71a	8.51b	2.06a	0.85a	4.19a
Ⅲ	28.78a	24.78a	2.70a	10.83a	0.29ab	1.76a	7.26b	1.98a	0.83a	4.07a
Ⅳ	31.20a	25.70a	2.40a	10.70a	0.10ab	2.19a	21.90a	1.65a	0.69a	1.93b
Ⅴ	29.20a	22.20a	3.15a	7.10a	0.21b	1.68a	8.20b	1.84a	0.59a	5.15a

将各土壤有机质类群为横坐标，各土壤有机质含量所对应的烟叶总糖、还原糖、总植物碱、糖碱比、氯、钾、钾氯比、总氮、氮碱比、淀粉含量的最大值、最小值、中位数、1/4 位数、3/4 位数绘于坐标中，结果如图 4-18 所示。从烟叶总糖含量来看，Ⅴ类群分布最集中，Ⅱ类群分布最分散，说明Ⅴ类群的烟叶总糖含量较稳定，Ⅱ类群的烟叶总糖含量波动较大，但都符合正态分布，Ⅰ、Ⅱ、Ⅲ类群中烟叶总糖含量高于 30%的均大于相应类群样品总数的 1/4，但总糖含量低于 25%的为Ⅱ类群；从烟叶还原糖含量来看，Ⅰ、Ⅳ、Ⅴ类群的烟叶还原糖含量较稳定，Ⅲ、Ⅳ类群的波动较大，且Ⅱ、Ⅲ类群超过 1/4 的样品所对应的还原糖含量高于 25%，烟叶还原糖含量低于 20%的为Ⅱ类群；从烟叶总植物碱含量来看，Ⅰ、Ⅳ、Ⅴ类群的烟叶总植物碱含量较稳定，Ⅲ、Ⅳ类群波动较大，出现总植物碱含量高于 20%的为Ⅳ类群，发生总植物碱含量高于 3%且发生频率大于 25%的为Ⅰ、Ⅱ、Ⅲ、Ⅴ类群，发生总植物碱含量低于 2%且发生频率大于 25%的为Ⅱ、Ⅲ类群；从烟叶糖碱比来看，Ⅰ、Ⅳ、Ⅴ类群的烟叶糖碱比较稳定，Ⅲ、Ⅳ类群波动较大，出现糖碱比大于 4%的为Ⅳ类群，发生糖碱比低于 6%且发生频率大于 25%的为Ⅲ、Ⅳ类群；Ⅰ、Ⅴ类群烟叶糖碱比整体位于 5%~10%；从烟叶氯含量来看，Ⅳ、Ⅴ类群的较稳定、Ⅱ、Ⅲ类群的波动较大，且Ⅳ、Ⅴ类群烟叶氯含量均低于 0.2%，Ⅰ类整体高于 0.3%；从烟叶钾含量来看，Ⅳ、Ⅴ类群的钾含量最稳定，Ⅱ类群的波动最大，氯含量低于 1.2%的烟叶分布于Ⅱ类群，Ⅱ、Ⅲ类群超过 1/4 的烟叶氯含量高于 2.0%，Ⅳ类群的烟叶氯含量均高于 2.0%；从烟叶钾氯比来看，Ⅰ、Ⅳ、

Ⅴ类群的烟叶钾氯比较稳定，Ⅱ、Ⅲ类群的波动较大，钾氯比最低值出现在Ⅱ类群，最高值出现在Ⅳ类群；从烟叶总氮含量来看，Ⅰ、Ⅳ、Ⅴ类群的烟叶总氮含量较稳定，Ⅱ、Ⅲ类群的波动较大，Ⅱ、Ⅲ类群中有1/2的烟叶总氮含量高于2.5%；从氮碱比来看，Ⅰ、Ⅳ、Ⅴ类群的烟叶氮碱比较稳定且均低于0.8，而Ⅱ、Ⅲ类群的波动较大，Ⅱ类群的烟叶样品有高于1.4的情况；从烟叶淀粉含量来看，Ⅲ、Ⅳ、Ⅴ类群的烟叶淀粉含量较稳定，Ⅰ、Ⅱ类群的波动较大，淀粉含量高于6%的烟叶发生在Ⅱ类群，Ⅳ类的烟叶淀粉含量整体低于3%。

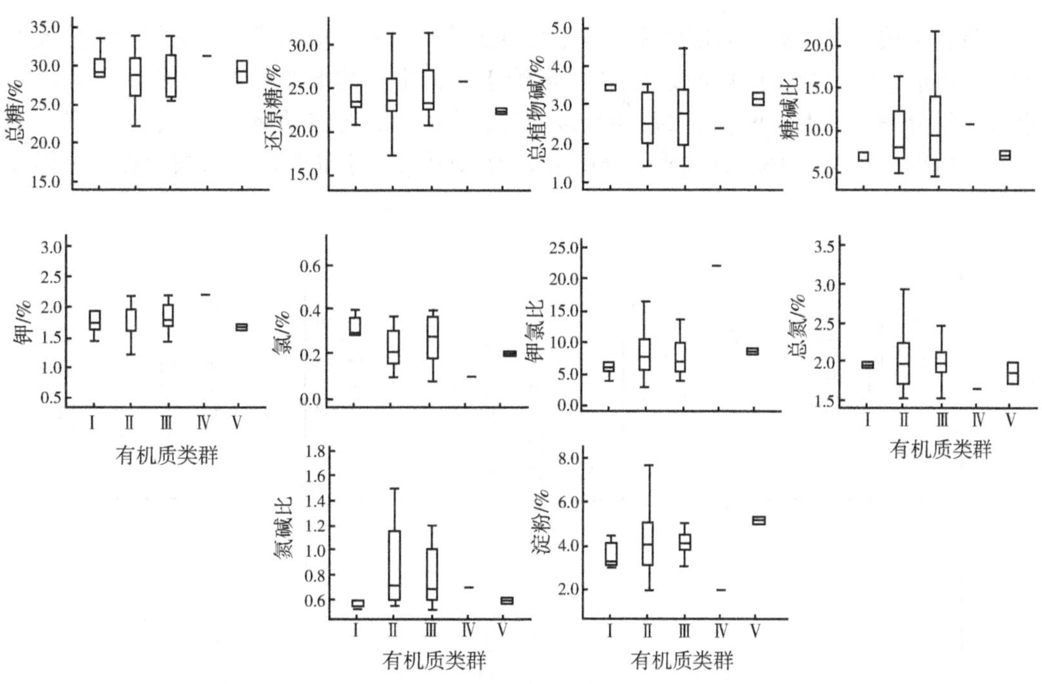

图4-18 不同土壤有机质类群间烟叶常规化学成分对比

（三）不同土壤有机质类群间烟叶感官质量对比分析

各类群的烟叶感官质量指标得分平均值如表4-27所示。由表4-27可知，各有机质类群的香气质、香气量、余味、干燥感得分差异不显著；杂气得分在Ⅴ类群与Ⅰ、Ⅱ、Ⅲ、Ⅳ类群间差异不显著，Ⅰ、Ⅱ、Ⅲ类群与Ⅳ类群差异显著；刺激性得分在Ⅰ、Ⅴ类群与Ⅱ、Ⅲ、Ⅳ类群间差异不显著，Ⅱ、Ⅲ类群与Ⅳ类群差异显著；回甜感得分在Ⅴ类群与Ⅰ、Ⅱ、Ⅲ、Ⅳ类群刺激性得分差异不显著，Ⅰ、Ⅱ、Ⅲ类群与Ⅳ类群差异显著；细腻度得分在Ⅰ、Ⅴ类群与Ⅱ、Ⅲ、Ⅳ类群刺激性得分差异不显著，Ⅱ、Ⅲ类群与Ⅳ类群差异显著；成团性得分在Ⅲ、Ⅴ类群与Ⅰ、Ⅱ、Ⅳ类群刺激性得分差异不显著，Ⅰ、Ⅱ类群与Ⅲ类群差异显著。

表 4-27 不同土壤有机质类群间烟叶感官质量指标得分

类群	香气质	香气量	余味	杂气	刺激性	回甜感	干燥感	细腻度	成团性
Ⅰ	17.03a	13.49a	6.67a	8.72a	8.10ab	3.35a	3.30a	3.40ab	3.41a
Ⅱ	16.31a	14.76a	6.83a	8.86a	8.27a	3.39a	3.32a	3.48a	3.42a
Ⅲ	16.55a	14.53a	6.88a	8.87a	8.20a	3.42a	3.34a	3.48a	3.38ab
Ⅳ	15.28a	13.33a	6.59a	7.94b	7.62b	3.06b	3.17a	3.13b	3.25b
Ⅴ	17.07a	13.65a	6.79a	8.52ab	7.81ab	3.33ab	3.25a	3.35ab	3.35ab

将各土壤有机质类群为横坐标，各土壤有机质含量所对应的感官质量指标得分最大值、最小值、中位数、1/4 位数、3/4 位数绘于坐标中，结果如图 4-19 所示。从烟叶香气质得分来看，Ⅰ、Ⅳ、Ⅴ类群得分较稳定，Ⅱ类群得分波动最大，Ⅰ、Ⅴ类群的烟叶香气质得分均高于 16，香气质得分低于 12 的烟叶分布于Ⅱ类群；从烟叶香气量得分

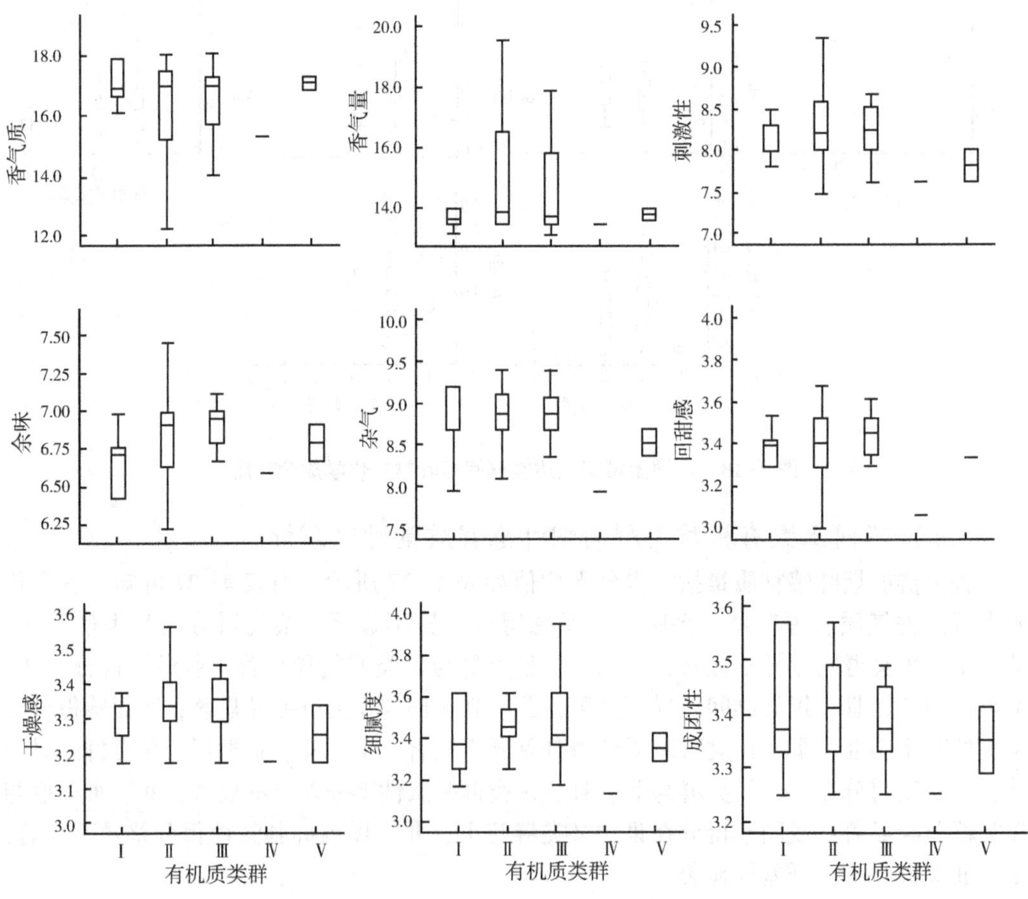

图 4-19 不同有机质类群土壤间烟叶感官质量对比

来看，Ⅰ、Ⅳ、Ⅴ类群得分较稳定，且均低于14，Ⅱ、Ⅲ类群得分波动较大，得分高于18的烟叶分布于Ⅱ类群；从烟叶刺激性得分来看，Ⅰ、Ⅳ、Ⅴ类群得分较稳定，Ⅱ、Ⅲ类群得分波动较大，烟叶刺激性得分大于9的为Ⅱ类群，低于7.5的同样为Ⅱ类群；从烟叶余味得分来看，Ⅲ、Ⅳ、Ⅴ类群得分较稳定，Ⅱ类群得分波动最大且烟叶余味得分低于6.25、高于7.25的烟叶均分布于Ⅱ类群；从烟叶杂气得分来看，Ⅳ、Ⅴ类群得分较稳定，Ⅰ、Ⅱ、Ⅲ类群得分波动较大，有1/4烟叶得分高于9的为Ⅱ类群，有烟叶杂气得分低于8的为Ⅰ类群；从回甜感来看，Ⅳ、Ⅴ类群的烟叶回甜感稳定性较好，Ⅱ类群的波动性最大且回甜感大于3.8或小于3的烟叶均分布于Ⅱ类群；从烟叶干燥感得分来看，Ⅰ、Ⅴ类群烟叶得分均大于3.1且小于3.4，Ⅳ类群的烟叶得分均低于3.2，得分高于3.5的烟叶分布于Ⅱ类群；从烟叶细腻度得分来看，Ⅳ、Ⅴ类群得分较稳定，Ⅳ类群得分均低于3.2，Ⅴ类群得分均高于3.2且小于3.4，Ⅲ类群的波动最大且有1/4的烟叶细腻度得分高于3.8；从烟叶成团性得分来看，Ⅰ、Ⅱ、Ⅲ、Ⅴ类群的烟叶得分为3.2~3.6，Ⅳ类群得分均低于3.3。

三、不同土壤全氮类群的烟叶质量特征分析

（一）不同土壤全氮类群间烟叶外观质量对比分析

将泸州烟区植烟土壤按全氮含量由少至多分为Ⅰ、Ⅱ、Ⅲ、Ⅳ、Ⅴ 5个类群，各类群的烟叶外观质量得分平均值如表4-28所示，从初烤烟叶颜色得分来看，Ⅴ类群与Ⅱ、Ⅲ、Ⅳ类群在5%水平上差异显著；成熟度、叶片结构、身份、油分、色度得分在各类群间差异均不显著。

表4-28 不同土壤全氮类群间烟叶外观质量指标得分

类群	颜色	成熟度	叶片结构	身份	油分	色度
Ⅰ	12.23ab	15.40a	15.60a	7.30a	12.50a	10.35a
Ⅱ	12.42a	15.64a	15.68a	7.88a	13.14a	10.78a
Ⅲ	12.65a	15.75a	15.78a	7.80a	12.84a	11.37a
Ⅳ	13.20a	16.00a	16.00a	8.20a	14.80a	11.70a
Ⅴ	10.80b	16.00a	15.20a	7.80a	12.80a	10.20a

将各土壤全氮类群所对应的烟叶颜色、成熟度、叶片结构、身份、油分、色度得分的最大值、最小值、中位数、1/4位数、3/4位数绘于坐标中，结果如图4-20所示。从颜色指标来看，Ⅴ类群颜色得分较低，Ⅱ类群颜色得分较分散，Ⅲ类群颜色得分优于Ⅰ类群；从成熟度来看，Ⅰ、Ⅲ类群得分类似，Ⅳ、Ⅴ类群得分类似，Ⅱ类群成熟度得分较分散，成熟度得分最高、最低的均为Ⅱ类群；从油分看，Ⅳ、Ⅴ类群得分较相似，Ⅰ、Ⅲ类群得分相似，Ⅱ类群得分极差较大；从叶片结构来看，Ⅰ、Ⅱ、Ⅲ、Ⅳ类群得分分布情况相似，但Ⅳ类群优于Ⅴ类群；从身份指标来看，Ⅱ类群得分最高值较高，Ⅰ类群得分最低值较低；从油分来看，Ⅱ、Ⅲ类群得分情况类似且明显优于Ⅰ类群，而Ⅳ

类群明显优于Ⅴ类群；从色度来看，Ⅳ、Ⅴ类群得分集中，Ⅲ类群得分整体优于Ⅱ类群和Ⅰ类群。

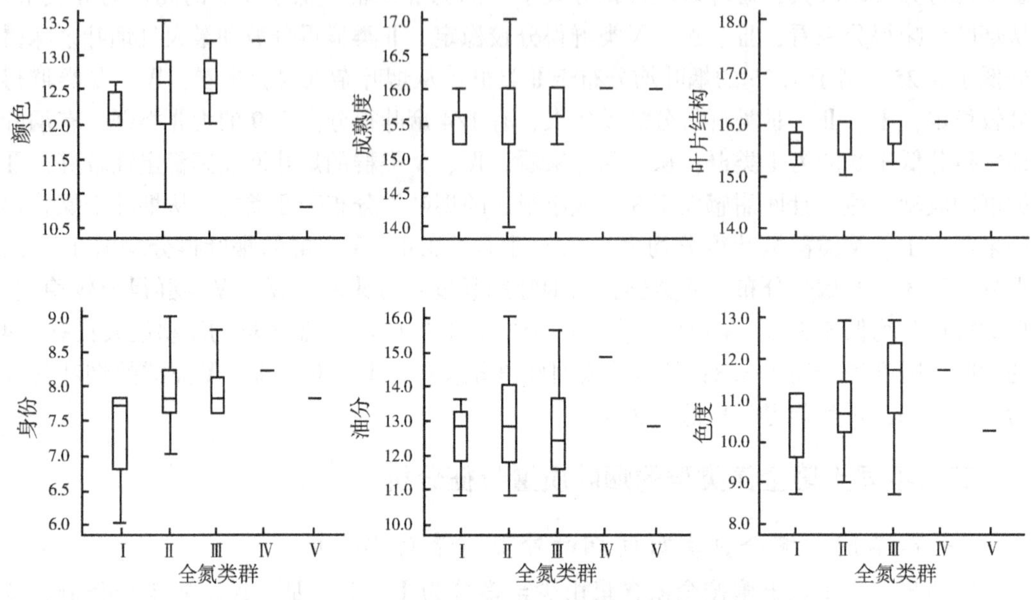

图 4-20　不同土壤全氮类群间烟叶外观质量对比

(二) 不同土壤全氮类群间烟叶常规化学成分对比分析

各类群土壤的烟叶常规化学成分含量平均值如表 4-29 所示。由表 4-29 可知，烟叶总糖含量、还原糖含量、总植物碱含量、糖碱比、氯含量、钾含量、钾氯比、总氮含量、氮碱比、淀粉含量在各土壤类群间差异不显著。

表 4-29　不同土壤全氮类群间烟叶常规化学成分含量

类群	总糖/%	还原糖/%	总植物碱/%	糖碱比	氯/%	钾/%	钾氯比	总氮/%	氮碱比	淀粉/%
Ⅰ	29. 10a	24. 38a	3. 23a	9. 88a	0. 34a	1. 64a	5. 03a	1. 91a	0. 67a	3. 44a
Ⅱ	27. 60a	23. 93a	2. 61a	10. 11a	0. 24a	1. 72a	8. 68a	2. 08a	0. 87a	4. 02a
Ⅲ	30. 02a	24. 96a	2. 89a	9. 94a	0. 30a	1. 89a	8. 26a	1. 86a	0. 69a	4. 20a
Ⅳ	27. 90a	22. 00a	3. 30a	6. 70a	0. 20a	1. 71a	8. 60a	1. 97a	0. 60a	5. 02a
Ⅴ	30. 50a	22. 40a	2. 99a	7. 50a	0. 21a	1. 64a	7. 80a	1. 71a	0. 57a	5. 27a

将各土壤全氮类群的烟叶常规化学成分含量的最大值、最小值、中位数、1/4 位数、3/4 位数绘于坐标中，结果如图 4-21 所示。由图 4-21 可知，Ⅰ、Ⅱ、Ⅲ类群的烟叶总糖含量、还原糖含量、总植物碱含量、糖碱比、氯含量、钾含量、钾氯比、总氮含量、氮碱比、淀粉含量波动较大，Ⅳ、Ⅴ类群较稳定。

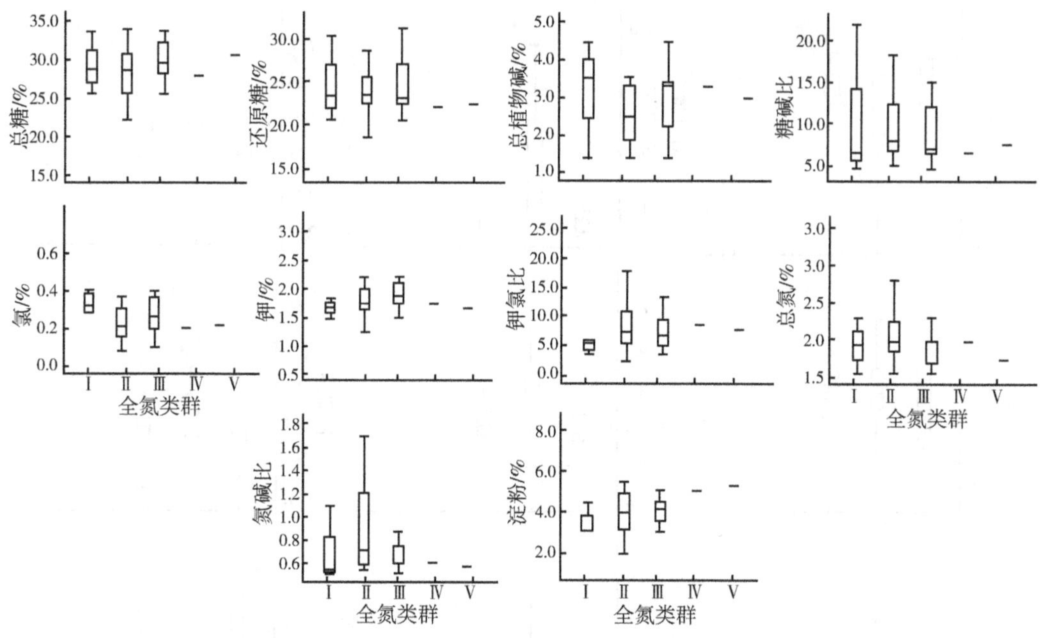

图 4-21 不同土壤全氮类群间烟叶常规化学成分对比

（三）不同土壤全氮类群间烟叶感官质量对比分析

各类群土壤所对应烟叶感官质量指标得分平均值如表 4-30 所示。由表 4-30 可知，烟叶香气质、香气量、余味、杂气、刺激性、回甜感、干燥感、细腻度、成团性在各土壤全氮类群间差异不显著。

表 4-30 不同土壤全氮类群间烟叶感官质量指标得分

类群	香气质	香气量	余味	杂气	刺激性	回甜感	干燥感	细腻度	成团性
Ⅰ	17.12a	13.49a	6.73a	8.74a	8.03a	3.32a	3.30a	3.43a	3.43a
Ⅱ	16.20a	14.91a	6.84a	8.90a	8.29a	3.41a	3.32a	3.49a	3.41a
Ⅲ	16.97a	13.62a	6.79a	8.61a	8.04a	3.34a	3.32a	3.37a	3.38a
Ⅳ	16.87a	13.49a	6.90a	8.36a	7.62a	3.33a	3.17a	3.29a	3.29a
Ⅴ	17.26a	13.81a	6.67a	8.67a	8.00a	3.33a	3.33a	3.41a	3.41a

将各土壤全氮类群的烟叶感官质量指标得分的最大值、最小值、中位数、1/4位数、3/4 位数绘于坐标中，结果如图 4-22 示。由图 4-22 可知，Ⅱ类群的烟叶香气质、香气量、余味、杂气、刺激性、回甜感、干燥感、细腻度、成团性得分波动较大，Ⅳ、Ⅴ类群得分较稳定；香气质得分低于 16、香气量得分高于 15、余味得分高于 7、杂气得分高于 9.2、刺激性得分高于 9.5、回甜感得分高于 3.6、细腻度得分高于 3.8 的烟叶均分布于Ⅱ类群。

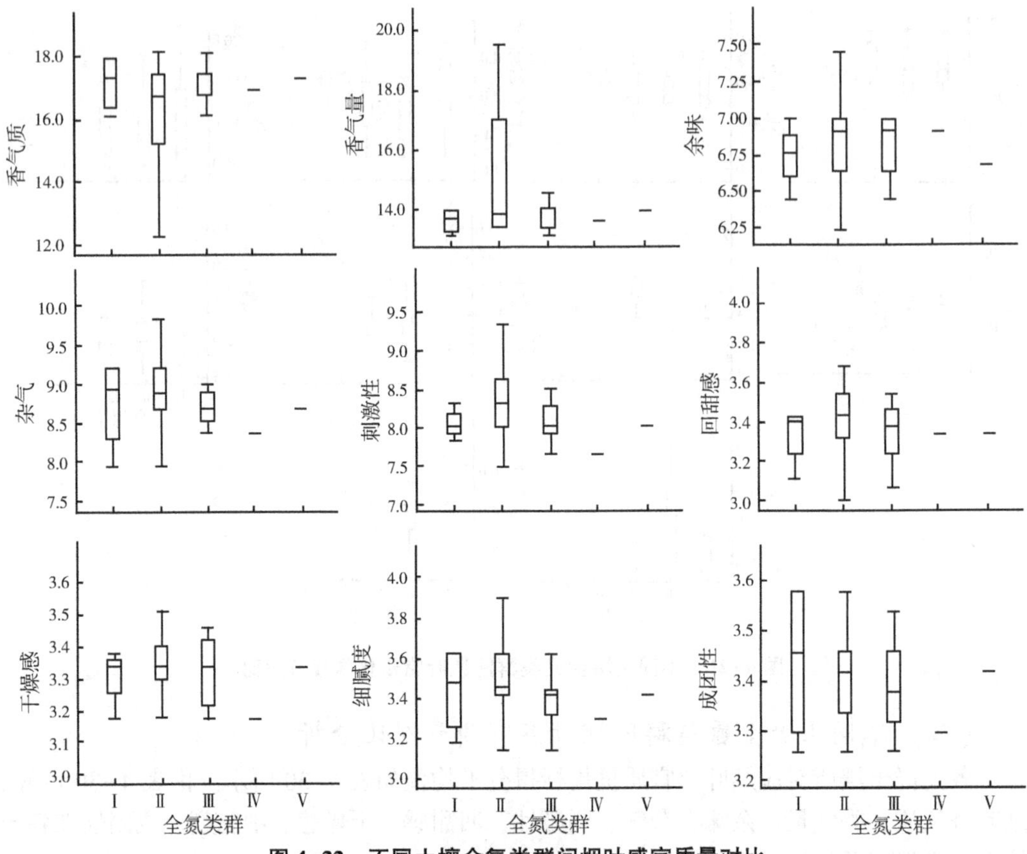

图 4-22 不同土壤全氮类群间烟叶感官质量对比

四、不同土壤碱解氮类群的烟叶质量特征分析

（一）不同土壤碱解氮类群间烟叶外观质量对比分析

将泸州烟区植烟土壤按碱解氮含量分为Ⅰ、Ⅱ、Ⅲ 3 个类群，各类群的烟叶外观质量指标得分平均值如表 4-31 所示。由表 4-31 可知，各类群间烟叶外观质量指标差异不显著。

表 4-31 不同土壤碱解氮类群间烟叶外观质量指标得分

类群	颜色	成熟度	叶片结构	身份	油分	色度
Ⅰ	12.39a	15.69a	15.58a	7.56a	12.59a	10.64a
Ⅱ	12.48a	15.62a	15.74a	7.96a	13.29a	10.98a
Ⅲ	12.10a	15.87a	15.73a	7.73a	12.93a	10.80a

将各土壤碱解氮类群的烟叶颜色、成熟度、叶片结构、身份、油分、色度得分的最大值、最小值、中位数、1/4 位数、3/4 位数绘于坐标中，结果如图 4-23 所示。从烟叶颜色来看，得分低于 12 的烟叶分布于Ⅱ、Ⅲ类群，高于 13 的分布于Ⅰ、Ⅱ类群；从烟叶成熟度来

看，Ⅲ类群的烟叶稳定性较好，得分为 15.5～16，得分高于 16.5 的烟叶分布于Ⅱ类群；从叶片结构来看，Ⅲ类群的得分为 15.5～16；从烟叶身份来看，Ⅱ类群的得分波动较大，Ⅰ、Ⅲ类群的得分较稳定，得分均高于 7 且低于 8；从烟叶油分来看，Ⅱ类群的得分波动较大，Ⅲ类群的得分较稳定，烟叶油分得分高于 14 分烟叶产于Ⅱ类群；从烟叶色度来看，Ⅱ类群土壤得分波动较大，Ⅲ类群较稳定，高于 12.5 分而低于 9 分的烟叶均产于Ⅱ类群。

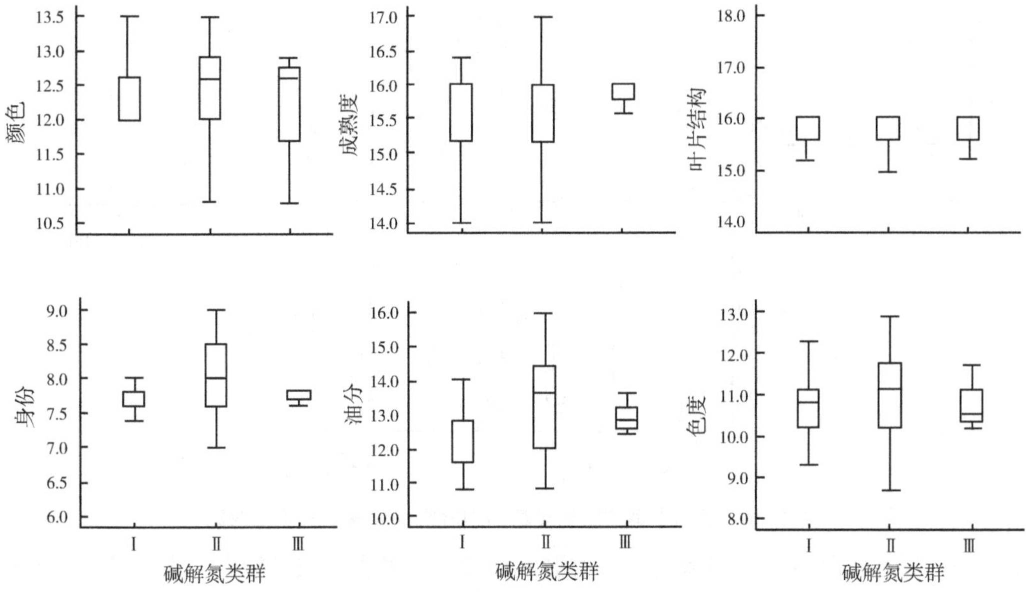

图 4-23 不同土壤碱解氮类群间烟叶外观质量对比

（二）不同土壤碱解氮类群间烟叶常规化学成分对比分析

各类群土壤的烟叶常规化学成分含量平均值如表 4-32 所示。由表 4-33 可知，Ⅰ类群与Ⅱ、Ⅲ类群间总植物碱、总氮含量差异显著；Ⅰ、Ⅱ类群与Ⅲ类群间淀粉含量差异显著；总糖、还原糖、糖碱比、氯、钾含量及氯钾比、氮碱比在各类群间差异不显著。

表 4-32 不同土壤碱解氮类群间烟叶常规化学成分含量

类群	总糖/%	还原糖/%	总植物碱/%	糖碱比	氯/%	钾/%	钾氯比	总氮/%	氮碱比	淀粉/%
Ⅰ	29.00a	23.73a	3.17a	8.36a	0.27a	1.82a	7.57a	1.90a	0.63a	3.82b
Ⅱ	27.59a	24.09a	2.56b	10.39a	0.25a	1.70a	8.72a	2.10b	0.90a	4.01b
Ⅲ	31.67a	26.40a	2.22b	13.60a	0.26a	1.82a	7.67a	1.62b	0.79a	5.78a

将各土壤碱解氮类群的烟叶总糖含量、还原糖含量、总植物碱含量、糖碱比、氯含量、钾含量、钾氯比、总氮含量、氮碱比、淀粉含量最大值、最小值、中位数、1/4位数、3/4 位数绘于坐标中，结果如图 4-24 所示。从烟叶总糖含量来看，Ⅱ类群的烟叶较波动最大，Ⅲ类群最稳定且总糖含量均高于 30%，总糖含量低于 25%的烟叶分布于

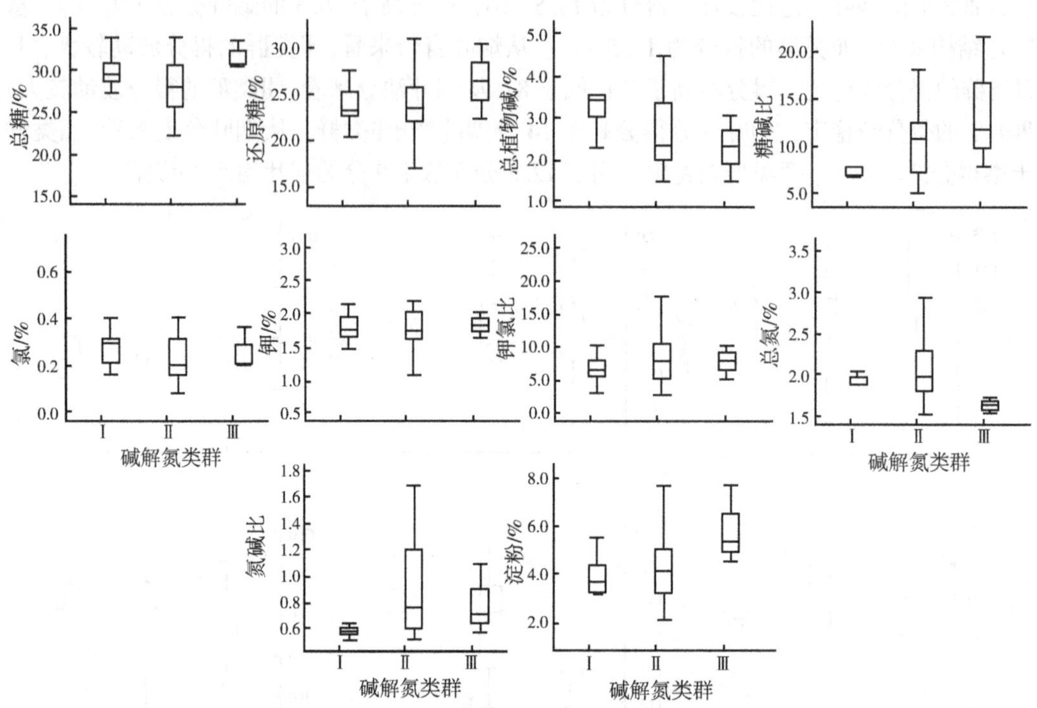

图 4-24　不同土壤碱解氮类群间烟叶常规化学成分含量对比

Ⅱ类群；从烟叶还原糖含量来看，Ⅱ类群的烟叶还原糖含量波动较大，Ⅰ、Ⅲ类群的较稳定，烟叶还原糖含量高于 30%的类群为Ⅱ、Ⅲ类群，还原糖含量低于 20%的烟叶分布于Ⅱ类群；从烟叶总植物碱含量来看，Ⅱ类群的烟叶总植物碱含量波动较大，总植物碱含量高于 4%的烟叶分布于Ⅱ类群；从烟叶糖碱比来看，Ⅰ类群的烟叶均小于 10，在 3 个类群中最稳定，糖碱比高于 20 的烟叶分布于Ⅲ类群；从烟叶氯、钾含量来看，均为Ⅱ类群的波动最大，Ⅰ类群次之，Ⅲ类群最稳定；从烟叶钾氯比和总氮含量来看，均为Ⅱ类群的烟叶波动较大，Ⅰ、Ⅲ类群较稳定，烟叶钾氯比高于 10、烟叶总氮含量高于 2. 5%的烟叶分布于Ⅱ类群；从烟叶氮碱比来看，Ⅱ类群的波动最大，Ⅰ类群的最稳定，氮碱比高于 1. 2 的烟叶分布于Ⅱ类群，Ⅰ类群氮碱比均低于 0. 8；从烟叶淀粉含量来看，Ⅱ类群土壤波动最大，Ⅰ、Ⅲ类群较稳定，Ⅲ类群的烟叶淀粉含量均高于 4%，Ⅱ类群约有 1/2 烟叶淀粉含量高于 4%。

（三）不同土壤碱解氮类群间烟叶感官质量对比分析

各土壤碱解氮类群的烟叶感官质量指标得分平均值如表 4-33 所示。由表 4-33 可知，各土壤类群间烟叶感官质量差异不显著。

表 4-33　不同土壤碱解氮类群间烟叶感官质量指标得分

类群	香气质	香气量	余味	杂气	刺激性	回甜感	干燥感	细腻度	成团性
Ⅰ	17. 04a	13. 76a	6. 72a	8. 83a	8. 12a	3. 38a	3. 31a	3. 42a	3. 42a
Ⅱ	16. 12a	14. 92a	6. 86a	8. 82a	8. 25a	3. 39a	3. 31a	3. 48a	3. 39a
Ⅲ	17. 13a	13. 76a	6. 88a	8. 77a	8. 16a	3. 29a	3. 37a	3. 40a	3. 42a

将各土壤碱解氮类群的烟叶感官质量指标得分最大值、最小值、中位数、1/4 位数、3/4 位数绘于坐标中，结果如图 4-25 所示。由图 4-25 可知，从烟叶香气质得分来看，Ⅱ类群的烟叶波动最大且香气质得分低于 16 的烟叶均分布于Ⅱ类群，Ⅰ、Ⅲ类群得分为 16~18；从香气量得分来看，Ⅱ类群的烟叶波动较大，Ⅰ、Ⅲ类群的较稳定，香气量得分高于 16 的烟叶分布于Ⅱ类群；从烟叶余味、杂气、刺激性、回甜感、干燥感、细腻度得分来看，Ⅱ类群的波动最大，Ⅰ类群次之，Ⅲ类群最稳定；从成团性得分来看，Ⅲ类群较稳定，Ⅰ、Ⅱ类群波动较大。

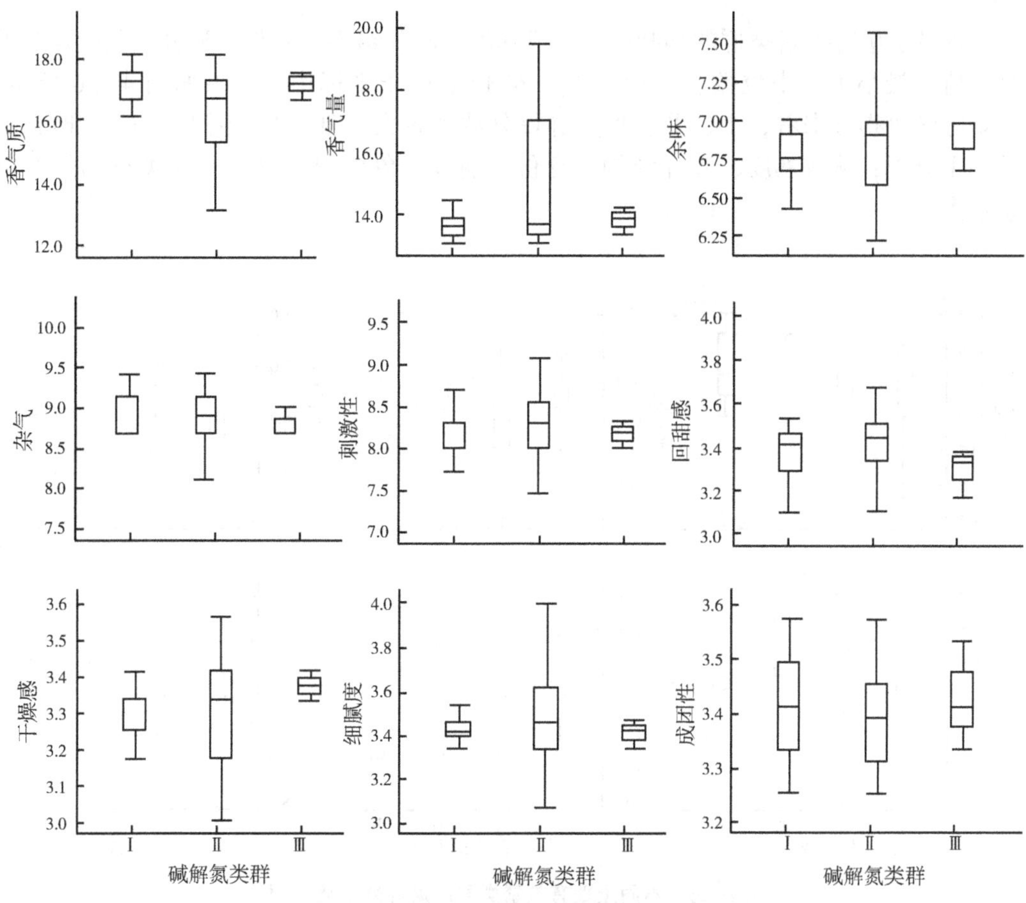

图 4-25 不同土壤碱解氮类群间烟叶感官质量对比

五、不同土壤有效磷类群的烟叶质量特征分析

（一）不同土壤有效磷类群间烟叶外观质量对比分析

将泸州烟区植烟土壤按有效磷含量分为Ⅰ、Ⅱ、Ⅲ、Ⅳ 4 个类群，各类群土壤的烟叶外观质量指标得分平均值如表 4-34 所示。由表 4-34 可知，各类群间烟叶外观质量指标差异不显著。

表 4-34　不同土壤有效磷含量类群间烟叶外观质量指标得分

类群	颜色	成熟度	叶片结构	身份	油分	色度
Ⅰ	12.34a	15.80a	15.66a	7.74a	13.02a	10.81a
Ⅱ	12.39a	15.41a	15.64a	7.81a	13.34a	10.69a
Ⅲ	12.84a	15.84a	15.84a	8.28a	12.88a	11.34a
Ⅳ	12.72a	15.84a	15.92a	7.88a	12.24a	11.46a

将各土壤有效磷类群的烟叶颜色、成熟度、叶片结构、身份、油分、色度得分的最大值、最小值、中位数、1/4 位数、3/4 位数绘于坐标中，结果如图 4-26 所示。从烟叶颜色得分来看，Ⅰ、Ⅱ、Ⅳ类群得分波动较大，Ⅲ类群较稳定，得分低于 11 的为Ⅰ类群；从成熟度、叶片结构、身份、油分、色度得分来看，Ⅱ类群的烟叶波动最大。

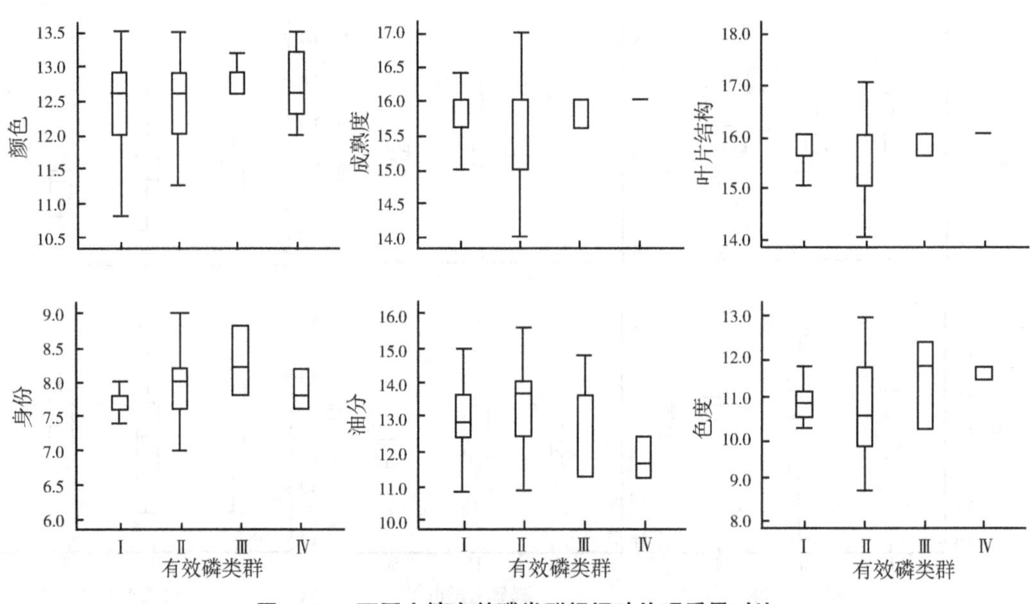

图 4-26　不同土壤有效磷类群间烟叶外观质量对比

（二）不同土壤有效磷类群间烟叶常规化学成分对比分析

各土壤有效磷类群的烟叶常规化学成分含量平均值如表 4-35 所示。由表 4-35 可知，总糖含量在Ⅰ、Ⅲ类群与Ⅱ、Ⅳ类群间差异不显著，但Ⅱ类群与Ⅳ类群差异显著；钾氯比在Ⅰ、Ⅱ、Ⅲ与Ⅳ类群间差异显著；烟叶还原糖含量、总植物碱含量、糖碱比、氯含量、钾含量、总氮含量、氮碱比、淀粉含量在各类群间差异不显著。

表 4-35 不同土壤有效磷类群间烟叶常规化学成分含量

类群	总糖/%	还原糖/%	总植物碱/%	糖碱比	氯/%	钾/%	钾氯比	总氮/%	氮碱比	淀粉/%
Ⅰ	28.75ab	23.91a	2.93a	9.11a	0.26a	1.73a	7.42b	1.97a	0.74a	4.34a
Ⅱ	26.50b	23.77a	2.47a	11.02a	0.27a	1.66a	7.95b	2.14a	0.96a	3.87a
Ⅲ	30.30ab	24.60a	2.89a	9.02a	0.21a	1.89a	9.76b	1.86a	0.66a	4.10a
Ⅳ	31.12a	26.02a	2.64a	10.44a	0.24a	2.00a	13.00a	1.83a	0.71a	3.37a

将各土壤有效磷类群的烟叶总糖含量、还原糖含量、总植物碱含量、糖碱比、氯含量、钾含量、钾氯比、总氮含量、氮碱比、淀粉含量最大值、最小值、中位数、1/4位数、3/4 位数绘于坐标中，结果如图 4-27 所示。由图 4-27 可知，Ⅱ类群的烟叶总糖、还原糖、氯、钾、总氮含量以及糖碱比、氮碱比波动性最大；烟叶总糖含量低于 25%、还原糖含量低于 20%、糖碱比高于 15、氯含量高于 40%、钾含量高于 2.5%或低于 1.2%、总氮含量高于 2.5%、氮碱比高于 1、淀粉含量高于 6%的均分布于Ⅱ类群。

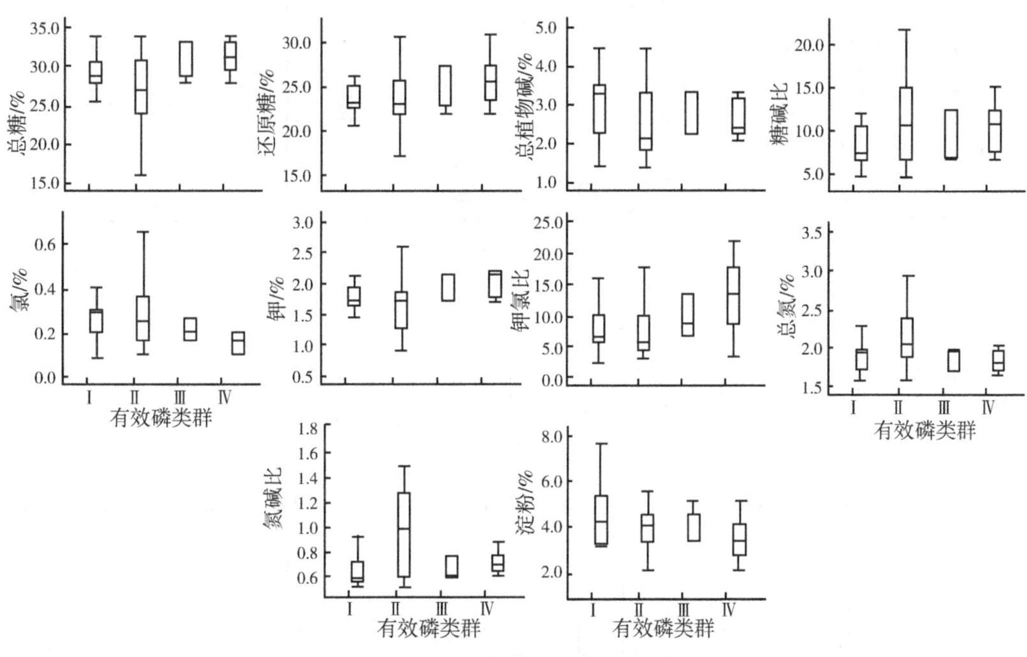

图 4-27 不同土壤有效磷类群间烟叶常规化学成分对比

（三）不同有效磷类群间烟叶感官质量对比分析

将泸州烟区植烟土壤按有效磷含量分为Ⅰ、Ⅱ、Ⅲ、Ⅳ 4 个类群，各类群土壤所对应烟叶感官质量指标得分平均值如表 4-36 所示。由表 4-36 可知，香气质、香气量得分在Ⅰ、Ⅳ类群与Ⅱ、Ⅲ类群间差异不显著，但Ⅱ类群与Ⅲ类群间差异显著；其他感官指标得分在各类群间差异不显著。

表 4-36 不同土壤有效磷类群间烟叶感官质量指标得分

类群	香气质	香气量	余味	杂气	刺激性	回甜感	干燥感	细腻度	成团性
Ⅰ	16.85ab	14.21ab	6.81a	8.93a	8.19a	3.36a	3.33a	3.48a	3.42a
Ⅱ	15.69b	15.29b	6.80a	8.79a	8.30a	3.41a	3.30a	3.46a	3.39a
Ⅲ	17.26a	13.81a	6.93a	8.69a	8.04a	3.43a	3.33a	3.40a	3.39a
Ⅳ	16.87ab	13.36ab	6.87a	8.56a	8.10a	3.36a	3.29a	3.40a	3.37a

将各土壤有效磷类群的烟叶香气质、香气量、余味、杂气、刺激性、回甜感、干燥感、细腻度、成团性得分的最大值、最小值、中位数、1/4 位数、3/4 位数绘于坐标中，结果如图 4-28 所示。由图 4-28 可知，从香气质、香气量、余味、刺激性、回甜感、干燥感、细腻度得分来看，Ⅱ类群的波动性最大；香气质得分低于 16 的烟叶、香气量

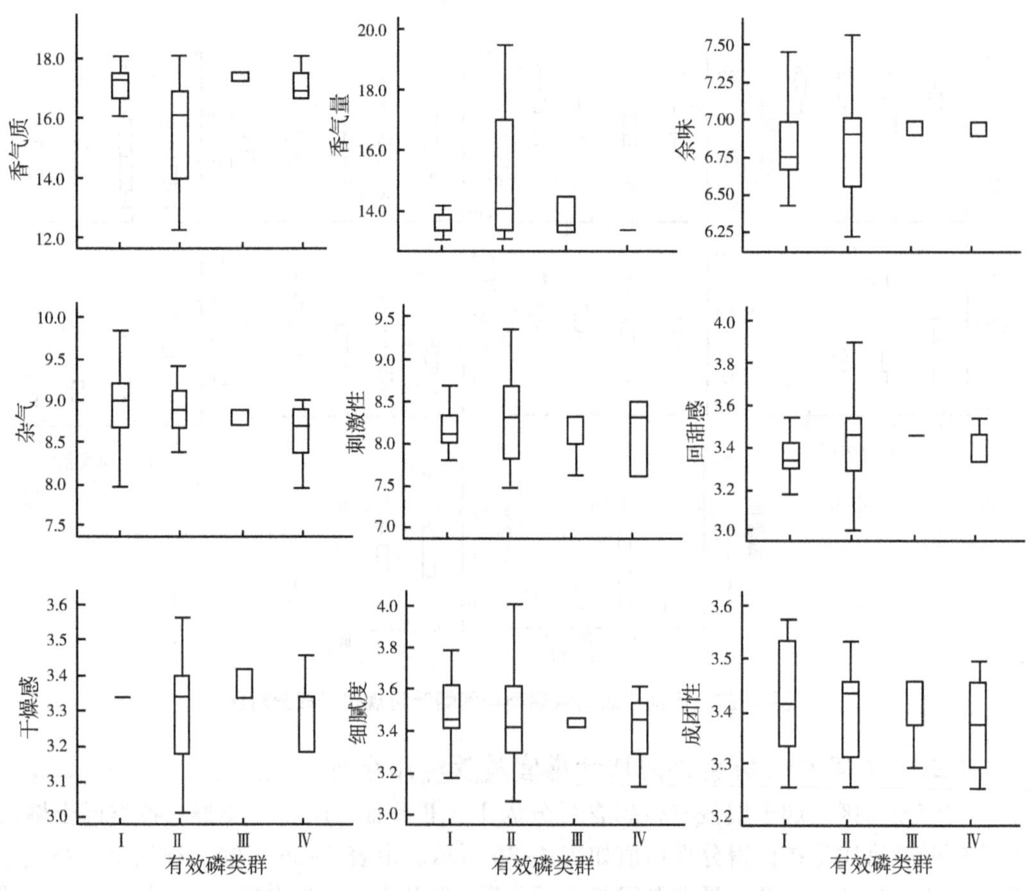

图 4-28 不同有效磷类群土壤间烟叶感官质量对比

得分高于 14、余味得分高于 7.5 或低于 6.25、刺激性得分高于 9、回甜感得分高于 3.6 或低于 4.2、干燥感得分高于 3.5 或低于 3.1、细腻度得分高于 3.8 或低于 3.2 的烟叶均分布于Ⅱ类群；Ⅳ类群烟叶的香气质、香气量、余味、杂气、刺激性、回甜感、干燥感、细腻度、成团性得分均最稳定。

六、不同土壤速效钾类群的烟叶质量特征分析

（一）不同土壤速效钾类群间烟叶外观质量对比分析

将泸州烟区植烟土壤按速效钾含量分为Ⅰ、Ⅱ、Ⅲ、Ⅳ、Ⅴ 5 个类群，各类群的烟叶外观质量指标得分平均值如表 4-37 所示。由于实际研究时Ⅳ类群样本数量为 0，故以下研究中省略Ⅳ类群并认为Ⅳ类群土壤在泸州烟区所占比值较小，不对泸州烟叶特色产生影响。由表 4-37 可知，各类群间烟叶外观质量指标差异不显著。

表 4-37 不同土壤速效钾类群间烟叶外观质量指标得分

类群	颜色	成熟度	叶片结构	身份	油分	色度
Ⅰ	12.28a	15.57a	15.63a	7.82a	13.24a	10.74a
Ⅱ	12.60a	15.78a	15.72a	7.75a	12.77a	11.15a
Ⅲ	13.10a	16.00a	15.93a	8.03a	12.67a	10.95a
Ⅴ	12.00a	15.20a	16.00a	7.60a	12.40a	11.70a

将各土壤速效钾类群的烟叶颜色、成熟度、叶片结构、身份、油分、色度得分的最大值、最小值、中位数、1/4 位数、3/4 位数绘于坐标中，结果如图 4-29 所示。从图

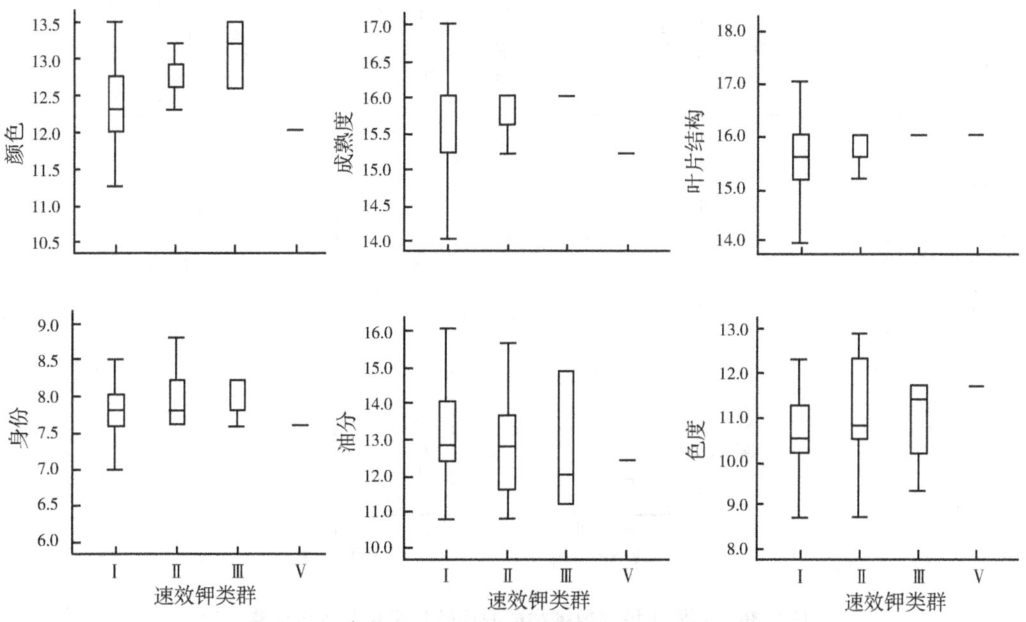

图 4-29 不同土壤速效钾类群间烟叶外观质量对比

4-29 可以看出，Ⅰ、Ⅱ、Ⅲ类群的烟叶颜色、身份、油分、色度得分波动均较大，Ⅴ类群波动较小，而从成熟度、叶片结构得分来看，Ⅰ类群波动较大，Ⅱ、Ⅲ、Ⅴ类群较稳定。

（二）不同土壤速效钾类群间烟叶常规化学成分对比分析

各类群的烟叶常规化学成分含量平均值如表 4-38 所示。由表 4-38 可知，Ⅰ、Ⅱ、Ⅲ类群的烟叶还原糖、氯含量与Ⅴ类群差异显著；钾氯比在Ⅰ、Ⅱ、Ⅴ类群与Ⅲ类群间差异显著；各类群间烟叶总糖含量、总植物碱含量、糖碱比、钾含量、总氮含量、氮碱比、淀粉含量差异不显著。

表 4-38　不同土壤速效钾类群间烟叶常规化学成分含量

类群	总糖/%	还原糖/%	总植物碱/%	糖碱比	氯/%	钾/%	钾氯比	总氮/%	氮碱比	淀粉/%
Ⅰ	27.18a	23.71b	2.59a	10.27a	0.24b	1.67a	8.21b	2.08a	0.89a	4.05a
Ⅱ	30.05a	24.73b	2.98a	9.56a	0.31b	1.81a	6.56b	1.88a	0.67a	4.30a
Ⅲ	29.82a	23.98b	3.09a	8.02a	0.15b	1.95a	13.68a	1.95a	0.64a	3.64a
Ⅴ	33.80a	31.30a	2.08a	15.00a	0.65a	2.19a	3.40b	1.80a	0.87a	4.03a

将各土壤速效钾类群的烟叶常规化学成分含量的最大值、最小值、中位数、1/4 位数、3/4 位数绘于坐标中，结果如图 4-30 所示。从烟叶总糖含量来看，Ⅰ类群波

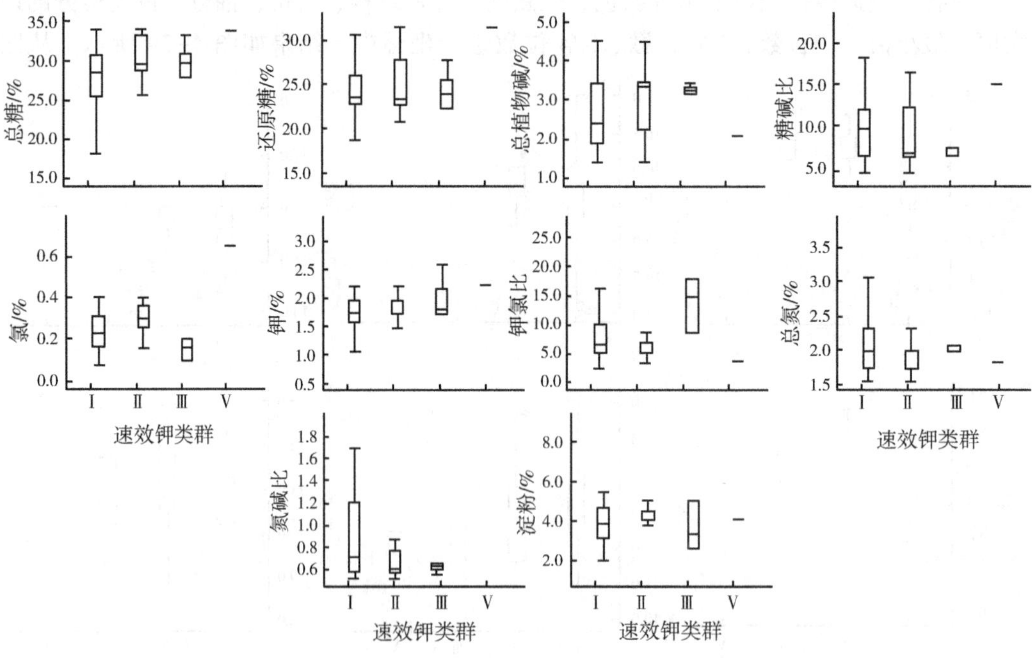

图 4-30　不同土壤速效钾类群间烟叶常规化学成分含量对比

动最大且有1/4的烟叶总糖含量低于20%，Ⅴ类群最稳定且总糖含量均大于30%；从烟叶还原糖含量来看，Ⅰ、Ⅱ类群波动较大，Ⅲ、Ⅴ类群较稳定，还原糖含量低于20%的烟叶分布于Ⅰ类群，高于30%的分布于Ⅱ、Ⅴ类群；从烟叶总植物碱含量和糖碱比来看，Ⅰ、Ⅱ类群烟叶波动较大，Ⅲ、Ⅴ类群较稳定；从烟叶氯含量来看，Ⅰ类群波动最大，Ⅴ类群最稳定，Ⅰ、Ⅱ类群的氯含量均小于0.4%，Ⅲ类群均小于0.2%，Ⅴ类群均大于0.6%；从烟叶钾含量来看，超过1/4烟叶样品的钾含量低于1.5%的分布于Ⅰ类群，大于1/4烟叶样品的钾含量高于2.0%的分布于Ⅲ类群；从钾氯比来看，Ⅱ、Ⅴ类群较稳定，Ⅰ、Ⅲ类群波动较大，1/2以上的样品钾氯比高于10的分布于Ⅲ类群，Ⅴ类群的烟叶钾氯比均低于5；从烟叶总氮含量来看，Ⅰ、Ⅱ类群的烟叶总氮含量波动较大，Ⅲ、Ⅴ类群较稳定，且总氮含量高于2.5%的烟叶均分布于Ⅰ类群；从烟叶氮碱比来看，Ⅰ类群波动较大，高于1.2的烟叶均分布于Ⅰ类群，Ⅲ类群的氮碱比均低于0.8；从烟叶淀粉含量来看，Ⅰ、Ⅲ类群波动较大，Ⅱ、Ⅴ类群稳定性较好。

（三）不同土壤速效钾类群间烟叶感官质量对比分析

各类群的烟叶感官质量指标得分平均值如表4-39所示。由表4-39可知，各类群间烟叶香气质、香气量、余味、杂气、刺激性、回甜感、干燥感、细腻度、成团性得分差异不显著。

表4-39 不同土壤速效钾类群间烟叶感官质量指标得分

类群	香气质	香气量	余味	杂气	刺激性	回甜感	干燥感	细腻度	成团性
Ⅰ	16.06a	15.03a	6.83a	8.88a	8.25a	3.37a	3.31a	3.48a	3.41a
Ⅱ	17.20a	13.64a	6.79a	8.72a	8.10a	3.39a	3.33a	3.40a	3.39a
Ⅲ	16.87a	13.44a	6.84a	8.67a	8.16a	3.42a	3.28a	3.39a	3.38a
Ⅴ	18.06a	13.33a	6.98a	8.87a	8.48a	3.53a	3.45a	3.61a	3.49a

将各土壤速效钾类群的烟叶香气质、香气量、余味、杂气、刺激性、回甜感、干燥感、细腻度、成团性得分的最大值、最小值、中位数、1/4位数、3/4位数绘于坐标中，结果如图4-31所示。由图4-31可知，烟叶香气质、香气量、余味、杂气得分在Ⅰ类群波动较大，而在Ⅱ、Ⅲ、Ⅴ类群则较稳定，且得分最高值、最低值均出现于Ⅰ类群；烟叶的刺激性、回甜感、干燥感、成团性呈现Ⅰ、Ⅱ、Ⅲ类群波动较大，Ⅴ类群较稳定的特点，得分最高值、最低值同样出现于Ⅰ类群。

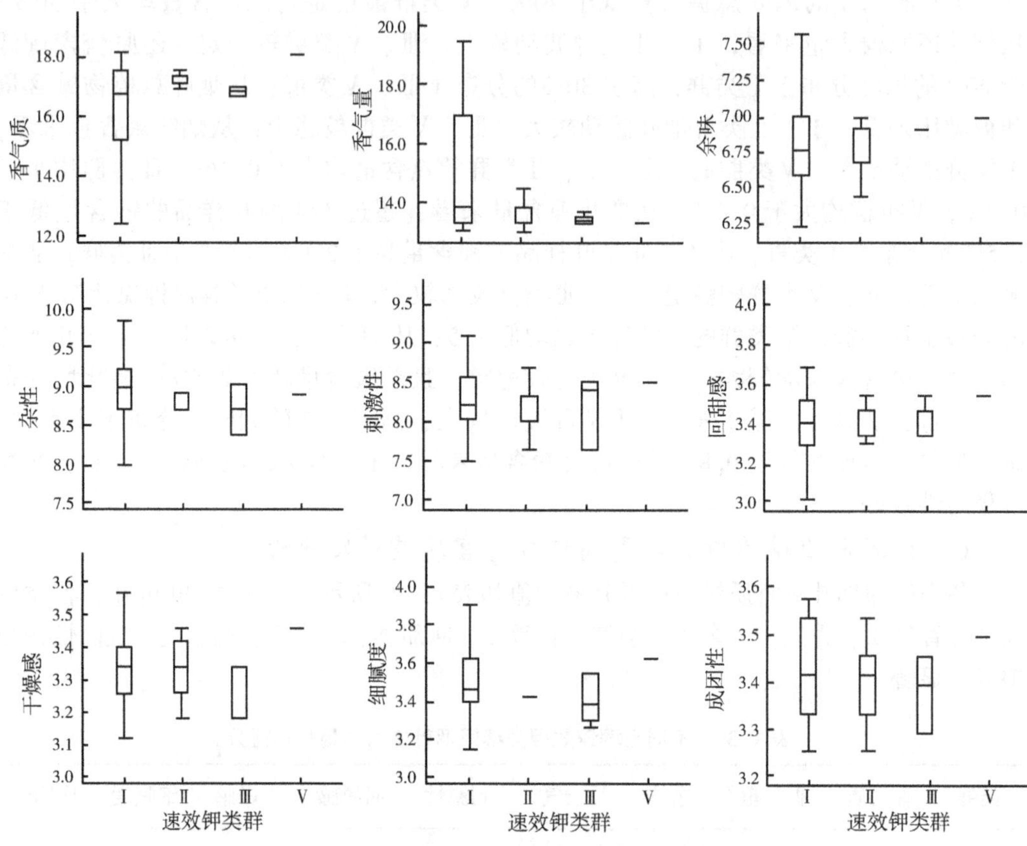

图 4-31 不同土壤速效钾类群间烟叶感官质量对比

第三节 "泸叶醇"烟叶质量特征与土壤养分关系的联合分析

一、"泸叶醇"烟叶外观质量特征与土壤养分因子的联合分析

为研究泸州烟叶外观质量特征与土壤养分因子间的关系，结合泸州烟叶外观质量系统聚类结果，采用多重对应分析方法对烟叶外观质量与土壤 pH 值、有机质、全氮、碱解氮、有效磷、速效钾进行分析，结果如图 4-32 所示。从中心向任意两个点（相同类别）作向量的时候，若夹角为锐角则表示两个方法具有相似性，锐角越小越相似。从中心分别向烟叶外观质量Ⅰ类、烟叶外观质量Ⅱ类作向量，向量夹角大于 90°，故泸州后山乡、石宝镇、双沙乡、水口镇、鱼化镇（第Ⅰ类）烟叶与泸州市大寨乡、观文镇、龙山镇、护家乡、枧槽乡、箭竹乡、麻城乡、摩尼乡、营山乡、赤水乡、分水乡、观兴乡、合乐乡、金星乡、水潦乡（第Ⅱ类）烟叶之间差异显著。由图 4-32 可知，与Ⅰ类烟叶外观质量关系最密切的土壤类群依次是：有效磷Ⅰ类群、有机质Ⅲ类群、微酸类群、速效钾Ⅰ类群、中性类群、有效磷Ⅱ类群、有机质Ⅱ类群、速效钾Ⅱ类群；与Ⅱ类烟叶外观质量关系最密切的土壤类别依次是：有机质Ⅱ类群、有效磷Ⅱ类群、速效钾Ⅱ

类群、中性类群、速效钾Ⅰ类群、微酸类型、有机质Ⅲ类群、有效磷Ⅰ类群。

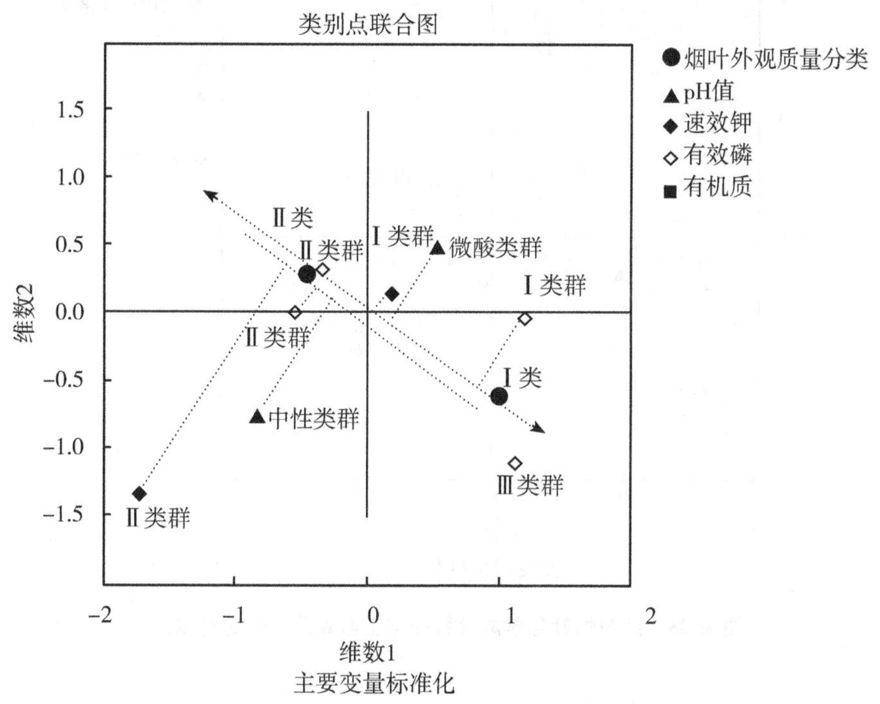

图 4-32 泸州烟叶外观质量特征与土壤养分因子的对应分析

二、"泸叶醇"烟叶化学成分特征与土壤养分因子的联合分析

为研究泸州烟叶化学成分特征与土壤养分因子间的关系，结合泸州烟叶化学成分系统聚类结果。采用多重对应分析方法对烟叶化学成分与土壤 pH 值、有机质、全氮、碱解氮、有效磷、速效钾进行分析，结果如图 4-33 所示。从中心分别向烟叶化学成分Ⅰ类、烟叶化学成分Ⅱ类作向量，向量夹角大于 90°，故泸州观文镇、箭竹乡、金星乡、鱼化镇（第Ⅰ类）烟叶与泸州市赤水乡、大寨乡、分水乡、观兴乡、龙山镇、合乐乡、后山乡、护家乡、枧槽乡、麻城乡、摩尼乡、石宝镇、双沙乡、水口镇、水潦乡、营山乡（第Ⅱ类）烟叶之间差异显著。由图 4-33 可知，与Ⅰ类烟叶化学成分关系最密切的土壤类群依次是：有机质Ⅱ类群、有效磷Ⅱ类群、速效钾Ⅰ类群、微酸类群、中性类群、有效磷Ⅰ类群、速效钾Ⅱ类群、有机质Ⅲ类群；与Ⅱ类烟叶化学成分关系最密切的土壤类群依次是：有效磷Ⅰ类群、中性类群、微酸类群、速效钾Ⅰ类群、有效磷Ⅱ类群、速效钾Ⅱ类群、有机质Ⅱ类群、有机质Ⅲ类群。

三、"泸叶醇"烟叶感官质量特征与土壤养分因子的联合分析

为研究泸州烟叶感官质量特征与土壤养分因子间的关系，结合泸州烟叶感官质量系统聚类结果。采用多重对应分析方法对烟叶感官质量与土壤 pH 值、有机质、全氮、碱解氮、有效磷、速效钾进行分析，结果如图 4-34 所示。从中心分别向感官质量Ⅰ类、

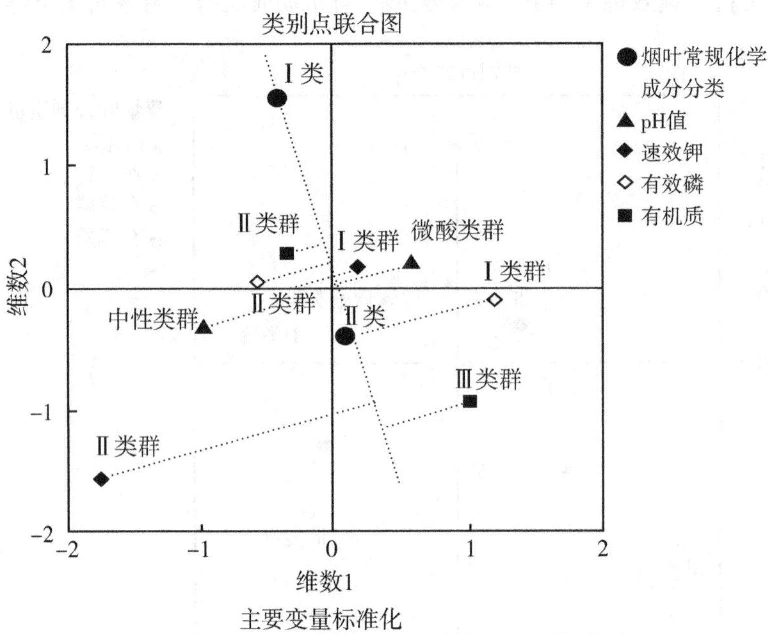

图 4-33　泸州烟叶化学成分特征与土壤养分因子的对应分析

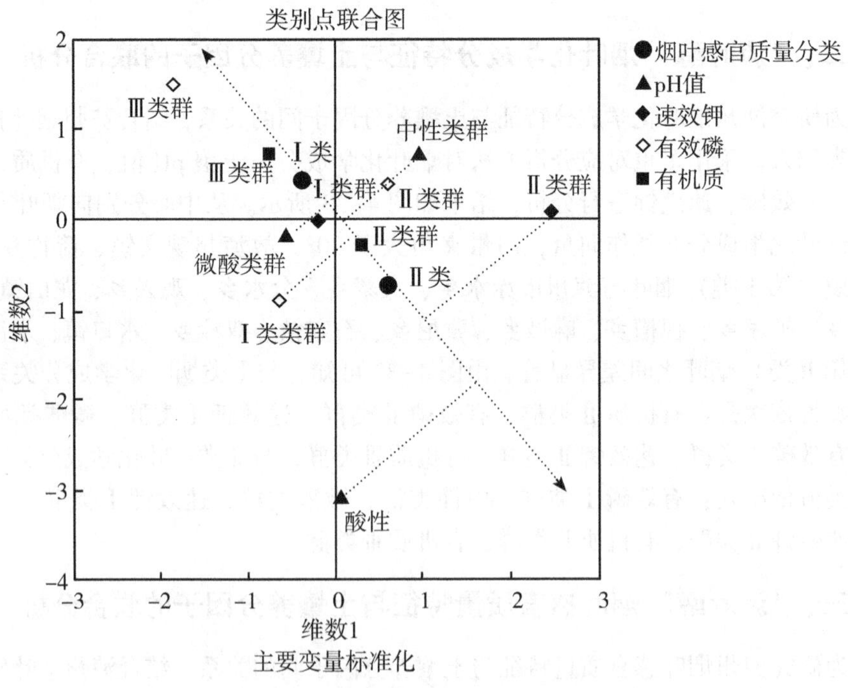

图 4-34　泸州烟叶感官质量特征与土壤养分因子的对应分析

烟叶感官质量Ⅱ类作向量，向量夹角大于90°，故泸州赤水乡、分水乡、观文镇、观兴乡、合乐乡、枧槽乡、箭竹乡、金星乡、摩尼乡、石宝镇、双沙乡、水口镇、水潦乡、鱼化镇（第Ⅰ类）烟叶与泸州市大寨乡、龙山镇、后山乡、护家乡、麻城乡、营山乡（第Ⅱ类）烟叶之间差异显著。由图4-34可知，与Ⅰ类烟叶感官质量关系最密切的土壤类群依次是：速效钾Ⅰ类群、微酸类群、有机质Ⅲ类群、有效磷Ⅱ类群、中性类型、有效磷Ⅰ类群、有机质Ⅱ类群、速效钾Ⅱ类群、有机质Ⅲ类群、酸性类群；与Ⅱ类烟叶感官质量关系最密切的土壤类群依次是：有机质Ⅱ类群、速效钾Ⅱ类群、有效磷Ⅰ类群、有效磷Ⅱ类群、中性类群、速效钾Ⅰ类群、微酸类群、酸性类群、有机质Ⅲ类群、有效磷Ⅲ类群。

第五章 “泸叶醇”烟叶品质形成的生理生化基础

从地理位置上来看，泸州烟叶产区主要集中在叙永与古蔺两个县。从品质区划上来讲，泸州烟叶产区可以分为三大区域，即特色核心区、特色典型区与特色类型区。下面就从烟株生长、烟叶生理生化特性等方面阐述“泸叶醇”烟叶特色形成的生理生化基础。

第一节 不同特色品质区域烟株生长发育情况

一、株高

从表5-1可以看出，各个区域的烟株株高随着时间推移呈现持续生长的趋势，且在各个时期均存在显著差异。特色核心区3个生长期的株高均高于其他两个区域，特色类型区在各个时期均略高于特色典型区。说明特色核心区总体长势高于其他两个区域，可能会生长更多的叶片，积累更多的干物质。

表5-1 3个区域各个时期株高的多重比较 单位：cm

区域	时期		
	移栽后35 d	移栽后50 d	移栽后65 d
特色核心区	41.65a	117.83a	146.15a
特色典型区	34.85c	94.44c	129.40c
特色类型区	37.66b	99.23b	137.80b

注：移栽后35 d代表团棵期，移栽后50 d代表旺长期，移栽后65 d代表打顶期。同列不同小写字母表示不同区域间差异显著（$P<0.05$）。下同。

二、茎围

各个区域的烟株茎围生长情况如表5-2所示。烟株的茎围随时间推移而不断增长。其中，在团棵期（移栽后35 d，下同）3个区域存在显著差异，在旺长期（移栽后50 d，下同）和打顶期（移栽后65 d，下同）均不存在显著差异。在3个时期，特色核心区平均茎围均为最高；在团棵期、旺长期特色类型区均大于特色典型区；在打顶期，特色典型区大于特色类型区。说明特色核心区整体烟株长势茁壮，在茎中积累更多的干物质。

表 5-2 3 个区域各个生育时期茎围的多重比较 单位：cm

区域	时期		
	移栽后 35 d	移栽后 50 d	移栽后 65 d
特色核心区	7. 53a	9. 60a	13. 79a
特色典型区	6. 32b	8. 67a	12. 63a
特色类型区	6. 63b	8. 98a	9. 43b

三、叶片数

各个区域的烟草生长叶片数如表 5-3 所示。随着烟株的生长，叶片数逐渐增加。在 3 个生长期，特色核心区烟叶的叶片数均大于特色典型区和特色类型区，且存在显著差异。特色类型区略大于特色典型区且不存在差异性。说明特色核心区烟叶叶片数较多，可能具有更高的产量。

表 5-3 3 个区域各个时期叶片数的多重比较 单位：片

区域	时期		
	移栽后 35 d	移栽后 50 d	移栽后 65 d
特色核心区	13a	20a	23a
特色典型区	9b	17b	19b
特色类型区	10b	18b	20b

四、叶长

从表 5-4 可以看出，各个区域烟叶叶长在整个生长期呈现上升的趋势。在团棵期，3 个区域烟叶叶长存在显著差异，其中特色核心区烟叶叶长最大，特色典型区烟叶叶长最小。在旺长期，特色核心区烟叶叶长最大，特色类型区烟叶叶长最小且与其他两个区域存在显著差异。在打顶期，特色核心区烟叶叶长最大，特色典型区烟叶叶长最小且与其他两个区域存在显著差异。

表 5-4 3 个区域各个时期叶长的多重比较 单位：cm

区域	时期		
	移栽后 35 d	移栽后 50 d	移栽后 65 d
特色核心区	52. 75a	68. 84a	76. 7a
特色典型区	45. 05c	67. 11a	73. 67b
特色类型区	47. 35b	66. 11b	74. 9a

五、叶宽

各个区域的烟叶叶宽整体上随着移栽时间增加而增大（表5-5）。3个时期，特色核心区烟叶叶宽均大于其他两个区域，特色典型区烟叶叶宽最小。在团棵期和旺长期，3个区域均存在显著差异。在打顶期，特色典型区与其他两个区域存在显著差异。

表5-5　3个区域各个时期叶宽的多重比较　　单位：cm

区域	时期		
	移栽后35 d	移栽后50 d	移栽后65 d
特色核心区	30.25a	36.84a	36.37a
特色典型区	26.60c	31.10c	32.67b
特色类型区	27.96b	33.75b	34.60a

第二节　不同特色品质区域烟株干物质积累量

一、叶片干物质积累

各个区域各个时期烟草叶片干物质积累量情况见表5-6。在3个时期，叶片干物质积累量均呈特色核心区＞特色类型区＞特色典型区的规律，说明特色核心区叶片生长发育和代谢活动较为旺盛。在团棵期，3个区域均存在显著差异；在旺长期和打顶期，特色核心区和其他两个区域存在显著差异。

表5-6　3个区域各个时期叶干物质积累量的多重比较　　单位：g

区域	时期		
	移栽后35 d	移栽后50 d	移栽后65 d
特色核心区	79.68a	130.36a	153.67a
特色典型区	57.22c	121.83b	141.88b
特色类型区	64.36b	123.45b	145.67b

二、茎干物质积累

各区域在各个时期烟株茎干物质积累量对比差异显著（表5-7）。在3个时期，茎干物质积累量均呈特色核心区＞特色类型区＞特色典型区的规律。而且3个区域均存在显著差异。说明特色核心区土壤营养条件较好，烟株茎发育较好。

表 5-7 3 个区域各个时期茎干物质积累量的多重比较 单位：g

区域	时期		
	移栽后 35 d	移栽后 50 d	移栽后 65 d
特色核心区	19. 95a	54. 50a	89. 33a
特色典型区	13. 82c	47. 60c	70. 00c
特色类型区	16. 87b	50. 80b	76. 67b

三、根干物质积累

从表 5-8 可以看出各个区域各个时期烟株根干物质积累量的变化规律。在团棵期、旺长期及打顶期 3 个时期，特色核心区根干物质积累量均最大且与其他两个区域存在显著差异，特色类型区根干物质积累量略大于特色典型区，但没有显著差异。

表 5-8 3 个区域各个时期根干物质积累量的多重比较 单位：g

区域	时期		
	移栽后 35 d	移栽后 50 d	移栽后 65 d
特色核心区	13. 45a	32. 64a	69. 67a
特色典型区	9. 07b	25. 33b	59. 33c
特色类型区	8. 64b	26. 86b	62. 30b

第三节 不同特色品质区域烟株光合速率

表 5-9 反映了 3 个区域烤烟光合速率（CO_2，$\mu mol \cdot m^{-2} \cdot s^{-1}$）的整体情况。在团棵期到旺长期，光合速率呈现增长的趋势，并在旺长期达到最大。从旺长期到打顶期，光合速率呈现逐渐下降的趋势。在 3 个时期，3 个区域光合速率均存在显著差异，并呈现特色核心区＞特色类型区＞特色典型区的规律。说明特色核心区光合作用比较强，干物质积累丰富，代谢旺盛。

表 5-9 3 个区域各个时期光合速率的多重比较 单位：$\mu mol \cdot m^{-2} \cdot s^{-1}$

区域	时期		
	移栽后 35 d	移栽后 50 d	移栽后 65 d
特色核心区	20. 58a	24. 59a	18. 16a
特色典型区	16. 82c	21. 28b	14. 51c
特色类型区	17. 22b	21. 81b	15. 36b

第四节　不同特色品质区域烟叶碳氮代谢关键酶活性

一、烟叶碳代谢关键酶活性

烟叶的碳代谢，是非常重要的一类基础代谢，除了为烟株的生长发育提供能量外，还可提供物质代谢的基本碳骨架。碳代谢途径中的酶很多，其中，蔗糖磷酸合成酶、蔗糖合成酶、转化酶、淀粉酶是较为关键的酶类，下面分别阐述它们在特色核心区、特色典型区及特色类型区的不同表现。

（一）蔗糖磷酸合成酶

蔗糖磷酸合成酶实际上属于可溶解性酶，其活性在外界 pH 值为 7 时最佳，大量活跃在细胞质内部，能够对下列可逆化学过程产生催化效果：尿苷二磷酸葡糖+6-磷酸果糖→6-磷酸蔗糖+尿苷二磷酸。在该过程中产生的 6-磷酸蔗糖，一般会通过蔗糖磷酸酯酶在短时间内分解为蔗糖与磷酸根；同时蔗糖磷酸合成酶与 SPP 在烟叶内部是以复合模式出现的，由此可见蔗糖磷酸合成酶引发的蔗糖反应实际上是单向的。

除以上功能外，蔗糖磷酸合成酶还会管控碳素配置及流动趋势。它能够对植株的正常发育及纤维生成起明显的促进作用，具体体现在茎节拉升以及节间距增加。此外，蔗糖合成酶与转化酶是降解蔗糖物质的重要酶类，可通过系列反应生成葡萄糖及果糖，同时能够构造碳骨架，便于蛋白质等物质的生成，此外还对保持植株内部蔗糖存储量的稳定及碳代谢过程有着关键意义。

从表 5-10 可以看出，3 个区域蔗糖磷酸合成酶活性在烟株生长阶段呈现稍微增加至平稳状态的趋势，在打顶期达到最大。在 3 个时期，3 个区域均存在显著差异，特色核心区蔗糖磷酸合成酶活性均为最大，说明特色核心区蔗糖合成与分解都较迅速，碳代谢较旺盛。在团棵期和打顶期，特色类型区蔗糖磷酸合成酶活性均大于特色典型区，而在旺长期则相反。

表 5-10　3 个区域各个时期蔗糖磷酸合成酶活性的多重比较　　单位：$mg \cdot g^{-1} \cdot h^{-1}$

区域	时期		
	移栽后 35 d	移栽后 50 d	移栽后 65 d
特色核心区	9. 236 6a	10. 103 3a	11. 362 3a
特色典型区	7. 348 2c	8. 935 7b	9. 452 7c
特色类型区	8. 106 9b	8. 637 2b	10. 208 3b

（二）蔗糖合成酶

蔗糖合成酶属于一类存储在细胞质内部的可溶解性酶，它能够在如下可逆过程中起催化作用：果糖+尿苷二磷酸葡糖→蔗糖+尿苷二磷酸。烟草生长过程中蔗糖合成酶不仅能够促进蔗糖积累，也能够促进其分解。一般而言，蔗糖合成酶有分解促进功效，为细胞壁供应淀粉等物质，其活化程度在细胞壁所有成分中是最为显著的。众多烟草类型均具备超过两类蔗糖合成酶的同工酶，一般具备比较明显的氨基酸序列同源特性以及差异不大的生化属性。

从表 5-11 可以看出，3 个区域在烟株不同的生长阶段蔗糖合成酶活性均呈增加的趋势，其中旺长期到打顶期增长迅速。在 3 个时期，3 个区域均存在显著差异，蔗糖合成酶活性呈现特色核心区＞特色类型区＞特色典型区的规律。

表 5-11 3 个区域各个时期蔗糖合成酶活性的多重比较 单位：mg · g^{-1} · h^{-1}

区域	时期		
	移栽后 35 d	移栽后 50 d	移栽后 65 d
特色核心区	6. 283 3a	7. 885 2a	11. 875 7a
特色典型区	5. 258 3b	6. 462 8b	9. 653 3c
特色类型区	4. 878 1c	6. 683 3b	10. 276 1b

（三）转化酶

转化酶活化程度代表植株对光合生成物的使用率，同时也代表碳代谢活跃程度。转化酶在蔗糖分解过程中起促进作用：蔗糖＋H_2O→果糖＋葡萄糖。该种酶包括酸性（AI）与中性（NI）两类，同时还有研究发现了碱性酶。现在一般将中性酶和碱性酶当成相同类型。在烟草细胞内部，碱性转化酶催化效果并不高，多数存储在细胞质内部，通过催化蔗糖反应，为细胞提供生命活动所需能量。它具有维持作用，在酸性并不活跃的区域能够供应底物实现三羧酸循环。

从表 5-12 可知，转化酶活性在 3 个时期呈现增加的趋势，特色核心区在打顶期略微下降。在团棵期，3 个区域存在显著差异，其中特色核心区转化酶活性最高，特色典型区转化酶活性最低。在旺长期和打顶期，3 个区域烟叶的转化酶活性没有显著差异，特色典型区转化酶活性最低。除了打顶期特色类型区的转化酶活性略高于特色核心区，特色核心区的转化酶活性明显高于其他两个区域，这说明特色核心区蔗糖的分解速度较高，而烟株中高活性的转化酶与组织的快速生长相关，分解蔗糖提供葡萄糖和果糖为植物生长发育提供碳骨架，从某种程度上说明特色核心区的碳代谢强度较高。

表 5-12 3 个区域各个时期转化酶活性的多重比较 单位：mg · g^{-1} · h^{-1}

区域	时期		
	移栽后 35 d	移栽后 50 d	移栽后 65 d
特色核心区	0. 785 3a	1. 835 2a	1. 828 3a
特色典型区	0. 685 6b	1. 713 6a	1. 763 7a
特色类型区	0. 694 7c	1. 756 3a	1. 836 9a

（四）淀粉酶

淀粉酶能够将叶绿体内部的淀粉通过系列反应分解成单糖，它的活性将会明显影响烟叶叶片的淀粉含量。

从表5-13可以看出，3个区域的淀粉酶活性在整个生长期呈现上升的趋势，特色核心区在打顶期略微下降，其中从团棵期到旺长期增长较快。在3个时期，特色核心区的淀粉酶活性均大于其他两个区域并存在显著差异，特色类型区淀粉酶活性略高于特色典型区。

表5-13 3个区域各个时期淀粉酶活性的多重比较 单位：$mg \cdot g^{-1} \cdot min^{-1}$

区域	时期		
	移栽后35 d	移栽后50 d	移栽后65 d
特色核心区	2.346 2a	4.756 3a	4.336 8a
特色典型区	1.833 7b	3.913 3b	4.104 3b
特色类型区	1.965 2b	3.982 8b	4.087 2b

二、烟叶氮代谢关键酶活性

烟叶氮代谢包括了无机氮的同化以及有机氮化合物的生成等过程。在这个过程中，硝酸还原酶、谷氨酰胺合成酶、谷氨酸合成酶、谷氨酸脱氢酶等酶类是无机氮同化的关键酶类。下面就这4种酶在3个区域的活性变化进行逐一叙述。

（一）硝酸还原酶

硝酸还原酶属于植物氮素同化过程中的限速酶，能够影响硝酸盐还原过程，进而影响植物的氮、碳代谢。

从表5-14可以看出，3个区域硝酸还原酶活性在整个生长期呈现先上升再下降的趋势，在旺长期达到最大。在3个时期，3个区域硝酸还原酶活性均存在显著差异。其中，特色核心区均高于其他区域，说明特色核心区的氮素利用率较高，对硝态氮素的转化能力较大。

表5-14 3个区域各个时期硝酸还原酶活性的多重比较 单位：$\mu g \cdot g^{-1} \cdot h^{-1}$

区域	时期		
	移栽后35 d	移栽后50 d	移栽后65 d
特色核心区	5.476 2a	8.792 3a	5.386 2a
特色典型区	4.360 8b	6.950 4c	4.553 6b
特色类型区	4.957 3b	7.631 7b	4.789 4b

（二）谷氨酰胺合成酶

谷氨酰胺合成酶活性同烟草内部氨基酸含量息息相关，可以用来描述氮代谢程度。在植物体内，谷氨酰胺合成酶主要分布在细胞质及叶绿体内。因此，可以依据其所处的位置，把植物的谷氨酰胺合成酶分为两种，即细胞质谷氨酰胺合成酶和叶绿体谷氨酰胺合成酶。一般对谷氨酰胺合成酶活性的检测，是两者的总体活性。

从表 5-15 可以看出，3 个区域谷氨酰胺合成酶活性在整个生长期呈现先上升再下降的趋势，在旺长期达到最高，在打顶期降到最低。在 3 个时期，3 个区域谷氨酰胺合成酶活性均存在显著差异。其中，特色核心区均高于其他区域，说明特色核心区烟叶有效利用铵态氮的能力较强。

表 5-15 3 个区域各个时期谷氨酰胺合成酶活性的多重比较 单位：A · mg^{-1} · h^{-1}

区域	时期		
	移栽后 35 d	移栽后 50 d	移栽后 65 d
特色核心区	3. 428 4a	4. 538 5a	3. 054 2a
特色典型区	2. 628 3b	3. 457 2b	2. 567 2b
特色类型区	2. 779 4b	3. 893 6b	2. 224 7b

（三）谷氨酸合成酶

谷氨酸合成酶是通过将叶肉细胞内部的烟酰胺腺嘌呤二核苷酸当作还原物质，合成谷氨酸。同时，还同谷氨酰胺合成酶一起，共同影响氮的同化进程。

从表 5-16 可以看出，3 个区域的谷氨酸合成酶活性在整个生长期整体变化不大并有略微增加的趋势，在打顶期达到最大。在 3 个时期，3 个区域均存在显著差异；其中，特色核心区均高于其他区域，说明特色核心区的氮素利用率较高，对硝态氮素的转化能力较大。

表 5-16 3 个区域各个时期谷氨酸合成酶活性的多重比较 单位：mg · g^{-1} · h^{-1}

区域	时期		
	移栽后 35 d	移栽后 50 d	移栽后 65 d
特色核心区	0. 225 4a	0. 243 5a	0. 285 2a
特色典型区	0. 156 2b	0. 173 5b	0. 196 4b
特色类型区	0. 182 5a	0. 196 5b	0. 221 7b

（四）谷氨酸脱氢酶

植物的谷氨酸脱氢酶主要存在于线粒体内部，在氮代谢中起重要作用。它以烟酰胺腺嘌呤二核苷酸为辅酶，行使铵的同化功能。同时，在某种条件下，它又能氧化脱铵从而为三羧酸循环提供碳骨架。因而，植物的谷氨酸脱氢酶处于植物碳、氮代谢的结合点，其活性能够有效体现细胞碳、氮代谢活动的状态。该种酶活性提升能够表明烟草内部脱氨活性提升，说明蛋白质分解能力增强。

从表 5-17 可以看出，谷氨酸脱氢酶活性在整个生长期变化不大并有略微增加的趋势，在打顶期达到最高。在 3 个时期，3 个区域均存在显著差异；其中，特色核心区均高于其他区域，表明特色核心区烟草氮代谢程度较高，便于烟叶内部蛋白质的分解及运输，使烟叶成熟与后期烘焙具备足够的小分子化合物，提升烟叶品质。

表 5-17 3 个区域各个时期谷氨酸脱氢酶活性的多重比较 单位：mg·g^{-1}·h^{-1}

区域	时期		
	移植 35 d	移植 50 d	移植 65 d
特色核心区	0.476 2a	0.954 2a	1.225 3a
特色典型区	0.213 4b	0.513 7b	0.689 2b
特色类型区	0.287 5b	0.674 8b	1.038 4a

第五节 烟叶碳氮代谢关键酶活性与烤后烟叶常规化学成分的灰色关联分析

灰色系统理论是我国学者邓聚龙教授于 20 世纪 80 年代提出的用于控制和预测的理论和技术。目前，灰色系统理论已广泛应用于农业和社会经济学等领域。与研究“随机不确定性”的概率统计和研究“认知不确定性”的模糊数学不同，灰色系统研究对象是“部分信息已知，部分信息未知”的小样本事件。

灰色系统模型对试验观测数据及其分布没有特殊的要求和限制。灰色系统理论可用于以下几方面。第一，可用于不同指标变量赋权；第二，可用于关联系数计算，以判断不同变量贡献率；第三，可用于综合决策；第四，可用于资料预测。其中，灰色预测模型有 GM（1，1）模型、GM（2，1）模型和 GM（1，N）模型。GM（1，1）模型仅用于预测，而 GM（2，1）模型不仅可以用于预测，还可以用于动态分析。GM（1，N)模型是描述多变量的一阶线性动态模型，它主要用于系统的同态分析。

灰色系统理论在烟草品质研究上已有应用，如利用灰色理论预测糖碱比、氮碱比变化趋势，以及采用灰色关联系数研究评析指标与生物碱之间的定性关系。

一、碳代谢关键酶活性与烤后烟叶总糖、还原糖的灰色关联分析

（一）团棵期碳代谢关键酶活性与总糖、还原糖含量的灰色关联分析

团棵期碳代谢关键酶活性与总糖、还原糖含量的灰色关联度分析结果见表 5-18。

从表 5-18 可以看出，特色核心区中部叶总糖、还原糖含量与蔗糖磷酸合成酶活性关联度较大，其次为转化酶；特色典型区中部叶总糖和还原糖含量与转化酶活性关联度较大，其次为蔗糖磷酸合成酶活性；特色类型区中部叶总糖和还原糖含量与蔗糖合成酶活性关联度较大，其次为转化酶。

表 5-18 团棵期 3 个区域中部叶碳代谢关键酶活性与总糖、还原糖含量的灰色关联度

碳代谢酶	特色核心区		特色典型区		特色类型区	
	总糖	还原糖	总糖	还原糖	总糖	还原糖
淀粉酶	0.156 5	0.242 8	0.229 8	0.304 7	0.201 7	0.193 3

（续表）

碳代谢酶	特色核心区		特色典型区		特色类型区	
	总糖	还原糖	总糖	还原糖	总糖	还原糖
转化酶	0.247 3	0.384 2	0.635 7	0.497 5	0.308 3	0.363 8
蔗糖合成酶	0.219 9	0.353 3	0.425	0.302 3	0.442 1	0.491 5
蔗糖磷酸合成酶	0.269 4	0.407 4	0.460 3	0.343 7	0.271 7	0.314 1

（二）旺长期碳代谢关键酶活性与总糖、还原糖含量灰色关联分析

从表 5-19 可以看出，特色核心区中部叶总糖、还原糖含量均与蔗糖磷酸合成酶活性关联度较大；特色典型区中部叶总糖、还原糖含量均与蔗糖合成酶活性关联度较大；特色类型区中部叶总糖、还原糖含量均与淀粉酶活性关联度较大。

表 5-19 旺长期 3 个区域中部叶碳代谢关键酶活性与总糖、还原糖含量的灰色关联度

碳代谢酶	特色核心区		特色典型区		特色类型区	
	总糖	还原糖	总糖	还原糖	总糖	还原糖
淀粉酶	0.254 8	0.341 2	0.444 7	0.518 7	0.373 7	0.375 1
转化酶	0.416 4	0.311 6	0.193 5	0.193 8	0.254 1	0.247 6
蔗糖合成酶	0.279 4	0.427 2	0.630 4	0.529 9	0.326 4	0.345 6
蔗糖磷酸合成酶	0.418 0	0.605 5	0.595 1	0.471 2	0.313 7	0.329 7

（三）打顶期碳代谢关键酶活性与总糖、还原糖含量灰色关联分析

从表 5-20 可以看出，特色核心区中部叶总糖、还原糖含量分别与淀粉酶、蔗糖合成酶活性关联度较大，特色典型区中部叶总糖、还原糖含量分别与蔗糖磷酸合成酶、淀粉酶活性关联度较大，特色类型区中部叶总糖、还原糖含量均与淀粉酶活性关联度较大。

表 5-20 打顶期 3 个区域中部叶碳代谢关键酶活性与总糖、还原糖含量的灰色关联度

碳代谢酶	特色核心区		特色典型区		特色类型区	
	总糖	还原糖	总糖	还原糖	总糖	还原糖
淀粉酶	0.603 2	0.424 1	0.447 2	0.503 2	0.493 1	0.527 3
转化酶	0.434 5	0.304 8	0.178 0	0.149 5	0.179 8	0.175 2
蔗糖合成酶	0.427 3	0.677 8	0.524 1	0.394 4	0.237 1	0.269 9
蔗糖磷酸合成酶	0.429 9	0.664 0	0.534 7	0.394 4	0.237 8	0.270 7

二、氮代谢关键酶活性与烤后烟叶总植物碱、总氮含量的灰色关联分析

（一）团棵期氮代谢关键酶活性与总植物碱、总氮含量灰色关联分析

特色核心区中部叶总植物碱、总氮含量均与硝酸还原酶活性关联度较大，特色典型区中部叶总植物碱、总氮含量均与硝酸还原酶活性关联度较大，特色类型区中部叶总植物碱、总氮含量分别与硝酸还原酶、谷氨酰胺合成酶活性关联度较大（表5-21）。

表5-21　团棵期3个区域中部叶氮代谢关键酶活性与总植物碱、总氮含量的灰色关联度

氮代谢酶	特色核心区		特色典型区		特色类型区	
	总植物碱	总氮	总植物碱	总氮	总植物碱	总氮
硝酸还原酶	0.268 1	0.235 5	0.343 9	0.257 7	0.266 7	0.170 5
谷氨酸合成酶	0.182 8	0.154 2	0.176 3	0.181 1	0.514 6	0.199 1
谷氨酰胺合成酶	0.225 7	0.197 9	0.403 5	0.292 5	0.326 8	0.308 9
谷氨酸脱氢酶	0.243 0	0.204 4	0.192 5	0.229 6	0.320 1	0.284 2

（二）旺长期氮代谢关键酶活性与总植物碱、总氮含量灰色关联分析

从表5-22可以看出，特色核心区中部叶总植物碱、总氮含量分别与硝酸还原酶、谷氨酰胺合成酶活性关联度较大，特色典型区中部叶总植物碱、总氮含量分别与硝酸还原酶、谷氨酰胺合成酶活性关联度较大，特色类型区中部叶总植物碱、总氮含量分别与谷氨酸合成酶、谷氨酰胺合成酶活性关联度较大。

表5-22　旺长期3个区域中部叶氮代谢关键酶活性与总植物碱、总氮含量的灰色关联度

氮代谢酶	特色核心区		特色典型区		特色类型区	
	总植物碱	总氮	总植物碱	总氮	总植物碱	总氮
硝酸还原酶	0.29 8	0.284 9	0.621 2	0.413 1	0.239 8	0.251 7
谷氨酸合成酶	0.164 1	0.321 4	0.249 4	0.390 0	0.422 2	0.274 7
谷氨酰胺合成酶	0.236 0	0.397 9	0.365 4	0.480 6	0.228 8	0.295 6
谷氨酸脱氢酶	0.229 6	0.321 2	0.598 7	0.425 4	0.219 2	0.264 3

（三）打顶期氮代谢关键酶活性与总植物碱、总氮含量灰色关联分析

中部叶总植物碱、总氮含量与打顶期氮代谢关键酶活性的灰色关联分析结果见表5-23。

从表5-23中可以看出，特色核心区中部叶总植物碱、总氮含量均与谷氨酰胺合成酶活性关联度较大，特色典型区中部叶总植物碱、总氮含量分别与谷氨酸脱氢酶、硝酸还原酶活性关联度较大，特色类型区中部叶总植物碱、总氮含量分别与谷氨酸合成酶、谷氨酰胺合成酶活性关联度较大。

表 5-23 打顶期 3 个区域中部叶氮代谢关键酶活性与总植物碱、总氮含量的灰色关联度

氮代谢酶	特色核心区		特色典型区		特色类型区	
	总植物碱	总氮	总植物碱	总氮	总植物碱	总氮
硝酸还原酶	0.473 9	0.419 1	0.468 2	0.329 6	0.274 9	0.183 9
谷氨酸合成酶	0.330 1	0.326 9	0.173 6	0.141 2	0.414 1	0.273 2
谷氨酰胺合成酶	0.552 7	0.433 8	0.194 7	0.195 2	0.412 1	0.276 0
谷氨酸脱氢酶	0.453 6	0.393 8	0.570 0	0.287 6	0.250 5	0.119 7

第六节 施氮量对烤烟碳、氮代谢的影响

一、施氮量对烟株农艺性状的影响

（一）株高

从表 5-24 可以看出，各个时期随着施氮量的增加，同一品种的株高大体呈现上升的趋势，即施氮量为 8 kg · 亩$^{-1}$（1 亩≈667 m^2）时的株高要大于施氮量为7 kg · 亩$^{-1}$和 6 kg · 亩$^{-1}$时的，且 8 kg · 亩$^{-1}$的处理和 6 kg · 亩$^{-1}$的处理差异显著。从 3 个时期来看，每个时期株高最高的均是 A3B1 处理。

从表 5-25 可以看出，每个时期施氮量和品种的交互作用对株高的影响不显著。

表 5-24 各个处理不同时期株高的多重比较 单位：cm

处理	时期		
	移栽后 47 d	移栽后 66 d	移栽后 80 d
A1B1	44.76c	89.33b	89.17b
A1B2	45.98bc	89.22b	87.33b
A2B1	54.04a	96.39ab	94.67ab
A2B2	48.50abc	96.39ab	97.00a
A3B1	54.73a	103.22a	99.89a
A3B2	51.94ab	96.00ab	92.56ab

注：A1、A2、A3 分别代表施氮量 6 kg · 亩$^{-1}$、7 kg · 亩$^{-1}$、8 kg · 亩$^{-1}$；B1、B2 分别代表云烟 87、K326。

表 5-25　不同时期株高的方差分析

时期	源	Ⅲ型平方和	df	均方	*F*	Sig.
移栽后 47 d	校正模型	265.219a	5	53.044	3.452	0.037
	截距	44 985.001	1	44 985.001	2 927.690	0.000
	施氮量	205.149	2	102.574	6.676	0.011
	品种	25.323	1	25.323	1.648	0.223
	施氮量×品种	34.746	2	17.373	1.131	0.355
	误差	184.384	12	15.365		
	总计	45 434.604	18			
	校正的总计	449.603	17			
移栽后 66 d	校正模型	413.866a	5	82.773	3.957	0.024
	截距	162 767.455	1	162 767.455	7 781.800	0.000
	施氮量	335.582	2	167.791	8.022	0.006
	品种	26.913	1	26.913	1.287	0.279
	施氮量×品种	51.371	2	25.685	1.228	0.327
	误差	250.997	12	20.916		
	总计	163 432.318	18			
	校正的总计	664.863	17			
移栽后 80 d	校正模型	336.212a	5	67.242	3.473	0.036
	截距	157 141.786	1	157 141.786	8 115.712	0.000
	施氮量	242.410	2	121.205	6.260	0.014
	品种	23.324	1	23.324	1.205	0.294
	施氮量×品种	70.477	2	35.239	1.820	0.204
	误差	232.352	12	19.363		
	总计	157 710.350	18			
	校正的总计	568.564	17			

（二）茎围

茎围的情况见表 5-26。在前两个时期，对于同一品种，随着施氮量的增加，茎围呈现增大的趋势，且施氮量为 8 kg·亩$^{-1}$的处理和施氮量为 6 kg·亩$^{-1}$的处理差异显著；对于同一施氮量来讲，在各个时期 B2（K326）的茎围总体要大于 B1（云烟 87）的茎围；从移栽后 47 d 到移栽后 66 d，再从移栽后 66 d 到移栽后 80 d，每个处理基本上呈现上升的趋势，个别的是从上升到下降；移栽后 47 d 和移栽后 66 d 的最大值均出现在 A3B2 处理，移栽后 80 d 的最大值出现在 A3B1 处理。

对茎围的方差分析显示（表5-27），品种和施氮量的交互作用对茎围的影响在3个时期均不显著。

表5-26 各个处理不同时期茎围的多重比较 单位：cm

处理	时期		
	移栽后47 d	移栽后66 d	移栽后80 d
A1B1	4.93c	7.42c	8.00b
A1B2	5.32c	8.06bc	8.66ab
A2B1	6.60b	8.55ab	8.45ab
A2B2	6.38b	8.48ab	9.12a
A3B1	6.98ab	8.81a	9.11a
A3B2	7.52a	9.00a	8.76ab

注：A1、A2、A3分别代表施氮量6 kg·亩$^{-1}$、7 kg·亩$^{-1}$、8 kg·亩$^{-1}$；B1、B2分别代表云烟87、K326。

表5-27 不同时期茎围的方差分析

时期	源	Ⅲ型平方和	df	均方	*F*	Sig.
移栽后47 d	校正模型	14.741a	5	2.948	11.576	0.000
	截距	711.776	1	711.776	2 794.751	0.000
	施氮量	13.998	2	6.999	27.481	0.000
	品种	0.247	1	0.247	0.971	0.344
	施氮量×品种	0.495	2	0.248	0.972	0.406
	误差	3.056	12	0.255		
	总计	729.573	18			
	校正的总计	17.797	17			
移栽后66 d	校正模型	4.893a	5	0.979	7.453	0.002
	截距	1 266.219	1	1 266.219	9 642.893	0.000
	施氮量	4.230	2	2.115	16.108	0.000
	品种	0.276	1	0.276	2.104	0.173
	施氮量×品种	0.386	2	0.193	1.472	0.268
	误差	1.576	12	0.131		
	总计	1 272.688	18			
	校正的总计	6.469	17			

（续表）

时期	源	Ⅲ型平方和	df	均方	*F*	Sig.
移栽后 80 d	校正模型	2.705a	5	0.541	2.725	0.072
	截距	1 356.684	1	1 356.684	6 832.959	0.000
	施氮量	1.191	2	0.596	2.999	0.088
	品种	0.477	1	0.477	2.402	0.147
	施氮量×品种	1.037	2	0.519	2.612	0.114
	误差	2.383	12	0.199		
	总计	1 361.772	18			
	校正的总计	5.088	17			

（三）节距

3 个时期节距的情况见表 5-28。从移栽后 47 d 到移栽后 66 d，各个处理的节距呈增加的趋势，从移栽后 66 d 到移栽后 80 d 各个处理的节距是下降的。在每个时期，对于同一个品种，随着施氮量的增加，节距是变大的；移栽后 47 d 节距的最大值出现在 A2B1 处理，移栽后 66 d 和移栽后 80 d，A3B1 处理的节距最大；在前两个时期，低施氮和高施氮处理差异显著，最后一个时期，各处理差异不显著。

施氮量和品种的交互作用对节距的影响均不显著，结果见表 5-29。

表 5-28　各个处理不同时期节距的多重比较　　单位：cm

处理	时期		
	移栽后 47 d	移栽后 66 d	移栽后 80 d
A1B1	5.26b	5.58c	5.68ab
A1B2	5.72b	5.87c	5.59b
A2B1	6.89a	6.30bc	5.87ab
A2B2	6.67a	6.83ab	5.87ab
A3B1	6.86a	7.31a	6.03a
A3B2	6.68a	6.86ab	5.62ab

注：A1、A2、A3 分别代表施氮量 6 kg · 亩$^{-1}$、7 kg · 亩$^{-1}$、8 kg · 亩$^{-1}$；B1、B2 分别代表云烟 87、K326。

表 5-29 不同时期节距的方差分析

时期	源	Ⅲ型平方和	df	均方	*F*	Sig.
移栽后 47 d	校正模型	7.060a	5	1.412	15.581	0.000
	截距	725.170	1	725.170	8 001.632	0.000
	施氮量	6.614	2	3.307	36.489	0.000
	品种	0.002	1	0.002	0.027	0.872
	施氮量×品种	0.444	2	0.222	2.450	0.128
	误差	1.088	12	0.091		
	总计	733.318	18			
	校正的总计	8.148	17			
移栽后 66 d	校正模型	6.513a	5	1.303	6.022	0.005
	截距	751.040	1	751.040	3 472.391	0.000
	施氮量	5.649	2	2.825	13.059	0.001
	品种	0.068	1	0.068	0.316	0.584
	施氮量×品种	0.795	2	0.398	1.838	0.201
	误差	2.595	12	0.216		
	总计	760.148	18			
	校正的总计	9.108	17			
移栽后 80 d	校正模型	0.453a	5	0.091	1.565	0.243
	截距	600.542	1	600.542	10 373.055	0.000
	施氮量	0.188	2	0.094	1.623	0.238
	品种	0.127	1	0.127	2.188	0.165
	施氮量×品种	0.139	2	0.069	1.197	0.336
	误差	0.695	12	0.058		
	总计	601.690	18			
	校正的总计	1.148	17			

（四）叶片数

从移栽后 47 d 到移栽后 66 d，叶片数呈增大的趋势，从移栽后 66 d 到移栽后 80 d，叶片数是趋于稳定的一个状态，具体结果见表 5-30，每个时期各处理间的差异不是很大（表 5-30）。

方差分析结果显示（表 5-31），施氮量和品种的交互作用对叶片数的影响在各个时期均不显著。

表 5-30　各个处理不同时期叶片数的多重比较　　单位：片

处理	时期		
	移栽后 47 d	移栽后 66 d	移栽后 80 d
A1B1	11.66b	16.22b	16.22a
A1B2	13.00a	16.67ab	16.55a
A2B1	12.78a	17.22a	16.56a
A2B2	13.11a	17.33a	17.11a
A3B1	13.11a	16.78ab	17.00a
A3B2	13.11a	16.78ab	16.55a

注：A1、A2、A3 分别代表施氮量 6 kg · 亩$^{-1}$、7 kg · 亩$^{-1}$、8 kg · 亩$^{-1}$；B1、B2 分别代表云烟 87、K326。

表 5-31　不同时期叶片数的方差分析

时期	源	Ⅲ型平方和	df	均方	*F*	Sig.
移栽后 47 d	校正模型	4.875a	5	0.975	2.593	0.082
	截距	2 947.328	1	2 947.328	7 837.481	0.000
	施氮量	2.025	2	1.012	2.692	0.108
	品种	1.394	1	1.394	3.708	0.078
	施氮量×品种	1.456	2	0.728	1.935	0.187
	误差	4.513	12	0.376		
	总计	2 956.716	18			
	校正的总计	9.387	17			
移栽后 66 d	校正模型	2.415a	5	0.483	2.109	0.134
	截距	5 100.837	1	5 100.837	22 272.775	0.000
	施氮量	2.101	2	1.051	4.587	0.033
	品种	0.155	1	0.155	0.677	0.427
	施氮量×品种	0.159	2	0.080	0.347	0.713
	误差	2.748	12	0.229		
	总计	5 106.000	18			
	校正的总计	5.163	17			

（续表）

时期	源	Ⅲ型平方和	df	均方	F	Sig.
移栽后 80 d	校正模型	1.635a	5	0.327	0.854	0.538
	截距	4 999.333	1	4 999.333	13 051.954	0.000
	施氮量	0.710	2	0.355	0.926	0.423
	品种	0.097	1	0.097	0.253	0.624
	施氮量×品种	0.828	2	0.414	1.081	0.370
	误差	4.596	12	0.383		
	总计	5 005.565	18			
	校正的总计	6.231	17			

（五）最大叶长

从移栽后 47 d 到移栽后 66 d 再到移栽后 80 d，各个处理的最大叶长大体呈现先上升再下降的趋势（表 5-32）。在各个时期，对于同一个品种，随着施氮量的增加，最大叶长大体呈现上升的趋势。在各个时期，最大叶长均出现在 A3B1 处理。

施氮量和品种的交互作用对最大叶长的影响在 3 个时期均不显著（表 5-33）。

表 5-32 各个处理不同时期最大叶长的多重比较 单位：cm

处理	时期		
	移栽后 47 d	移栽后 66 d	移栽后 80 d
A1B1	47.19b	63.45c	63.67b
A1B2	50.79ab	64.28bc	63.22b
A2B1	54.84a	68.61ab	66.00ab
A2B2	53.90a	66.34bc	68.89a
A3B1	55.94a	71.28a	69.89a
A3B2	55.02a	67.83abc	66.56ab

注：A1、A2、A3 分别代表施氮量 6 kg·亩$^{-1}$、7 kg·亩$^{-1}$、8 kg·亩$^{-1}$；B1、B2 分别代表云烟 87、K326。

表 5-33 不同时期最大叶长的方差分析

时期	源	Ⅲ型平方和	df	均方	F	Sig.
移栽后 47 d	校正模型	166.767a	5	33.353	3.580	0.033
	截距	50 463.468	1	50 463.468	5 416.870	0.000
	施氮量	144.723	2	72.362	7.767	0.007
	品种	1.508	1	1.508	0.162	0.695
	施氮量×品种	20.536	2	10.268	1.102	0.364
	误差	111.792	12	9.316		
	总计	50 742.027	18			
	校正的总计	278.559	17			

（续表）

时期	源	Ⅲ型平方和	df	均方	*F*	Sig.
移栽后 66 d	校正模型	126.111a	5	25.222	3.564	0.033
	截距	80 714.923	1	80 714.923	11 403.974	0.000
	施氮量	99.552	2	49.776	7.033	0.010
	品种	11.923	1	11.923	1.685	0.219
	施氮量×品种	14.636	2	7.318	1.034	0.385
	误差	84.933	12	7.078		
	总计	80 925.968	18			
	校正的总计	211.044	17			
移栽后 80 d	校正模型	108.316a	5	21.663	3.766	0.028
	截距	79 290.912	1	79 290.912	13 784.077	0.000
	施氮量	78.855	2	39.428	6.854	0.010
	品种	0.396	1	0.396	0.069	0.797
	施氮量×品种	29.065	2	14.532	2.526	0.121
	误差	69.028	12	5.752		
	总计	79 468.256	18			
	校正的总计	177.344	17			

（六）最大叶宽

从表 5-34 可以看出，每个处理在移栽后 47 d 到移栽后 66 d 再到移栽后 80 d，最大叶宽呈现下降的趋势；在每个时期，最大叶宽的最大值均出现在 A3B1 处理，最大叶宽的最小值均出现在 A1B1 处理。随着施氮量的增加，对于 B1（云烟 87）这个品种，最大叶宽是增大的，而对于 B2（K326），只有在移栽后 47 d 是随着施氮量增大而增大的，而在移栽后 66 d 和移栽后 80 d 随着施氮量的增加是先增加后降低的。施氮量为 A1（6 kg · 亩$^{-1}$）时，在各个时期品种 B2（K326）的最大叶宽均大于品种 B1（云烟 87），而在施氮量为 A2、A3（7 kg · 亩$^{-1}$、8 kg · 亩$^{-1}$），品种 B1（云烟 87）的最大叶宽大于品种 B2（K326）的。

从表 5-35 可以看出，施氮量和品种的交互作用对最大叶宽的影响在 3 个时期均不显著。

表 5-34　各个处理不同时期最大叶宽的多重比较　　单位：cm

处理	时期		
	移栽后 47 d	移栽后 66 d	移栽后 80 d
A1B1	26.02c	25.19c	22.44b

（续表）

处理	时期		
	移栽后 47 d	移栽后 66 d	移栽后 80 d
A1B2	27.97bc	26.28bc	22.67b
A2B1	30.15ab	29.22ab	25.22ab
A2B2	28.78bc	29.00abc	27.67a
A3B1	32.04a	30.61a	28.00a
A3B2	29.85b	28.78abc	25.56a

注：A1、A2、A3 分别代表施氮量 6 kg · 亩$^{-1}$、7 kg · 亩$^{-1}$、8 kg · 亩$^{-1}$；B1、B2 分别代表云烟 87、K326。

表 5-35 不同时期最大叶宽的方差分析

时期	源	Ⅲ型平方和	df	均方	*F*	Sig.
移栽后 47 d	校正模型	63.469a	5	12.694	4.783	0.012
	截距	15 278.685	1	15 278.685	5 757.551	0.000
	施氮量	47.732	2	23.866	8.993	0.004
	品种	1.312	1	1.312	0.494	0.495
	施氮量×品种	14.425	2	7.213	2.718	0.106
	误差	31.844	12	2.654		
	总计	15 373.999	18			
	校正的总计	95.313	17			
移栽后 66 d	校正模型	61.728a	5	12.346	2.538	0.086
	截距	14 294.587	1	14 294.587	2 938.790	0.000
	施氮量	54.848	2	27.424	5.638	0.019
	品种	0.464	1	0.464	0.095	0.763
	施氮量×品种	6.416	2	3.208	0.660	0.535
	误差	58.369	12	4.864		
	总计	14 414.684	18			
	校正的总计	120.097	17			

（续表）

时期	源	Ⅲ型平方和	df	均方	F	Sig.
移栽后 80 d	校正模型	84. 200a	5	16. 840	6. 439	0. 004
	截距	11 484. 712	1	11 484. 712	4 391. 533	0. 000
	施氮量	66. 166	2	33. 083	12. 650	0. 001
	品种	0. 025	1	0. 025	0. 010	0. 924
	施氮量×品种	18. 008	2	9. 004	3. 443	0. 066
	误差	31. 382	12	2. 615		
	总计	11 600. 294	18			
	校正的总计	115. 582	17			

二、施氮量对烟株 3 个时期碳代谢的影响

（一）施氮量对烟株碳代谢关键酶基因相对表达量的影响

1. 蔗糖磷酸合成酶的基因相对表达量

从图 5-1 可以看出，各个处理的蔗糖磷酸合成酶的基因相对表达量在 3 个时期呈现先下降后上升的趋势。移栽后 47 d，A1B1 处理的表达量较高；移栽后 66 d，A3B2 处理的表达较高；移栽后 80 d，A1B2 处理的表达较高。

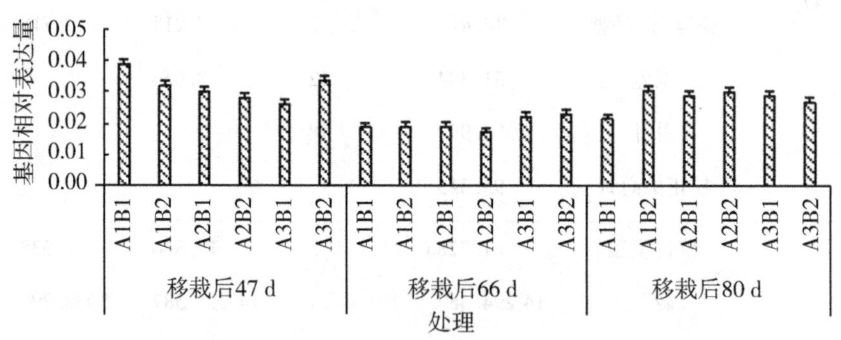

注：A1、A2、A3 分别代表施氮量 6 kg · 亩$^{-1}$、7 kg · 亩$^{-1}$、8 kg · 亩$^{-1}$；B1、B2 分别代表云烟 87、K326。

图 5-1　各个处理不同时期蔗糖磷酸合成酶的基因相对表达量

2. 蔗糖合成酶的基因相对表达量

蔗糖合成酶的基因相对表达量在移栽后 47 d 比移栽后 66 d 和移栽后 80 d 的高得多，后两个时期的相对表达量差距不大。移栽后 47 d，A2B1 处理的表达量较高；移栽后 66 d，A1B2 处理的表达较高；移栽后 80 d，A2B1 处理的表达较高，具体见图 5-2。

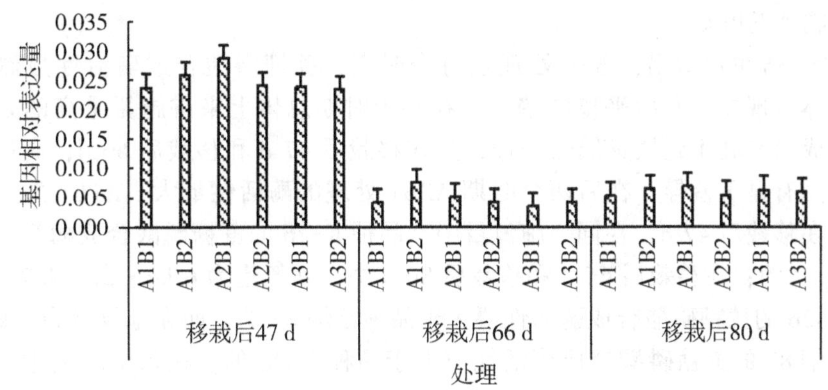

注：A1、A2、A3 分别代表施氮量 6 kg·亩$^{-1}$、7 kg·亩$^{-1}$、8 kg·亩$^{-1}$；B1、B2 分别代表云烟 87、K326。

图 5-2 各个处理不同时期蔗糖合成酶的基因相对表达量

3. 转化酶的基因相对表达量

从移栽后 47 d 到移栽后 66 d 再到移栽后 80 d，各个处理转化酶的基因相对表达量（图 5-3）呈现上升后下降的趋势，在移栽后 66 d 的表达量要比其他两个时期高得多；在 3 个时期呈现先上升后下降的趋势。移栽后 47 d，A3B1 处理的表达量较高；移栽后 66 d，A3B2 处理的表达较高；移栽后 80 d，A1B1 处理的表达较高。

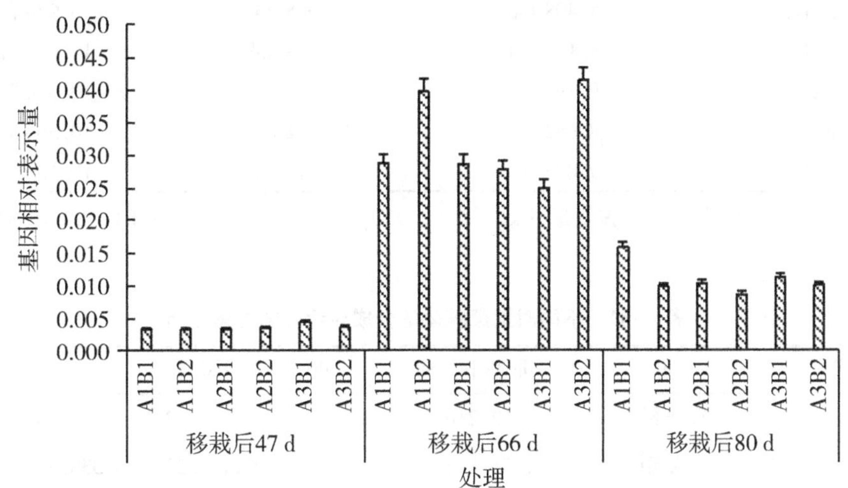

注：A1、A2、A3 分别代表施氮量 6 kg·亩$^{-1}$、7 kg·亩$^{-1}$、8 kg·亩$^{-1}$；B1、B2 分别代表云烟 87、K326。

图 5-3 各个处理不同时期转化酶的基因相对表达量

（二）施氮量对烟株碳代谢关键酶活性的影响

1. 蔗糖磷酸合成酶

蔗糖是光合作用的主要产物，当蔗糖输入库组织时，被用于组织细胞内代谢、细胞壁的生物合成和呼吸或转化成储藏淀粉含量，蔗糖合成酶在碳代谢中起重要作用，且与蔗糖的合成呈正相关。

从表5-36可以看出，各个处理在每个时期，蔗糖磷酸合成酶活性虽然变化不大，但大体呈现先上升后平稳的趋势。在各个时期总体上来讲施氮量高的处理的蔗糖磷酸合成酶要高于施氮量低的处理，且在移栽后47 d和移栽后66 d，高氮处理和低氮处理间有显著差异。在后两个时期A3B1处理的酶活性最大，A1B1处理的酶活性最小。在移栽后47 d，在同一施氮量中，品种K326的蔗糖磷酸合成酶活性要大于品种云烟87的；在移栽后66 d和移栽后80 d中，施氮量为6 kg·亩$^{-1}$和7 kg·亩$^{-1}$时品种K326的蔗糖磷酸合成酶活性要大于品种云烟87的，而在施氮量为8 kg·亩$^{-1}$时品种云烟87的蔗糖磷酸合成酶活性要大于品种K326的。在每个时期中，品种云烟87的酶活性随着施氮量的增加而增加，而品种K326的酶活性随着施氮量的增加呈现先增加后降低的趋势。

从表5-37可以看出，施氮量和品种的交互作用对蔗糖磷酸合成酶活性的影响均不显著。

表5-36　各个处理不同时期蔗糖磷酸合成酶活性的多重比较　　单位：mg·g^{-1}·h^{-1}

处理	时期		
	移栽后47 d	移栽后66 d	移栽后80 d
A1B1	6.815 5b	8.623 1b	9.085 4a
A1B2	8.408 6ab	8.905 2b	9.936 2a
A2B1	8.168 5ab	9.624 8ab	10.250 7a
A2B2	9.395 3a	9.837 3ab	10.360 7a
A3B1	8.652 2a	10.762 6a	10.364 7a
A3B2	9.073 6a	9.815 6ab	10.135a

注：A1、A2、A3分别代表施氮量6 kg·亩$^{-1}$、7 kg·亩$^{-1}$、8 kg·亩$^{-1}$；B1、B2分别代表云烟87、K326。

表5-37　不同时期蔗糖磷酸合成酶活性的方差分析

时期	源	Ⅲ型平方和	df	均方	F	Sig.
移栽后47 d	校正模型	12.210a	5	2.442	2.547	0.086
	截距	1 275.822	1	1 275.822	1 330.788	0.000
	施氮量	5.879	2	2.940	3.066	0.084
	品种	5.253	1	5.253	5.479	0.037
	施氮量×品种	1.078	2	0.539	0.562	0.584
	误差	11.504	12	0.959		
	总计	1 299.537	18			
	校正的总计	23.715	17			

（续表）

时期	源	Ⅲ型平方和	df	均方	*F*	Sig.
移栽后 66 d	校正模型	8. 676a	5	1. 735	7. 304	0. 002
	截距	1 657. 071	1	1 657. 071	6 975. 118	0. 000
	施氮量	7. 144	2	3. 572	15. 035	0. 001
	品种	0. 102	1	0. 102	0. 431	0. 524
	施氮量×品种	1. 430	2	0. 715	3. 010	0. 087
	误差	2. 851	12	0. 238		
	总计	1 668. 599	18			
	校正的总计	11. 527	17			
移栽后 80 d	校正模型	3. 545a	5	0. 709	0. 897	0. 514
	截距	1 807. 978	1	1 807. 978	2 285. 924	0. 000
	施氮量	2. 362	2	1. 181	1. 493	0. 264
	品种	0. 267	1	0. 267	0. 338	0. 572
	施氮量×品种	0. 916	2	0. 458	0. 579	0. 575
	误差	9. 491	12	0. 791		
	总计	1 821. 014	18			
	校正的总计	13. 036	17			

2. 蔗糖合成酶

蔗糖合成酶催化蔗糖裂解成果糖和尿苷二磷酸葡糖，并将合成的尿苷二磷酸葡糖直接运送给纤维素合成酶的催化亚基。事实上，尿苷二磷酸葡糖不仅仅是葡基转移酶的直接底物，同时也是不同核苷糖和相应的非纤维素物质细胞壁碳水化合物的关键前体物质。因此蔗糖合成酶是碳源向不可逆碳水化合物分配的关键酶。

蔗糖合成酶活性（表 5-38）从移栽后 47 d 到移栽后 66 d 再到移栽后 80 d，各个处理的酶活呈现上升的趋势；在各个时期，对于同一个品种，随着施氮量的增加，酶活性是增大的；在各个时期，低氮和高氮处理的酶活性出现显著差异；前两个时期 A3B2 处理的酶活性最大，最后一个时期 A3B1 处理的酶活性最大。同一时期同一施氮量下两个品种的酶活性差异不显著。

施氮量和品种的交互作用对蔗糖合成酶活性的影响在 3 个时期均不显著（表 5-39）。

表 5-38　各个处理不同时期蔗糖合成酶活性的多重比较　单位：$mg \cdot g^{-1} \cdot h^{-1}$

处理	时期		
	移栽后 47 d	移栽后 66 d	移栽后 80 d
A1B1	4. 577 7b	5. 685 7c	9. 057 3c

（续表）

处理	时期		
	移栽后 47 d	移栽后 66 d	移栽后 80 d
A1B2	4. 699 3b	5. 681 5c	9. 079 3c
A2B1	5. 720 9a	6. 324 8b	10. 153 7b
A2B2	5. 399 8a	6. 290 4b	10. 724b
A3B1	5. 775 8a	7. 162 6a	11. 888 2a
A3B2	5. 797 5a	7. 488 2a	11. 737 1a

注：A1、A2、A3 分别代表施氮量 6 kg · 亩$^{-1}$、7 kg · 亩$^{-1}$、8 kg · 亩$^{-1}$；B1、B2 分别代表云烟 87、K326。

表 5-39　不同时期蔗糖合成酶活性的方差分析

时期	源	Ⅲ型平方和	df	均方	*F*	Sig.
移栽后 47 d	校正模型	4. 616a	5	0. 923	10. 051	0. 001
	截距	511. 069	1	511. 069	5 564. 319	0. 000
	施氮量	4. 438	2	2. 219	24. 161	0. 000
	品种	0. 016	1	0. 016	0. 172	0. 686
	施氮量×品种	0. 162	2	0. 081	0. 880	0. 440
	误差	1. 102	12	0. 092		
	总计	516. 787	18			
	校正的总计	5. 718	17			
移栽后 66 d	校正模型	8. 402a	5	1. 680	23. 626	0. 000
	截距	746. 261	1	746. 261	10 492. 320	0. 000
	施氮量	8. 241	2	4. 121	57. 935	0. 000
	品种	0. 041	1	0. 041	0. 579	0. 461
	施氮量×品种	0. 120	2	0. 060	0. 841	0. 455
	误差	0. 853	12	0. 071		
	总计	755. 516	18			
	校正的总计	9. 255	17			
移栽后 80 d	校正模型	23. 117a	5	4. 623	25. 508	0. 000
	截距	1 961. 863	1	1 961. 863	10 823. 852	0. 000
	施氮量	22. 595	2	11. 297	62. 328	0. 000
	品种	0. 097	1	0. 097	0. 537	0. 478
	施氮量×品种	0. 425	2	0. 213	1. 174	0. 342
	误差	2. 175	12	0. 181		
	总计	1 987. 155	18			
	校正的总计	25. 292	17			

3. 转化酶

转化酶在蔗糖代谢中催化蔗糖转化为葡萄糖和果糖。

A1B1、A1B2 和 A2B1 处理的酶活性从移栽后 47 d 到移栽后 66 d 再到移栽后 80 d 是上升的，而 A2B2、A3B1 和 A3B2 处理的转化酶性活从移栽后 47 d 到移栽后 66 d 是上升的，从移栽后 66 d 到移栽后 80 d 是下降的，具体情况见表 5-40。移栽后 80 d，同一个施氮量下品种 B1（云烟 87）的转化酶活性要大于品种 B2（K326）的转化酶活性；对于同一个品种，随着施氮量的增加，转化酶活性是降低的。

从表 5-41 可以看出，施氮量和品种的交互作用对转化酶活性的影响在 3 个时期均不显著。

表 5-40 各个处理不同时期转化酶活性的多重比较 单位：$mg \cdot g^{-1} \cdot h^{-1}$

处理	时期		
	移栽后 47 d	移栽后 66 d	移栽后 80 d
A1B1	0. 707 0a	1. 411 6b	2. 052 5a
A1B2	0. 669 4a	1. 704 6ab	1. 899 5ab
A2B1	0. 627 6a	1. 409 9b	1. 761 8ab
A2B2	0. 633 5a	1. 906 7a	1. 578 1b
A3B1	0. 647 1a	1. 707 8ab	1. 681 9b
A3B2	0. 691 7a	1. 756 9ab	1. 550 4b

注：A1、A2、A3 分别代表施氮量 6 $kg \cdot 亩^{-1}$、7 $kg \cdot 亩^{-1}$、8 $kg \cdot 亩^{-1}$；B1、B2 分别代表云烟 87、K326。

表 5-41 不同时期转化酶活性的方差分析

时期	源	Ⅲ型平方和	df	均方	*F*	Sig.
移栽后 47 d	校正模型	0. 016a	5	0. 003	0. 208	0. 953
	截距	7. 906	1	7. 906	529. 004	0. 000
	施氮量	0. 010	2	0. 005	0. 347	0. 714
	品种	0. 000	1	0. 000	0. 005	0. 942
	施氮量×品种	0. 005	2	0. 003	0. 170	0. 846
	误差	0. 179	12	0. 015		
	总计	8. 101	18			
	校正的总计	0. 195	17			

（续表）

时期	源	Ⅲ型平方和	df	均方	*F*	Sig.
移栽后 66 d	校正模型	0.594a	5	0.119	2.890	0.061
	截距	48.980	1	48.980	1 190.908	0.000
	施氮量	0.092	2	0.046	1.116	0.359
	品种	0.352	1	0.352	8.555	0.013
	施氮量×品种	0.151	2	0.075	1.832	0.202
	误差	0.494	12	0.041		
	总计	50.068	18			
	校正的总计	1.088	17			
移栽后 80 d	校正模型	0.564a	5	0.113	4.032	0.022
	截距	55.380	1	55.380	1 979.987	0.000
	施氮量	0.452	2	0.226	8.083	0.006
	品种	0.110	1	0.110	3.919	0.071
	施氮量×品种	0.002	2	0.001	0.037	0.964
	误差	0.336	12	0.028		
	总计	56.280	18			
	校正的总计	0.899	17			

4. 淀粉酶

淀粉酶可将叶绿体中的淀粉转化为单糖，直接关系到烟叶中淀粉的积累。

除 A1B1 和 A1B2 处理从移栽后 47 d 到移栽后 66 d 再到移栽后 80 d 淀粉酶活性是上升的，其余 4 个处理的酶活性从移栽后 47 d 到移栽后 66 d 是上升的，而从移栽后 66 d 到 80 d 是下降的。在移栽后 47 d 和移栽后 66 d，对于同一个品种，随着施氮量的增加，酶活性是上升的。而在移栽后 80 d，对于 B1（云烟 87）品种，随着施氮量的增加，淀粉酶活性先降低后上升；对于 B2（K326）品种，随着施氮量的增加，淀粉酶活性是降低的。移栽后 47 d，淀粉酶活性的最大值出现在 A3B1 处理，移栽后 66 d，淀粉酶活性的最大值出现在 A3B2 处理，而移栽后 80 d，淀粉酶活性的最大值出现在 A1B1 处理，具体情况见表 5-42。

施氮量和品种的交互作用对淀粉酶活性的影响在 3 个时期均不显著（表 5-43）。

表 5-42　各个处理不同时期淀粉酶活性的多重比较　单位：$mg \cdot g^{-1} \cdot min^{-1}$

处理	时期		
	移栽后 47 d	移栽后 66 d	移栽后 80 d
A1B1	1.611 1b	2.975 1c	3.464 4a
A1B2	1.635 3b	3.066 9c	3.208 8a

（续表）

处理	时期		
	移栽后 47 d	移栽后 66 d	移栽后 80 d
A2B1	1. 636 2b	3. 989 3b	2. 577 8b
A2B2	2. 012 4ab	3. 978 1b	2. 682 2b
A3B1	2. 120 9a	4. 494 3a	2. 705 3b
A3B2	2. 044 6ab	4. 511 7a	2. 614 9b

注：A1、A2、A3 分别代表施氮量 6 kg・亩$^{-1}$、7 kg・亩$^{-1}$、8 kg・亩$^{-1}$；B1、B2 分别代表云烟87、K326。

表 5-43 不同时期淀粉酶活性的方差分析

时期	源	Ⅲ型平方和	df	均方	*F*	Sig.
移栽后 47 d	校正模型	0. 859a	5	0. 172	2. 979	0. 056
	截距	61. 167	1	61. 167	1 060. 872	0. 000
	施氮量	0. 637	2	0. 318	5. 522	0. 020
	品种	0. 052	1	0. 052	0. 910	0. 359
	施氮量×品种	0. 169	2	0. 085	1. 469	0. 269
	误差	0. 692	12	0. 058		
	总计	62. 718	18			
	校正的总计	1. 551	17			
移栽后 66 d	校正模型	6. 798a	5	1. 360	57. 598	0. 000
	截距	264. 854	1	264. 854	11 219. 870	0. 000
	施氮量	6. 785	2	3. 392	143. 713	0. 000
	品种	0. 005	1	0. 005	0. 203	0. 660
	施氮量×品种	0. 008	2	0. 004	0. 180	0. 838
	误差	0. 283	12	0. 024		
	总计	271. 936	18			
	校正的总计	7. 081	17			
移栽后 80 d	校正模型	2. 042a	5	0. 408	6. 608	0. 004
	截距	148. 840	1	148. 840	2 408. 337	0. 000
	施氮量	1. 915	2	0. 958	15. 496	0. 000
	品种	0. 029	1	0. 029	0. 472	0. 505
	施氮量×品种	0. 097	2	0. 049	0. 788	0. 477
	误差	0. 742	12	0. 062		
	总计	151. 623	18			
	校正的总计	2. 784	17			

（三）施氮量对烟株碳代谢关键物质的影响

1. 总糖

从表 5-44 可以看出，从移栽后 47 d 到移栽后 66 d 再到移栽后 80 d 总糖含量呈现下降的趋势，在移栽后 47 d，同一个施氮水平下品种 B2（K326）的总糖含量要高于品种 B1（云烟 87）的，而在移栽后 66 d 和移栽后 80 d 的规律性不强。

施氮量和品种的交互作用对总糖含量的影响在 3 个时期均不显著（表 5-45）。

表 5-44　杀青样各个处理不同时期总糖含量的多重比较　　单位：%

处理	时期		
	移栽后 47 d	移栽后 66 d	移栽后 80 d
A1B1	9. 43a	8. 65a	6. 16a
A1B2	9. 54a	6. 74b	6. 38a
A2B1	9. 16a	6. 26b	6. 57a
A2B2	9. 60a	6. 42b	6. 07a
A3B1	9. 12a	6. 31b	6. 50a
A3B2	9. 70a	8. 25a	6. 45a

注：A1、A2、A3 分别代表施氮量 6 kg · 亩$^{-1}$、7 kg · 亩$^{-1}$、8 kg · 亩$^{-1}$；B1、B2 分别代表云烟 87、K326。

表 5-45　杀青样不同时期总糖含量的方差分析

时期	源	Ⅲ型平方和	df	均方	*F*	Sig.
移栽后 47 d	校正模型	0. 845a	5	0. 169	0. 808	0. 566
	截距	1 598. 386	1	1 598. 386	7 640. 467	0. 000
	施氮量	0. 037	2	0. 018	0. 088	0. 917
	品种	0. 635	1	0. 635	3. 034	0. 107
	施氮量×品种	0. 174	2	0. 087	0. 416	0. 669
	误差	2. 510	12	0. 209		
	总计	1 601. 742	18			
	校正的总计	3. 356	17			
移栽后 66 d	校正模型	16. 997a	5	3. 399	0. 529	0. 751
	截距	909. 000	1	908. 516	141. 317	0. 000
	施氮量	6. 000	2	2. 890	0. 450	0. 648
	品种	0. 000	1	0. 019	0. 003	0. 958
	施氮量×品种	11. 000	2	5. 599	0. 871	0. 443
	误差	77. 000	12	6. 429		
	总计	1 003. 000	18			
	校正的总计	94. 000	17			

（续表）

时期	源	Ⅲ型平方和	df	均方	F	Sig.
移栽后 80 d	校正模型	0. 596a	5	0. 119	0. 489	0. 778
	截距	727. 076	1	727. 076	2 982. 330	0. 000
	施氮量	0. 136	2	0. 068	0. 280	0. 761
	品种	0. 051	1	0. 051	0. 210	0. 655
	施氮量×品种	0. 409	2	0. 204	0. 838	0. 456
	误差	2. 926	12	0. 244		
	总计	730. 597	18			
	校正的总计	3. 522	17			

2. 还原性糖

从移栽后 47 d 到移栽后 66 d 再到移栽后 80 d，还原糖含量基本上是先下降后上升的，每个时期规律性不强（表 5-46）。

从表 5-47 可以看出，施氮量和品种的交互作用对还原糖含量的影响均不显著。

表 5-46 杀青样各个处理不同时期还原性糖含量的多重比较 单位：%

处理	时期		
	移栽后 47 d	移栽后 66 d	移栽后 80 d
A1B1	2. 85a	1. 10b	1. 12b
A1B2	2. 78a	1. 78a	1. 30ab
A2B1	2. 43a	1. 24ab	1. 88a
A2B2	2. 86a	1. 32ab	1. 19b
A3B1	2. 48a	1. 13ab	1. 47ab
A3B2	2. 86a	1. 39a	1. 08b

注：A1、A2、A3 分别代表施氮量 6 kg · 亩$^{-1}$、7 kg · 亩$^{-1}$、8 kg · 亩$^{-1}$；B1、B2 分别代表云烟 87、K326。

表 5-47 杀青样不同时期还原性糖含量的方差分析

时期	源	Ⅲ型平方和	df	均方	F	Sig.
移栽后 47 d	校正模型	0. 601a	5	0. 120	0. 720	0. 621
	截距	132. 194	1	132. 194	791. 948	0. 000
	施氮量	0. 101	2	0. 050	0. 301	0. 745
	品种	0. 279	1	0. 279	1. 670	0. 221
	施氮量×品种	0. 222	2	0. 111	0. 664	0. 533
	误差	2. 003	12	0. 167		
	总计	134. 798	18			
	校正的总计	2. 604	17			

（续表）

时期	源	Ⅲ型平方和	df	均方	*F*	Sig.
移栽后 66 d	校正模型	0. 919a	5	0. 184	1. 339	0. 313
	截距	32. 000	1	31. 760	231. 406	0. 000
	施氮量	0. 000	2	0. 057	0. 413	0. 671
	品种	1. 000	1	0. 524	3. 815	0. 075
	施氮量×品种	0. 000	2	0. 141	1. 027	0. 388
	误差	2. 000	12	0. 137		
	总计	34. 000	18			
	校正的总计	3. 000	17			
移栽后 80 d	校正模型	1. 352a	5	0. 270	2. 287	0. 112
	截距	32. 294	1	32. 294	273. 022	0. 000
	施氮量	0. 351	2	0. 176	1. 484	0. 266
	品种	0. 402	1	0. 402	3. 399	0. 090
	施氮量×品种	0. 599	2	0. 300	2. 534	0. 121
	误差	1. 419	12	0. 118		
	总计	35. 066	18			
	校正的总计	2. 772	17			

3. 淀粉

从表 5-48 可以看出，各个处理淀粉含量从移栽后 47 d 到移栽后 66 d 再到移栽后 80 d 是上升的；在移栽后 47 d 和移栽后 66 d，对于同一个品种，随着施氮量的增加，淀粉含量是增加的，而在移栽后 80 d，对于同一个品种，随着施氮量的增加，淀粉含量先增加后减少；淀粉含量的最大值在 3 个时期分别出现在 A3B1、A3B2 和 A2B1 处理，最小值分别出现在 A1B1、A1B2 和 A1B1 处理。

施氮量和品种的交互作用在 3 个时期对淀粉含量的影响均不显著（表 5-49）。

表 5-48　杀青样各个处理不同时期淀粉含量的多重比较　单位：%

处理	时期		
	移栽后 47 d	移栽后 66 d	移栽后 80 d
A1B1	9. 04b	19. 29c	22. 57b
A1B2	9. 52b	19. 28c	24. 08b
A2B1	10. 60a	20. 87b	28. 58a
A2B2	10. 27a	22. 16a	28. 33a
A3B1	10. 83a	22. 97a	27. 61a
A3B2	10. 37a	23. 09a	27. 59a

注：A1、A2、A3 分别代表施氮量 6 kg · 亩$^{-1}$、7 kg · 亩$^{-1}$、8 kg · 亩$^{-1}$；B1、B2 分别代表云烟 87、K326。

表 5-49 杀青样不同时期淀粉含量的方差分析

时期	源	Ⅲ型平方和	df	均方	*F*	Sig.
移栽后 47 d	校正模型	7.052a	5	1.410	10.772	0.000
	截距	1 837.107	1	1 837.107	14 031.041	0.000
	施氮量	6.236	2	3.118	23.815	0.000
	品种	0.046	1	0.046	0.350	0.565
	施氮量×品种	0.770	2	0.385	2.939	0.091
	误差	1.571	12	0.131		
	总计	1 845.730	18			
	校正的总计	8.623	17			
移栽后 66 d	校正模型	44.998a	5	9.000	22.658	0.000
	截距	8 148.000	1	8 147.790	20 513.638	0.000
	施氮量	42.000	2	21.243	53.484	0.000
	品种	1.000	1	0.987	2.485	0.141
	施氮量×品种	2.000	2	0.762	1.919	0.189
	误差	5.000	12	0.397		
	总计	8 198.000	18			
	校正的总计	50.000	17			
移栽后 80 d	校正模型	94.229a	5	18.846	16.912	0.000
	截距	12 602.629	1	12 602.629	11 309.409	0.000
	施氮量	90.728	2	45.364	40.709	0.000
	品种	0.758	1	0.758	0.680	0.426
	施氮量×品种	2.742	2	1.371	1.231	0.327
	误差	13.372	12	1.114		
	总计	12 710.230	18			
	校正的总计	107.601	17			

三、施氮量对烟株 3 个时期氮代谢的影响

（一）施氮量对烟株氮代谢关键酶基因相对表达量的影响

1. 硝酸还原酶的基因相对表达量

各个处理硝酸还原酶的基因相对表达量在 3 个时期呈现先下降后上升的趋势。在移栽后 47 d，A2B1 处理的表达量较高；移栽后 66 d，A3B2 处理的表达较高；移栽后 88 d，A2B2 处理的表达较高（图 5-4）。

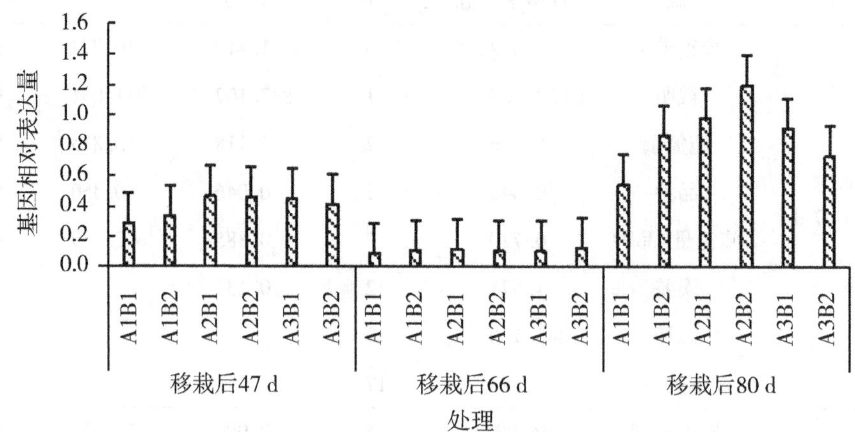

注：A1、A2、A3 分别代表施氮量 6 kg·亩$^{-1}$、7 kg·亩$^{-1}$、8 kg·亩$^{-1}$；B1、B2 分别代表云烟 87、K326。

图 5-4　各个处理不同时期硝酸还原酶的基因相对表达量

2. 谷氨酰胺合成酶的基因相对表达量

各个处理谷氨酰胺合成酶的基因相对表达量在 3 个时期呈现上升的趋势，且开始的时候上升得快，后期上升得慢。移栽后 47 d，A3B1 处理的表达量较高；移栽后 66 d，A1B1 处理的表达较高；移栽后 80 d，A3B1 处理的表达较高（图 5-5）。

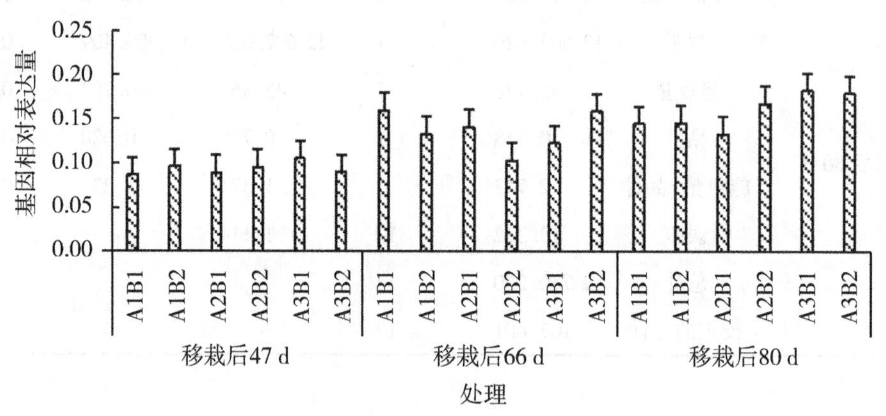

注：A1、A2、A3 分别代表施氮量 6 kg·亩$^{-1}$、7 kg·亩$^{-1}$、8 kg·亩$^{-1}$；B1、B2 分别代表云烟 87、K326。

图 5-5　各个处理不同时期谷氨酰胺合成酶的基因相对表达量

3. 谷氨酸合成酶的基因相对表达量

各个处理谷氨酸合成酶的基因相对表达量在 3 个时期总体上呈现先下降后上升的趋势。移栽后 47 d，A2B2 处理的表达量较高；移栽后 66 d，A3B2 处理的表达较高；移栽后 80 d，A2B1 处理的表达较高（图 5-6）。

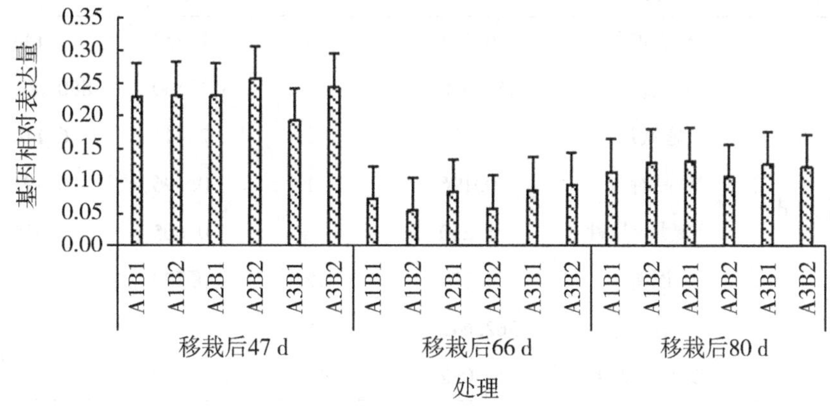

注：A1、A2、A3 分别代表施氮量 6 kg · 亩$^{-1}$、7 kg · 亩$^{-1}$、8 kg · 亩$^{-1}$；B1、B2 分别代表云烟 87、K326。

图 5-6 各个处理不同时期谷氨酸合成酶的基因相对表达量

（二）不同处理对烟株氮代谢关键酶活性的影响

1. 硝酸还原酶

硝酸还原酶是植物同化氮的重要酶，是植物氮代谢关键的限速酶。

从表 5-50 可以看出，各个处理从移栽后 47 d 到移栽后 66 d，硝酸还原酶活性是上升的，从移栽后 66 d 到移栽后 80 d 是下降的。各个时期处理间有些表现出显著差异；在每个时期中，对于同一品种，随着施氮量的增加，硝酸还原酶活性是增加的。在移栽后 47 d 和移栽后 80 d，酶活性的最大值均出现在 A3B2 处理，而在移栽后 66 d，酶活性的最大值出现在 A3B1 处理。

施氮量和品种的交互作用在 3 个时期对硝酸还原酶活的影响均不显著，具体情况见表 5-51。

表 5-50 各个处理不同时期硝酸还原酶活性的多重比较 单位：μg · g^{-1} · h^{-1}

处理	时期		
	移栽后 47 d	移栽后 66 d	移栽后 80 d
A1B1	4. 302 6ab	6. 498 3c	4. 789 0b
A1B2	3. 502 8b	6. 220 0c	4. 597 0b
A2B1	4. 367 9ab	7. 610 0b	5. 136 3ab
A2B2	4. 078 5b	7. 964 8b	5. 419 0a
A3B1	4. 900 8ab	8. 905 6a	5. 274 7a
A3B2	5. 363 7a	8. 750 9a	5. 494 0a

注：A1、A2、A3 分别代表施氮量 6 kg · 亩$^{-1}$、7 kg · 亩$^{-1}$、8 kg · 亩$^{-1}$；B1、B2 分别代表云烟 87、K326。

表 5-51 不同时期硝酸还原酶活性的方差分析

时期	源	Ⅲ型平方和	df	均方	*F*	Sig.
移栽后 47 d	校正模型	6.288a	5	1.258	3.148	0.048
	截距	351.560	1	351.560	880.063	0.000
	施氮量	4.882	2	2.441	6.110	0.015
	品种	0.196	1	0.196	0.491	0.497
	施氮量×品种	1.210	2	0.605	1.515	0.259
	误差	4.794	12	0.399		
	总计	362.642	18			
	校正的总计	11.082	17			
移栽后 66 d	校正模型	18.781a	5	3.756	25.481	0.000
	截距	1 055.685	1	1 055.685	7 161.576	0.000
	施氮量	18.440	2	9.220	62.546	0.000
	品种	0.003	1	0.003	0.021	0.888
	施氮量×品种	0.338	2	0.169	1.146	0.350
	误差	1.769	12	0.147		
	总计	1 076.235	18			
	校正的总计	20.550	17			
移栽后 80 d	校正模型	1.910a	5	0.382	5.660	0.007
	截距	471.553	1	471.553	6 988.024	0.000
	施氮量	1.662	2	0.831	12.318	0.001
	品种	0.048	1	0.048	0.712	0.415
	施氮量×品种	0.199	2	0.100	1.477	0.267
	误差	0.810	12	0.067		
	总计	474.273	18			
	校正的总计	2.719	17			

2. 谷氨酰胺合成酶

谷氨酰胺合成酶主要催化 NH_4^+ 与谷氨酸合成谷氨酰胺的关键酶。

各个处理的谷氨酰胺合成酶活性在 3 个时期的具体情况见表 5-52。各个时期低氮处理和高氮处理都差异显著；每个处理从移栽后 47 d 到移栽后 66 d，酶活性是上升的，从移栽后 66 d 到移栽后 80 d 酶活性是下降的。在各个时期，随着施氮量的增加，酶活性是上升的；在移栽后 80 d，对于同一施氮量，品种 B1（云烟 87）的酶活性要大于品种 B2（K326）的。

施氮量和品种的交互作用对谷氨酰胺合成酶活性的影响在 3 个时期均不显著(表 5-53)。

表 5-52 各个处理不同时期谷氨酰胺合成酶活性的多重比较 单位：A · mg^{-1} · h^{-1}

处理	时期		
	移栽后 47 d	移栽后 66 d	移栽后 80 d
A1B1	2. 417 9c	3. 365 2c	2. 344 7b
A1B2	2. 427 3c	3. 251 0c	2. 335 0b
A2B1	2. 819 9b	3. 918 7ab	2. 582 2ab
A2B2	2. 823 4b	3. 872 2b	2. 541 6ab
A3B1	3. 257 8a	4. 227 9ab	2. 694 8a
A3B2	3. 384 3a	4. 495 5a	2. 643 6a

注：A1、A2、A3 分别代表施氮量 6 kg · 亩$^{-1}$、7 kg · 亩$^{-1}$、8 kg · 亩$^{-1}$；B1、B2 分别代表云烟 87、K326。

表 5-53 不同时期谷氨酰胺合成酶活性的方差分析

时期	源	Ⅲ型平方和	df	均方	*F*	Sig.
移栽后 47 d	校正模型	2. 456a	5	0. 491	24. 726	0. 000
	截距	146. 730	1	146. 730	7 385. 901	0. 000
	施氮量	2. 432	2	1. 216	61. 206	0. 000
	品种	0. 010	1	0. 010	0. 490	0. 497
	施氮量×品种	0. 014	2	0. 007	0. 363	0. 703
	误差	0. 238	12	0. 020		
	总计	149. 424	18			
	校正的总计	2. 694	17			
移栽后 66 d	校正模型	3. 475a	5	0. 695	5. 980	0. 005
	截距	267. 508	1	267. 508	2 301. 592	0. 000
	施氮量	3. 345	2	1. 672	14. 389	0. 001
	品种	0. 006	1	0. 006	0. 049	0. 828
	施氮量×品种	0. 125	2	0. 062	0. 536	0. 599
	误差	1. 395	12	0. 116		
	总计	272. 378	18			
	校正的总计	4. 870	17			

（续表）

时期	源	Ⅲ型平方和	df	均方	F	Sig.
移栽后 80 d	校正模型	0.345a	5	0.069	3.832	0.026
	截距	114.639	1	114.639	6 362.630	0.000
	施氮量	0.339	2	0.169	9.397	0.004
	品种	0.005	1	0.005	0.286	0.603
	施氮量×品种	0.001	2	0.001	0.039	0.962
	误差	0.216	12	0.018		
	总计	115.200	18			
	校正的总计	0.561	17			

3. 谷氨酸合成酶

谷氨酸合成酶主要催化谷氨酰胺与α-酮戊二酸形成谷氨酸。

从移栽后 47 d 到移栽后 66 d，各个处理的谷氨酸合成酶活性是增大的，从移栽后 66 d 到移栽后 80 d 是减小的，具体情况见表 5-54。对于同一个品种，随着施氮量的增加，酶活性是增加的；在移栽后 47 d 和移栽后 66 d，各个处理间差异不显著，在移栽后 80 d，施氮量高的 A3B2 处理的谷氨酸合成酶活性与施氮量低的 A1B1 和 A1B2 处理差异显著，且在每个施氮处理中 B2 的谷氨酸合成酶活性要高于 B1 的。

施氮量和品种的交互作用对谷氨酸合成酶活性的影响在 3 个时期均不显著（表 5-55）。

表 5-54　各个处理不同时期谷氨酸合成酶活性的多重比较　单位：$A \cdot mg^{-1} \cdot h^{-1}$

处理	时期		
	移栽后 47 d	移栽后 66 d	移栽后 80 d
A1B1	0.146 4a	0.185 0a	0.155 9b
A1B2	0.151 7a	0.211 3a	0.163 6b
A2B1	0.209 5a	0.218 3a	0.170 9b
A2B2	0.150 7a	0.212 2a	0.173 2ab
A3B1	0.171 9a	0.221 2a	0.189 7ab
A3B2	0.182 9a	0.210 1a	0.191 8a

注：A1、A2、A3 分别代表施氮量 6 $kg \cdot 亩^{-1}$、7 $kg \cdot 亩^{-1}$、8 $kg \cdot 亩^{-1}$；B1、B2 分别代表云烟 87、K326。

表 5-55 不同时期谷氨酸合成酶活性的方差分析

时期	源	Ⅲ型平方和	df	均方	F	Sig.
移栽后 47 d	校正模型	0. 009a	5	0. 002	1. 110	0. 405
	截距	0. 513	1	0. 513	318. 236	0. 000
	施氮量	0. 004	2	0. 002	1. 101	0. 364
	品种	0. 001	1	0. 001	0. 558	0. 470
	施氮量×品种	0. 005	2	0. 002	1. 397	0. 285
	误差	0. 019	12	0. 002		
	总计	0. 541	18			
	校正的总计	0. 028	17			
移栽后 66 d	校正模型	0. 002a	5	0. 000	0. 872	0. 528
	截距	0. 791	1	0. 791	1 389. 808	0. 000
	施氮量	0. 001	2	0. 001	1. 056	0. 378
	品种	0. 000	1	0. 000	0. 072	0. 793
	施氮量×品种	0. 001	2	0. 001	1. 089	0. 368
	误差	0. 007	12	0. 001		
	总计	0. 801	18			
	校正的总计	0. 009	17			
移栽后 80 d	校正模型	0. 003a	5	0. 001	5. 404	0. 008
	截距	0. 546	1	0. 546	4 864. 624	0. 000
	施氮量	0. 003	2	0. 001	13. 050	0. 001
	品种	0. 000	1	0. 000	0. 654	0. 434
	施氮量×品种	0. 000	2	0. 000	0. 134	0. 876
	误差	0. 001	12	0. 000		
	总计	0. 550	18			
	校正的总计	0. 004	17			

4. 谷氨酸脱氢酶

NAD（H）-谷氨酸脱氢酶催化一对可逆反应：α-酮戊二酸加氨生成谷氨酸，谷氨酸脱氨生成 α-酮戊二酸。

各个处理的谷氨酸脱氢酶在 3 个时期部分具有显著差异（表 5-56）。从移栽后 47 d 到移栽后 66 d 再到移栽后 80 d，各个处理的酶活性呈现下降的趋势。在各个时期，施氮量高的处理的谷氨酸脱氢酶活性要大于施氮量低的处理，特别是在移栽后 80 d 表现得比较明显。在移栽后 80 d，酶活性最高的是 A3B1 处理。对于同一品种，随着施氮量的增加，酶活性是增大的。

施氮量和品种的交互作用对谷氨酸脱氢酶酶活性的影响在 3 个时期均不显著（表 5-57）。

表 5-56 各个处理不同时期谷氨酸脱氢酶活性的多重比较 单位：$A \cdot mg^{-1} \cdot h^{-1}$

处理	时期		
	移栽后 47 d	移栽后 66 d	移栽后 80 d
A1B1	0. 423 2b	0. 411 0b	0. 292 6b
A1B2	0. 501 5ab	0. 464 9ab	0. 300 3b
A2B1	0. 512 8ab	0. 519 4a	0. 408 4ab
A2B2	0. 489 4ab	0. 546 1a	0. 415 9ab
A3B1	0. 567 9a	0. 529 3a	0. 481 1a
A3B2	0. 496 9ab	0. 548 1a	0. 429 3a

注：A1、A2、A3 分别代表施氮量 6 kg·亩$^{-1}$、7 kg·亩$^{-1}$、8 kg·亩$^{-1}$；B1、B2 分别代表云烟 87、K326。

表 5-57 不同时期谷氨酸脱氢酶活性的方差分析

时期	源	Ⅲ型平方和	df	均方	*F*	Sig.
移栽后 47 d	校正模型	0. 032a	5	0. 006	1. 530	0. 252
	截距	4. 475	1	4. 475	1 058. 515	0. 000
	施氮量	0. 015	2	0. 007	1. 747	0. 216
	品种	0. 000	1	0. 000	0. 030	0. 864
	施氮量×品种	0. 017	2	0. 009	2. 064	0. 170
	误差	0. 051	12	0. 004		
	总计	4. 558	18			
	校正的总计	0. 083	17			
移栽后 66 d	校正模型	0. 044a	5	0. 009	3. 200	0. 046
	截距	4. 557	1	4. 557	1 645. 049	0. 000
	施氮量	0. 038	2	0. 019	6. 924	0. 010
	品种	0. 005	1	0. 005	1. 786	0. 206
	施氮量×品种	0. 001	2	0. 001	0. 183	0. 835
	误差	0. 033	12	0. 003		
	总计	4. 634	18			
	校正的总计	0. 078	17			

（续表）

时期	源	Ⅲ型平方和	df	均方	F	Sig.
移栽后 80 d	校正模型	0.085a	5	0.017	3.952	0.024
	截距	2.709	1	2.709	629.356	0.000
	施氮量	0.081	2	0.040	9.391	0.004
	品种	0.001	1	0.001	0.156	0.700
	施氮量×品种	0.004	2	0.002	0.410	0.672
	误差	0.052	12	0.004		
	总计	2.846	18			
	校正的总计	0.137	17			

（三）施氮量对烟株氮代谢关键物质的影响

1. 总植物碱

随着生育的推进，各个处理的总植物碱含量呈现上升的趋势，在移栽后 47 d 和移栽后 66 d 各个处理的总植物碱含量差异不显著（表 5-58）；在移栽后 80 d，部分处理间差异显著；在各个施氮水平下 B2 的总植物碱含量要大于 B1 的总植物碱含量。

在各个时期，施氮量和品种的交互作用对总植物碱含量的影响均不显著（表 5-59）。

表 5-58 杀青样各个处理不同时期总植物碱含量的多重比较 单位：%

处理	时期		
	移栽后 47 d	移栽后 66 d	移栽后 80 d
A1B1	0.40a	0.82a	1.32b
A1B2	0.39a	0.93a	1.60a
A2B1	0.37a	0.86a	1.44ab
A2B2	0.37a	0.98a	1.64a
A3B1	0.35a	0.93a	1.44ab
A3B2	0.36a	0.88a	1.53ab

注：A1、A2、A3 分别代表施氮量 6 kg·亩$^{-1}$、7 kg·亩$^{-1}$、8 kg·亩$^{-1}$；B1、B2 分别代表云烟 87、K326。

表 5-59 杀青样不同时期总植物碱含量的方差分析

时期	源	Ⅲ型平方和	df	均方	F	Sig.
移栽后 47 d	校正模型	0.006a	5	0.001	0.489	0.778
	截距	2.516	1	2.516	1 043.615	0.000
	施氮量	0.005	2	0.003	1.081	0.370
	品种	0.000	1	0.000	0.002	0.963
	施氮量×品种	0.001	2	0.000	0.141	0.870
	误差	0.029	12	0.002		
	总计	2.551	18			
	校正的总计	0.035	17			

（续表）

时期	源	Ⅲ型平方和	df	均方	F	Sig.
移栽后 66 d	校正模型	0.048a	5	0.010	0.423	0.824
	截距	15.000	1	14.616	650.083	8.06E-12
	施氮量	0.000	2	0.004	0.159	0.855
	品种	0.000	1	0.016	0.721	0.413
	施氮量×品种	0.000	2	0.012	0.539	0.597
	误差	0.000	12	0.022		
	总计	15.000	18			
	校正的总计	0.000	17			
移栽后 80 d	校正模型	0.206a	5	0.041	2.647	0.078
	截距	40.201	1	40.201	2 586.169	0.000
	施氮量	0.021	2	0.010	0.669	0.530
	品种	0.161	1	0.161	10.329	0.007
	施氮量×品种	0.024	2	0.012	0.783	0.479
	误差	0.187	12	0.016		
	总计	40.593	18			
	校正的总计	0.392	17			

2. 总氮

从表 5-60 可以看出，各个处理总氮含量在 3 个时期呈现下降的趋势，且各个处理在各个时期的差异不显著。

施氮量和品种的交互作用对总氮含量的影响在 3 个时期均不显著（表 5-61）

表 5-60 杀青样各个处理不同时期总氮含量的多重比较 单位：%

处理	时期		
	移栽后 47 d	移栽后 66 d	移栽后 80 d
A1B1	4.81a	4.20a	3.81a
A1B2	4.50a	3.76a	3.36a
A2B1	5.25a	3.57a	3.53a
A2B2	5.29a	3.90a	3.37a
A3B1	4.87a	4.14a	3.27a
A3B2	4.73a	4.31a	3.63a

注：A1、A2、A3 分别代表施氮量 6 kg · 亩$^{-1}$、7 kg · 亩$^{-1}$、8 kg · 亩$^{-1}$；B1、B2 分别代表云烟 87、K326。

表 5-61 杀青样不同时期总氮含量的方差分析

时期	源	Ⅲ型平方和	df	均方	*F*	Sig.
移栽后 47 d	校正模型	1.414a	5	0.283	1.430	0.282
	截距	433.259	1	433.259	2 191.988	0.000
	施氮量	1.233	2	0.617	3.119	0.081
	品种	0.087	1	0.087	0.439	0.520
	施氮量×品种	0.094	2	0.047	0.237	0.793
	误差	2.372	12	0.198		
	总计	437.044	18			
	校正的总计	3.785	17			
移栽后 66 d	校正模型	1.215a	5	0.243	0.547	0.738
	截距	285.000	1	285.127	641.608	0.000
	施氮量	1.000	2	0.358	0.805	0.470
	品种	0.000	1	0.001	0.003	0.956
	施氮量×品种	0.000	2	0.249	0.561	0.585
	误差	5.000	12	0.444		
	总计	292.000	18			
	校正的总计	7.000	17			
移栽后 80 d	校正模型	0.611a	5	0.122	0.429	0.820
	截距	219.801	1	219.801	772.178	0.000
	施氮量	0.077	2	0.038	0.134	0.875
	品种	0.029	1	0.029	0.101	0.756
	施氮量×品种	0.505	2	0.253	0.888	0.437
	误差	3.416	12	0.285		
	总计	223.827	18			
	校正的总计	4.026	17			

3. 可溶性蛋白

从移栽后 47 d 到移栽后 66 d，各个处理的可溶性蛋白含量是上升的，在移栽后 66 d 到移栽后 80 d，各个处理的可溶性蛋白含量是下降的；在移栽后 47 d 和移栽后 66 d，对于同一个施氮水平，品种 B1（云烟 87）的可溶性蛋白含量要大于品种 B2（K326）的；在移栽后 80 d，施氮量为 A1 和 A2（6 kg · 亩$^{-1}$和 7 kg · 亩$^{-1}$）时品种 B2（K326）的可溶性蛋白含量大于品种 B1（云烟 87）的，在施氮量为 A3（8 kg · 亩$^{-1}$）时反之，具体结果见表 5-62。

施氮量和品种的交互作用对可溶性蛋白含量的影响在 3 个时期均不显著（表 5-63）。

表 5-62 各个处理不同时期可溶性蛋白含量的多重比较 单位：%

处理	时期		
	移栽后 47 d	移栽后 66 d	移栽后 80 d
A1B1	1.192b	3.930a	3.118b
A1B2	1.183b	3.688ab	3.308ab

（续表）

处理	时期		
	移栽后 47 d	移栽后 66 d	移栽后 80 d
A2B1	1. 748a	3. 901ab	3. 493ab
A2B2	1. 686a	3. 688ab	3. 505ab
A3B1	1. 651a	3. 644ab	3. 616a
A3B2	1. 622a	3. 653b	3. 447ab

注：A1、A2、A3 分别代表施氮量 6 kg·亩$^{-1}$、7 kg·亩$^{-1}$、8 kg·亩$^{-1}$；B1、B2 分别代表云烟 87、K326。

表 5-63　不同时期可溶性蛋白含量的方差分析

时期	源	Ⅲ型平方和	df	均方	*F*	Sig.
移栽后 47 d	校正模型	0. 984a	5	0. 197	12. 704	0. 000
	截距	41. 240	1	41. 240	2 661. 229	0. 000
	施氮量	0. 977	2	0. 489	31. 533	0. 000
	品种	0. 005	1	0. 005	0. 315	0. 585
	施氮量×品种	0. 002	2	0. 001	0. 069	0. 934
	误差	0. 186	12	0. 015		
	总计	42. 410	18			
	校正的总计	1. 170	17			
移栽后 66 d	校正模型	0. 251a	5	0. 050	2. 040	0. 145
	截距	253. 000	1	253. 259	10 287. 420	0. 000
	施氮量	0. 000	2	0. 047	1. 929	0. 188
	品种	0. 000	1	0. 099	4. 031	0. 068
	施氮量×品种	0. 000	2	0. 028	1. 154	0. 348
	误差	0. 000	12	0. 025		
	总计	254. 000	18			
	校正的总计	1. 000	17			
移栽后 80 d	校正模型	0. 466a	5	0. 093	1. 577	0. 240
	截距	209. 855	1	209. 855	3 552. 429	0. 000
	施氮量	0. 368	2	0. 184	3. 117	0. 081
	品种	0. 001	1	0. 001	0. 009	0. 925
	施氮量×品种	0. 097	2	0. 049	0. 821	0. 463
	误差	0. 709	12	0. 059		
	总计	211. 029	18			
	校正的总计	1. 175	17			

4. 游离氨基酸

各个处理的游离氨基酸含量从移栽后 47 d 到移栽后 66 d 再到移栽后 80 d 是下降的。各个时期各个处理间的差异均不显著，具体情况见表 5-64。

从表 5-65 可以看出，施氮量和品种的交互作用对游离氨基酸含量的影响在 3 个时期均不显著。

表 5-64 各个处理不同时期游离氨基酸含量的多重比较 单位：%

处理	时期		
	移栽后 47 d	移栽后 66 d	移栽后 80 d
A1B1	4. 81a	4. 20a	3. 81a
A1B2	4. 50a	3. 76a	3. 36a
A2B1	5. 25a	3. 57a	3. 53a
A2B2	5. 29a	3. 90a	3. 37a
A3B1	4. 87a	4. 14a	3. 27a
A3B2	4. 73a	4. 31a	3. 63a

注：A1、A2、A3 分别代表施氮量 6 kg · 亩$^{-1}$、7 kg · 亩$^{-1}$、8 kg · 亩$^{-1}$；B1、B2 分别代表云烟 87、K326。

表 5-65 不同时期游离氨基酸含量的方差分析

时期	源	Ⅲ型平方和	df	均方	F	Sig.
移栽后 47 d	校正模型	2 670. 877a	5	534. 175	4. 175	0. 020
	截距	994 512. 369	1	994 512. 369	7 773. 613	0. 000
	施氮量	1 448. 188	2	724. 094	5. 660	0. 019
	品种	820. 890	1	820. 890	6. 416	0. 026
	施氮量×品种	401. 798	2	200. 899	1. 570	0. 248
	误差	1 535. 213	12	127. 934		
	总计	998 718. 458	18			
	校正的总计	4 206. 089	17			
移栽后 66 d	校正模型	11 545. 491a	5	2 309. 098	7. 553	0. 002
	截距	437 952. 000	1	437 951. 748	1 432. 498	0. 000
	施氮量	11 320. 000	2	5 660. 235	18. 514	0. 000
	品种	146. 000	1	145. 811	0. 477	0. 503
	施氮量×品种	79. 000	2	39. 605	0. 130	0. 880
	误差	3 669. 000	12	305. 726		
	总计	453 166. 000	18			
	校正的总计	15 214. 000	17			

（续表）

时期	源	Ⅲ型平方和	df	均方	*F*	Sig.
移栽后 80 d	校正模型	4 112. 927a	5	822. 585	4. 284	0. 018
	截距	130 843. 634	1	130 843. 634	681. 500	0. 000
	施氮量	3 954. 314	2	1 977. 157	10. 298	0. 002
	品种	66. 177	1	66. 177	0. 345	0. 568
	施氮量×品种	92. 436	2	46. 218	0. 241	0. 790
	误差	2 303. 924	12	191. 994		
	总计	137 260. 485	18			
	校正的总计	6 416. 851	17			

四、施氮量对烟株烤后烟叶常规化学成分的影响

糖类是烟草生长发育的重要供能物质，总糖和还原糖对烟草化学成分的协调性和品质起重要作用，一般研究表明还原糖含量为 16%～18%、总糖含量为 18%～20%、两糖比大于 0. 85 较为适宜。

烟碱的含量过高过低均不好，过高刺激性较大，而过低则平淡无味。研究表明，烟碱和总氮含量为 1. 5%～3. 5%比较适宜，糖碱比大于 6、接近 10 最优，氮碱比接近 1 为最优。

（一）上部叶常规化学成分

从表 5-66 可以看出，各个处理上部叶总糖和还原糖含量总体偏高，总糖含量基本上都大于 20%，较接近 20%的是 A1B2 和 A3B2 处理；还原糖含量基本都大于 18%，较接近 18%的是 A1B2 处理。烟碱和总氮含量为 1. 5%～3. 5%，A2B1 和 A3B1 处理较接近于 2. 5%；两糖比在 0. 8 左右；糖碱比接近 10 的是 A2B2、A1B2 处理；氮碱比接近于 1 的是 A2B1 和 A3B1 处理。

施氮量和品种的交互作用对总糖、烟碱、还原糖、总氮和淀粉含量的影响均不显著（表 5-67）。

表 5-66　烤后烟叶上部叶各个处理常规化学成分的多重比较

处理	总糖/%	烟碱/%	还原糖/%	总氮/%	淀粉/%	两糖比	糖碱比	氮碱比
A1B1	29. 04a	1. 47b	24. 08a	2. 81b	5. 85b	0. 83	16. 42	1. 91
A1B2	23. 60b	1. 80a	19. 25a	3. 10ab	6. 40ab	0. 82	10. 71	1. 73
A2B1	25. 95ab	2. 30a	20. 34a	2. 92b	7. 68a	0. 78	8. 83	1. 27
A2B2	25. 71ab	2. 13a	21. 19a	2. 75b	7. 37ab	0. 82	9. 93	1. 29
A3B1	27. 50ab	2. 12a	21. 52a	2. 62b	7. 98a	0. 78	10. 17	1. 24

（续表）

处理	总糖/%	烟碱/%	还原糖/%	总氮/%	淀粉/%	两糖比	糖碱比	氮碱比
A3B2	16.12c	2.18a	13.47b	3.47a	7.69a	0.84	6.19	1.59

注：A1、A2、A3 分别代表施氮量 6 kg·亩$^{-1}$、7 kg·亩$^{-1}$、8 kg·亩$^{-1}$；B1、B2 分别代表云烟 87、K326。

表 5-67 烤后烟叶上部叶常规化学成分的方差分析

成分	源	Ⅲ型平方和	df	均方	F	Sig.
总糖	校正模型	312.267a	5	62.453	7.510	0.002
	截距	10 940.163	1	10 940.163	1 315.582	0.000
	施氮量	73.642	2	36.821	4.428	0.036
	品种	145.408	1	145.408	17.486	0.001
	施氮量×品种	93.217	2	46.608	5.605	0.019
	误差	99.790	12	8.316		
	总计	11 352.220	18			
	校正的总计	412.057	17			
烟碱	校正模型	1.441a	5	0.288	1.274	0.337
	截距	71.920	1	71.920	317.808	0.000
	施氮量	1.229	2	0.615	2.716	0.106
	品种	0.024	1	0.024	0.107	0.749
	施氮量×品种	0.188	2	0.094	0.415	0.669
	误差	2.716	12	0.226		
	总计	76.077	18			
	校正的总计	4.157	17			
还原糖	校正模型	191.079a	5	38.216	4.194	0.019
	截距	7 184.009	1	7 184.009	788.399	0.000
	施氮量	57.750	2	28.875	3.169	0.079
	品种	72.401	1	72.401	7.946	0.015
	施氮量×品种	60.929	2	30.464	3.343	0.070
	误差	109.346	12	9.112		
	总计	7 484.434	18			
	校正的总计	300.425	17			

（续表）

成分	源	Ⅲ型平方和	df	均方	*F*	Sig.
总氮	校正模型	1.379a	5	0.276	4.366	0.017
	截距	156.114	1	156.114	2 470.600	0.000
	施氮量	0.135	2	0.068	1.068	0.374
	品种	0.477	1	0.477	7.548	0.018
	施氮量×品种	0.767	2	0.384	6.072	0.015
	误差	0.758	12	0.063		
	总计	158.252	18			
	校正的总计	2.138	17			
淀粉	校正模型	10.686a	5	2.137	2.638	0.078
	截距	922.964	1	922.964	1 139.456	0.000
	施氮量	9.960	2	4.980	6.148	0.015
	品种	0.002	1	0.002	0.002	0.966
	施氮量×品种	0.725	2	0.362	0.447	0.650
	误差	9.720	12	0.810		
	总计	943.370	18			
	校正的总计	20.406	17			

（二）中部叶常规化学成分

中部叶常规化学成分的情况见表5-68。各个处理中部叶总糖含量都大于20%，其中A2B2和A3B2处理较接近20%；还原糖含量在18%~20%，较接近18%的是A1B1和A3B2处理。烟碱和总氮的含量在1.5%~3.5%；两糖比在0.8左右；糖碱比接近10的是A2B1、A1B2处理；氮碱比均大于1，接近1的是A2B1、A2B2处理。

施氮量和品种的交互作用对总糖、烟碱、还原糖、总氮和淀粉含量的影响均不显著（表5-69）。

表5-68 烤后烟叶中部叶各个处理常规化学成分的多重比较

处理	总糖/%	烟碱/%	还原性糖/%	总氮/%	淀粉/%	两糖比	糖碱比	氮碱比
A1B1	24.37a	1.54ab	18.08a	2.94a	5.17b	0.74	11.74	1.91
A1B2	25.78a	1.49b	20.70a	2.99a	5.61b	0.80	13.86	2.00
A2B1	25.77a	1.85a	19.90a	3.19a	5.69b	0.77	10.78	1.73
A2B2	23.98a	1.59ab	19.47a	2.51a	6.54ab	0.81	12.27	1.58

（续表）

处理	总糖/%	烟碱/%	还原性糖/%	总氮/%	淀粉/%	两糖比	糖碱比	氮碱比
A3B1	25. 66a	1. 46b	20. 55a	2. 76a	8. 26ab	0. 80	14. 04	1. 89
A3B2	22. 84a	1. 56ab	18. 19a	2. 94a	8. 68a	0. 80	11. 69	1. 89

注：A1、A2、A3 分别代表施氮量 6 kg · 亩$^{-1}$、7 kg · 亩$^{-1}$、8 kg · 亩$^{-1}$；B1、B2 分别代表云烟 87、K326。

表 5-69 烤后烟叶中部叶常规化学成分的方差分析

成分	源	Ⅲ型平方和	df	均方	*F*	Sig.
总糖	校正模型	21. 993a	5	4. 399	0. 137	0. 980
	截距	11 011. 775	1	11 011. 775	343. 712	0. 000
	施氮量	2. 258	2	1. 129	0. 035	0. 965
	品种	5. 131	1	5. 131	0. 160	0. 696
	施氮量×品种	14. 604	2	7. 302	0. 228	0. 800
	误差	384. 454	12	32. 038		
	总计	11 418. 222	18			
	校正的总计	406. 447	17			
烟碱	校正模型	0. 283a	5	0. 057	1. 496	0. 262
	截距	44. 998	1	44. 998	1 188. 513	0. 000
	施氮量	0. 166	2	0. 083	2. 186	0. 155
	品种	0. 023	1	0. 023	0. 601	0. 453
	施氮量×品种	0. 095	2	0. 047	1. 254	0. 320
	误差	0. 454	12	0. 038		
	总计	45. 736	18			
	校正的总计	0. 738	17			
还原糖	校正模型	19. 281a	5	3. 856	0. 202	0. 955
	截距	6 830. 857	1	6 830. 857	358. 553	0. 000
	施氮量	0. 371	2	0. 186	0. 010	0. 990
	品种	0. 014	1	0. 014	0. 001	0. 978
	施氮量×品种	18. 895	2	9. 447	0. 496	0. 621
	误差	228. 614	12	19. 051		
	总计	7 078. 751	18			
	校正的总计	247. 894	17			

（续表）

成分	源	Ⅲ型平方和	df	均方	F	Sig.
总氮	校正模型	0. 792a	5	0. 158	0. 653	0. 665
	截距	150. 280	1	150. 280	619. 385	0. 000
	施氮量	0. 054	2	0. 027	0. 111	0. 896
	品种	0. 101	1	0. 101	0. 417	0. 530
	施氮量×品种	0. 637	2	0. 319	1. 314	0. 305
	误差	2. 912	12	0. 243		
	总计	153. 984	18			
	校正的总计	3. 704	17			
淀粉	校正模型	32. 744a	5	6. 549	4. 452	0. 016
	截距	797. 748	1	797. 748	542. 264	0. 000
	施氮量	31. 130	2	15. 565	10. 580	0. 002
	品种	1. 437	1	1. 437	0. 976	0. 343
	施氮量×品种	0. 177	2	0. 089	0. 060	0. 942
	误差	17. 654	12	1. 471		
	总计	848. 146	18			
	校正的总计	50. 398	17			

（三）下部叶常规化学成分

不同处理下部叶常规化学成分的情况见表 5-70，各个处理下部叶总糖含量分布不均，A2B1 处理接近 18%，A1B1 处理接近 20%；还原糖含量大部分小于 16%，只有 A1B1 处理较接近 18%。烟碱含量均小于 1. 5%；总氮含量在 2. 5%~3. 5%，两糖比大部分小于 0. 8，只有 A1B1 处理大于 0. 8；糖碱比大部分都小于 10，只有 A1B1 处理大于 10，且 A2B1 处理接近 10；氮碱比均大于 2。

施氮量和品种的交互作用对总糖、烟碱、还原糖、总氮和淀粉含量的影响均不显著（表 5-71）。

表 5-70　烤后烟叶下部叶各个处理常规化学成分的多重比较

处理	总糖/%	烟碱/%	还原糖/%	总氮/%	淀粉/%	两糖比	糖碱比	氮碱比
A1B1	22. 92a	1. 23b	19. 08a	2. 51b	4. 45c	0. 83	15. 47	2. 04
A1B2	14. 69b	1. 38ab	10. 65bc	3. 08a	4. 16c	0. 73	7. 70	2. 23
A2B1	16. 94ab	1. 47a	12. 76b	2. 97ab	4. 64c	0. 75	8. 68	2. 02
A2B2	13. 24b	1. 37ab	9. 61bc	3. 26a	5. 68b	0. 73	7. 03	2. 39

（续表）

处理	总糖/%	烟碱/%	还原糖/%	总氮/%	淀粉/%	两糖比	糖碱比	氮碱比
A3B1	10.27b	1.30ab	6.37c	3.39a	6.48ab	0.62	4.90	2.61
A3B2	11.31b	1.21b	7.05bc	3.35a	6.63a	0.62	5.82	2.77

注：A1、A2、A3 分别代表施氮量 6 kg·亩$^{-1}$、7 kg·亩$^{-1}$、8 kg·亩$^{-1}$；B1、B2 分别代表云烟 87、K326。

表 5-71 烤后烟叶下部叶常规化学成分的方差分析

成分	源	Ⅲ型平方和	df	均方	*F*	Sig.
总糖	校正模型	316.617a	5	63.323	5.004	0.010
	截距	3 993.498	1	3 993.498	315.578	0.000
	施氮量	192.977	2	96.488	7.625	0.007
	品种	59.223	1	59.223	4.680	0.051
	施氮量×品种	64.416	2	32.208	2.545	0.120
	误差	151.854	12	12.655		
	总计	4 461.970	18			
	校正的总计	468.471	17			
烟碱	校正模型	0.145a	5	0.029	2.865	0.063
	截距	31.707	1	31.707	3 129.014	0.000
	施氮量	0.083	2	0.042	4.107	0.044
	品种	0.001	1	0.001	0.093	0.766
	施氮量×品种	0.061	2	0.030	3.009	0.087
	误差	0.122	12	0.010		
	总计	31.974	18			
	校正的总计	0.267	17			
还原糖	校正模型	322.445a	5	64.489	6.227	0.005
	截距	2 145.998	1	2 145.998	207.008	0.000
	施氮量	200.386	2	100.193	9.665	0.003
	品种	59.332	1	59.332	5.723	0.034
	施氮量×品种	62.727	2	31.363	3.025	0.086
	误差	124.401	12	10.367		
	总计	2 592.845	18			
	校正的总计	446.846	17			

（续表）

成分	源	Ⅲ型平方和	df	均方	*F*	Sig.
总氮	校正模型	1. 614a	5	0. 323	3. 265	0. 043
	截距	172. 175	1	172. 175	1 741. 095	0. 000
	施氮量	0. 996	2	0. 498	5. 034	0. 026
	品种	0. 339	1	0. 339	3. 427	0. 089
	施氮量×品种	0. 280	2	0. 140	1. 415	0. 281
	误差	1. 187	12	0. 099		
	总计	174. 976	18			
	校正的总计	2. 801	17			
淀粉	校正模型	17. 195a	5	3. 439	12. 558	0. 000
	截距	513. 528	1	513. 528	1 875. 197	0. 000
	施氮量	15. 434	2	7. 717	28. 180	0. 000
	品种	0. 401	1	0. 401	1. 465	0. 249
	施氮量×品种	1. 360	2	0. 680	2. 483	0. 125
	误差	3. 286	12	0. 274		
	总计	534. 010	18			
	校正的总计	20. 481	17			

五、施氮量与烟叶质量关系的分析

为了探究碳氮代谢关键酶、碳氮代谢关键酶的基因相对表达量与烤烟常规化学成分之间的关系，本节首先采用逐步回归法进行分析，结果显示，逐步回归方程中包含的各自变量对因变量的影响都是显著的，然后采用通径分析法进一步探究逐步回归方程中自变量和因变量的关系，这样不但能反映自变量对因变量的直接作用，还可以反映自变量之间的相互作用及一个自变量通过其他自变量对因变量的作用。

（一）碳氮代谢关键酶活性与烤后烟叶常规化学成分的关系分析

将各个时期碳氮代谢关键酶，淀粉酶（*X*1）、谷氨酰胺合成酶（*X*2）、硝酸还原酶（*X*3）、谷氨酸合成酶（*X*4）、谷氨酸脱氢酶（*X*5）、蔗糖合成酶（*X*6）、蔗糖磷酸合成酶（*X*7）和转化酶（*X*8），与烤后烟叶常规化学成分，总糖（*Y*1）、烟碱（*Y*2）、还原糖（*Y*3）、总氮（*Y*4）和淀粉（*Y*5），进行关系分析，结果如下。

1. 与上部叶常规化学成分的关系分析

（1）逐步回归分析　从回归方程（表 5-72）可以看出，在移栽后 47 d 和移栽后 66 d，谷氨酰胺合成酶（*X*2）、谷氨酸合成酶（*X*4）、谷氨酸脱氢酶（*X*5）、蔗糖磷酸合成酶（*X*7）和转化酶（*X*8）对烤后烟叶各个化学成分影响较大，而在移栽后 80 d，淀粉酶（X1）、谷氨酰胺合成酶（X2）、谷氨酸合成酶（X4）、蔗糖磷酸合成酶（X7）和转化酶（X8）对烤后烟叶各个化学成分影响较大。

表 5-72 碳氮代谢关键酶活性与烤后烟叶上部叶常规化学成分的逐步回归方程

时期	逐步回归方程
移栽后 47 d	$Y1=209.37+6.09X2-155.21X4-3.78X5-6.88X7-175.14X8$
	$Y2=1.732+0.171X2+5.954X4-0.734X5+0.148X7-3.171X8$
	$Y3=166.96+4.85X2-130X4-13.05X5-5.15X7-34.24X8$
	$Y4=-10.66-0.69X2+13.55X4+0.39X5+0.45X7+14.02X8$
	$Y5=8.81+1.44X2+4.49X4+0.82X5+0.03X7-10.77X8$
移栽后 66 d	$Y1=60.05-21.09X2-427.61X4+98.59X5+12.08X7-18.18X8$
	$Y2=-0.82-0.07X2+5.98X4+6.65X5-0.05X7-0.61X8$
	$Y3=55.62-16.71X2-380.14X4+82.34X5+9.20X7-12.88X8$
	$Y4=1.75+1.50X2+32.28X4-7.74X5-0.95X7+1.02X8$
	$Y5=-2.50+0.31X2+13.38X4+7.95X5+0.35X7-1.01X8$
移栽后 80 d	$Y1=-272.22+32.26X1-820.99X2-820.29X4+10.76X7-6.07X8$
	$Y2=4.58-1.14X1-0.85X2+5.17X4+0.09X7+0.58X8$
	$Y3=-189.51+26.59X1+76.81X2-666.52X4+7.34X7-10.44X8$
	$Y4=27.74-2.87X1-7.98X2+62.48X4-0.95X7+1.27X8$
	$Y5=-5.41-0.87X1+2.62X2+7.68X4+0.53X7+1.02X8$

注：Y1、Y2、Y3、Y4、Y5 分别代表总糖、烟碱、还原糖、总氮、淀粉；X1、X2、X3、X4、X5、X6、X7、X8 分别代表淀粉酶、谷氨酰胺合成酶、硝酸还原酶、谷氨酸合成酶、谷氨酸脱氢酶、蔗糖合成酶、蔗糖磷酸合成酶、转化酶。

（2）通径分析 通过碳氮代谢中关键酶和烤后烟叶上部叶常规化学成分的回归分析发现，在移栽后 47 d 和移栽后 66 d，对烤后烟叶上部叶各个化学成分影响较大的因子为谷氨酰胺合成酶（X2）、谷氨酸合成酶（X4）、谷氨酸脱氢酶（X5）、蔗糖磷酸合成酶（X7）和转化酶（X8），而在移栽后 80 d，淀粉酶（X1）、谷氨酰胺合成酶（X2）、谷氨酸合成酶（X4）、蔗糖磷酸合成酶（X7）和转化酶（X8）对烤后烟叶各个化学成分影响较大。因此，我们进一步探究这些因子对烤后烟叶上部叶常规化学成分含量的具体影响。碳氮代谢关键酶和烤后烟叶上部叶常规化学成分的通径分析结果见表 5-73。

在移栽后 47 d，对总糖（Y1）直接影响最大的是谷氨酰胺合成酶（X2）且是正向作用，其他的都是负向作用；从相关系数来看，都是负相关，且谷氨酸合成酶（X4）的相关系数最大。对烟碱（Y2）影响最大的是谷氨酸合成酶（X4）且是正向作

表 5-73　碳氮代谢关键酶活性与烤后烟叶上部叶常规化学成分的通径分析

时期	因变量	自变量	相关系数	通径系数	间接通径系数				
					X2	X4	X5	X7	X8
移栽后 47 d	Y1	X2	-0. 532 59	0. 540 06		-0. 419 72	-0. 021 69	-0. 837 84	0. 208 89
		X4	-0. 283 57	-0. 831 49	0. 272 62		-0. 017 46	0. 569 89	0. 517 21
		X5	-0. 106 98	-0. 038 50	0. 336 37	-0. 377 20		-0. 801 48	0. 773 83
		X7	-0. 546 05	-1. 361 00	0. 332 47	-0. 137 12	-0. 022 67		0. 642 28
		X8	-0. 246 56	-1. 235 20	-0. 091 33	0. 348 16	0. 024 12	0. 707 69	
	Y2	X2	0. 715 81	0. 224 26		0. 238 44	-0. 062 34	0. 266 05	0. 056 00
		X4	0. 745 27	0. 472 35	0. 113 20		-0. 050 20	-0. 180 96	0. 138 65
		X5	0. 705 24	-0. 110 66	0. 139 68	0. 214 28		0. 254 50	0. 207 44
		X7	0. 755 13	0. 432 17	0. 138 06	0. 077 90	-0. 065 17		0. 172 17
		X8	-0. 722 22	-0. 331 12	-0. 037 92	-0. 197 78	0. 069 33	-0. 224 72	
	Y3	X2	-0. 603 30	0. 549 39		-0. 449 37	-0. 095 65	-0. 802 24	0. 204 66
		X4	-0. 398 09	-0. 890 23	0. 277 33		-0. 077 02	0. 545 67	0. 506 74
		X5	-0. 240 70	-0. 169 77	0. 342 18	-0. 403 85		-0. 767 43	0. 758 16
		X7	-0. 582 47	-1. 303 17	0. 338 21	-0. 146 81	-0. 099 98		0. 629 28
		X8	-0. 146 37	-1. 210 20	-0. 092 91	0. 372 76	0. 106 36	0. 677 62	
	Y4	X2	0. 238 55	-0. 924 89		0. 550 00	0. 033 36	0. 827 54	-0. 251 00
		X4	0. 249 80	1. 089 57	-0. 466 87		0. 026 86	-0. 562 88	-0. 621 46
		X5	-0. 160 73	0. 059 21	-0. 576 05	0. 494 28		0. 791 63	-0. 929 80
		X7	0. 217 73	1. 344 28	-0. 569 37	0. 179 69	0. 034 87		-0. 771 73
		X8	0. 448 25	1. 484 17	0. 156 41	-0. 456 23	-0. 037 09	-0. 698 99	
	Y5	X2	0. 869 51	0. 688 79		0. 065 68	0. 025 29	0. 017 63	0. 069 46
		X4	0. 674 88	0. 130 12	0. 347 69		0. 020 36	-0. 011 99	0. 171 99
		X5	0. 807 10	0. 044 88	0. 429 00	0. 059 03		0. 016 86	0. 257 32
		X7	0. 714 12	0. 028 63	0. 424 02	0. 021 46	0. 026 43		0. 213 58
		X8	-0. 624 72	-0. 410 75	-0. 116 48	-0. 054 49	-0. 028 12	-0. 014 89	

（续表）

时期	因变量	自变量	相关系数	通径系数	间接通径系数				
					X2	X4	X5	X7	X8
移栽后66 d	Y1	X2	-0.529 68	-2.225 05		-0.633 53	1.058 81	1.623 87	-0.269 71
		X4	-0.228 34	-1.204 15	-1.170 65		0.935 47	0.828 67	-0.326 22
		X5	-0.489 32	1.174 43	-1.846 73	-0.959 15		1.630 63	-0.488 50
		X7	-0.103 80	2.014 43	-1.793 66	-0.918 89	0.950 67		-0.356 36
		X8	-0.416 45	-0.793 02	-0.756 76	-0.495 35	0.723 45	0.905 22	
	Y2	X2	0.757 67	-0.108 61		0.131 10	1.058 00	-0.104 70	-0.134 13
		X4	0.865 46	0.249 18	-0.057 14		0.934 77	-0.053 43	-0.162 23
		X5	0.933 81	1.173 54	-0.090 14	0.198 48		-0.105 14	-0.242 93
		X7	0.745 45	-0.129 88	-0.087 55	0.190 15	0.949 95		-0.177 22
		X8	0.335 73	-0.394 37	-0.036 94	0.102 50	0.722 90	-0.058 37	
	Y3	X2	-0.595 97	-2.253 05		-0.719 94	1.130 40	1.580 73	-0.244 36
		X4	-0.354 23	-1.368 38	-1.185 38		0.998 72	0.806 65	-0.295 56
		X5	-0.561 37	1.253 84	-1.869 97	-1.089 96		1.587 31	-0.442 58
		X7	-0.207 45	1.960 91	-1.816 23	-1.044 21	1.014 95		-0.322 86
		X8	-0.394 13	-0.718 48	-0.766 28	-0.562 91	0.772 37	0.881 17	
	Y4	X2	0.249 60	2.375 28		0.717 77	-1.247 66	-1.921 60	0.226 77
		X4	-0.033 16	1.364 25	1.249 69		-1.102 33	-0.980 60	0.274 28
		X5	0.155 30	-1.383 91	1.971 42	1.086 67		-1.929 59	0.410 72
		X7	-0.248 56	-2.383 76	1.914 76	1.041 06	-1.120 24		0.299 62
		X8	0.112 13	0.666 75	0.807 85	0.561 21	-0.852 49	-1.071 19	
	Y5	X2	0.877 84	0.173 98		0.107 12	0.461 45	0.252 55	-0.080 62
		X4	0.844 39	0.203 60	0.091 54		0.407 70	0.128 88	-0.097 52
		X5	0.925 99	0.511 85	0.144 40	0.162 17		0.253 60	-0.146 02
		X7	0.916 70	0.313 29	0.140 25	0.155 37	0.414 33		-0.106 52
		X8	0.361 95	-0.237 10	0.059 17	0.083 75	0.315 30	0.140 78	

（续表）

时期	因变量	自变量	相关系数	通径系数	间接通径系数				
					X1	X2	X4	X7	X8
移栽后 80 d	Y1	X1	0. 401 71	2. 608 82		−2. 935 11	1. 984 05	−1. 024 33	−0. 231 72
		X2	−0. 297 03	3. 291 51	−2. 326 35		−2. 329 71	0. 856 41	0. 211 11
		X4	−0. 557 00	−2. 554 33	−2. 026 38	3. 002 07		0. 805 18	0. 216 46
		X7	−0. 302 29	1. 146 34	−2. 331 15	2. 459 02	−1. 794 12		0. 217 62
		X8	0. 568 14	−0. 257 96	2. 343 43	−2. 693 63	2. 143 38	−0. 967 07	
	Y2	X1	−0. 986 17	−1. 371 10		0. 371 17	−0. 185 03	−0. 129 89	0. 328 69
		X2	0. 832 82	−0. 416 24	1. 222 64		0. 217 26	0. 108 60	−0. 299 44
		X4	0. 718 63	0. 238 21	1. 065 00	−0. 379 64		0. 102 10	−0. 307 04
		X7	0. 918 20	0. 145 37	1. 225 17	−0. 310 97	0. 167 32		−0. 308 69
		X8	−0. 847 60	0. 365 91	−1. 231 62	0. 340 63	−0. 199 89	−0. 122 63	
	Y3	X1	0. 495 78	2. 749 21		−2. 911 13	2. 060 82	−0. 893 71	−0. 509 41
		X2	−0. 395 48	3. 264 61	−2. 451 53		−2. 419 85	0. 747 20	0. 464 09
		X4	−0. 632 69	−2. 653 16	−2. 135 43	2. 977 54		0. 702 50	0. 475 86
		X7	−0. 402 63	1. 000 16	−2. 456 60	2. 438 93	−1. 863 54		0. 478 42
		X8	0. 613 37	−0. 567 10	2. 469 54	−2. 671 62	2. 226 31	−0. 843 75	
	Y4	X1	−0. 114 47	−3. 483 26		3. 551 64	−2. 267 89	1. 356 02	0. 729 04
		X2	−0. 011 69	−3. 982 90	3. 106 10		2. 663 00	−1. 133 72	−0. 664 18
		X4	0. 245 77	2. 919 75	2. 705 60	−3. 632 66		−1. 065 90	−0. 681 02
		X7	−0. 014 44	−1. 517 54	3. 112 52	−2. 975 54	2. 050 79		−0. 684 68
		X8	−0. 227 68	0. 811 60	−3. 128 91	3. 259 43	−2. 450 01	1. 280 22	
	Y5	X1	−0. 961 05	−0. 378 75		−0. 420 48	−0. 100 42	−0. 272 45	0. 211 06
		X2	0. 962 71	0. 471 54	0. 337 74		0. 117 92	0. 227 79	−0. 192 28
		X4	0. 870 56	0. 129 29	0. 294 19	0. 430 08		0. 214 16	−0. 197 16
		X7	0. 888 22	0. 304 91	0. 338 44	0. 352 28	0. 090 81		−0. 198 22
		X8	−0. 856 86	0. 234 96	−0. 340 22	−0. 385 89	−0. 108 48	−0. 257 22	

注：*Y*1、*Y*2、*Y*3、*Y*4、*Y*5 分别代表总糖、烟碱、还原糖、总氮、淀粉；*X*1、*X*2、*X*3、*X*4、*X*5、*X*6、*X*7、*X*8 分别代表淀粉酶、谷氨酰胺合成酶、硝酸还原酶、谷氨酸合成酶、谷氨酸脱氢酶、蔗糖合成酶、蔗糖磷酸合成酶、转化酶。

用；从相关系数来看，只有转化酶（*X*8）是负相关，其他的都是正相关。对还原糖（*Y*3）的影响中只有谷氨酰胺合成酶（*X*2）是正向作用，其他的都是负向作用，且影响最大的是蔗糖磷酸合成酶（*X*7）；从相关系数来看，都是负向关，且谷氨酸脱氢酶（*X*5）的相关系数最大。对总氮（*Y*4）的影响中只有谷氨酰胺合成酶（*X*2）是负向作用，其他的都是正向作用，且影响最大的是转化酶（*X*8）；从相关系数来看，只有谷氨酸脱氢酶（*X*5）是负向关，且谷氨酰胺合成酶（*X*2）的相关系数最大。对淀粉（*Y*5）的影响中只有转化酶（*X*8）是负向作用，其他的都是正向作用，且影响最大的是谷氨酰胺合成酶（*X*2）；从相关系数来看，只有转化酶（*X*8）是负向关，且谷氨酰胺合成酶（*X*2）的相关系数最大。

在移栽后 66 d，对总糖（*Y*1）直接影响最大的是蔗糖磷酸合成酶（*X*7）且是正向作用；但从相关系数来看，都是负相关，且蔗糖磷酸合成酶（*X*7）的相关系数最大。对烟碱（*Y*2）影响最大的是谷氨酸合成酶（*X*5）且是正向作用；从相关系数来看都是正相关，相关性最大的是谷氨酸合成酶（*X*5）。对还原糖（*Y*3）影响最大的是蔗糖磷酸合成酶（*X*7）；从相关系数来看，都是负向关，且蔗糖磷酸合成酶（*X*7）的相关系数最大。对总氮（*Y*4）影响最大的是蔗糖磷酸合成酶（*X*7），且是负向作用；从相关系数来看，谷氨酰胺合成酶（*X*2）的相关系数最大。对淀粉的（*Y*5）影响中只有转化酶（*X*8）是负向作用，其他的都是正向作用，且影响最大的是谷氨酸合成酶（*X*5）；从相关系数来看，都是正相关，且谷氨酸合成酶（*X*5）的相关系数最大。

在移栽后 80 d，对总糖（*Y*1）直接影响最大的是谷氨酰胺合成酶（*X*2）且是正向作用；但从相关系数来看，转化酶（*X*8）的相关系数最大。对烟碱（*Y*2）直接影响最大的是转化酶（*X*8）且是正向作用；从相关系数来看，蔗糖磷酸合成酶（*X*7）的相关系数最大。对还原糖（*Y*3）直接影响最大的是谷氨酰胺合成酶（*X*2）且是正向作用；从相关系数来看，相关性最大的是转化酶（*X*8）。对总氮（*Y*4）直接影响最大的是谷氨酸合成酶（*X*4）且是正向作用；从相关系数来看，只有谷氨酸合成酶（*X*4）是正向关，其他的都是负相关。对淀粉（*Y*5）的影响中只有淀粉酶（*X*1）是负向作用，其他的都是正向作用，且影响最大的是谷氨酰胺合成酶（*X*2）；从相关系数来看，谷氨酰胺合成酶（*X*2）的相关系数最大且是正相关。

2. 与中部叶常规化学成分关系分析

（1）逐步回归分析　从表 5-74 可以看出，在移栽后 47 d 和移栽后 66 d，谷氨酰胺合成酶（*X*2）、谷氨酸合成酶（*X*4）、谷氨酸脱氢酶（*X*5）、蔗糖磷酸合成酶（*X*7）和转化酶（*X*8）对烤后烟叶中部叶各个化学成分影响较大，而在移栽后 80 d，淀粉酶（*X*1）、谷氨酰胺合成酶（*X*2）、谷氨酸合成酶（*X*4）、蔗糖磷酸合成酶（*X*7）和转化酶（*X*8）对烤后烟叶中部叶各个化学成分影响较大。

表 5-74 碳氮代谢关键酶活性与烤后烟叶中部叶常规化学成分的逐步回归方程

时期	逐步回归方程
移栽后 47 d	$Y1=25.81-2.51X2+4.67X4+28.75X5-0.65X7-5.33X8$
	$Y2=3.68-0.05X2+5.15X4-2.3X5+0.004X7-2.58X8$
	$Y3=9.85-2.61X2-0.62X4+30.14X5+0.20X7+0.75X8$
	$Y4=-3.12-0.59X2+11.78X4+2.44X5+0.03X7+6.43X8$
	$Y5=-14.63+3.15X2-11.12X4+7.46X5+0.23X7+12.88X8$
移栽后 66 d	$Y1=15.22-2.05X2+87.55X4-12.72X5+0.99X7-2.46X8$
	$Y2=2.70-0.32X2-5.78X4+6.69X5-0.05X7-0.96X8$
	$Y3=2.66-1.43X2+107.11X4-14.29X5+0.59X7+0.83X8$
	$Y4=2.55+0.64X2+25.31X4-4.79X5-0.43X7-0.56X8$
	$Y5=-12.59+4.95X2+60.4X4-36.9X5-0.22X7+4.98X8$
移栽后 80 d	$Y1=-48.61+0.93X1+3.87X2-10.67X4+4.2X7+11.8X8$
	$Y2=8.77-1.17X1-0.70X2-4.09X4-0.26X7+0.70X8$
	$Y3=-55.55+2.80X1+1.01X2+7.77X4+5.09X7+6.85X8$
	$Y4=13.06-2.51X1-4.19X2+36.45X4-0.46X7+3.38X8$
	$Y5=12.48+1.93X1+1.08X2+108.18X4-0.34X7-2.59X8$

注：*Y1*、*Y2*、*Y3*、*Y4*、*Y5* 分别代表总糖、烟碱、还原糖、总氮、淀粉；*X1*、*X2*、*X3*、*X4*、*X5*、*X6*、*X7*、*X8* 分别代表淀粉酶、谷氨酰胺合成酶、硝酸还原酶、谷氨酸合成酶、谷氨酸脱氢酶、蔗糖合成酶、蔗糖磷酸合成酶、转化酶。

(2) 通径分析　通过碳氮代谢中关键酶和烤后中部叶常规化学成分的回归分析，我们已经发现在移栽后 47 d 和移栽后 66 d 对烤后烟叶中部叶各个化学成分影响较大因子有谷氨酰胺合成酶（*X2*）、谷氨酸合成酶（*X4*）、谷氨酸脱氢酶（*X5*）、蔗糖磷酸合成酶（*X7*）和转化酶（*X8*），而在移栽后 80 d，淀粉酶（*X1*）、谷氨酰胺合成酶（*X2*）、谷氨酸合成酶（*X4*）、蔗糖磷酸合成酶（*X7*）和转化酶（*X8*）对烤后烟叶中部叶各个化学成分影响较大。因此我们进一步探究这些因子对烤后烟叶中部叶常规化学成分含量的具体影响。碳氮代谢关键酶和烤后烟叶中部叶常规化学成分的通径分析结果见表 5-75。

在移栽后 47 d，对总糖（*Y1*）直接影响最大的是谷氨酸脱氢酶（*X5*）且是正向作用；从相关系数来看，谷氨酸脱氢酶（*X5*）的相关系数最大。对烟碱（*Y2*）影响最大的是谷氨酸合成酶（*X4*）且是正向作用；从相关系数来看，谷氨酰胺合成酶（*X2*）的相关系数最大且是正相关。对还原糖（*Y3*）影响最大的是谷氨酸脱氢酶（*X5*）且是正向作用；从相关系数来看，谷氨酸脱氢酶（*X5*）的相关系数最大且是正相关。对总氮（*Y4*）影响最大的是谷氨酸合成酶（*X4*）且是正向作用；从相关系数来看，谷氨酸合成酶（*X4*）的相关系数最大且是正相关。对淀粉（*Y5*）的影响中只有谷氨酸合成酶（*X4*）是负向作用，其他的都是正向作用，且影响最大的是谷氨酰胺脱氢酶（*X2*）；从相关系数来看，只有转化酶 X8 是负向关，且谷氨酰胺脱氢酶（*X2*）的相关系数最大。

表 5-75 碳氮代谢关键酶活性与烤后烟叶中部叶常规化学成分的通径分析

时期	因变量	自变量	相关系数	通径系数	间接通径系数				
					*X*2	*X*4	*X*5	*X*7	*X*8
移栽后 47 d	*Y*1	*X*2	−0. 380 20	−0. 838 92		0. 047 63	0. 621 93	−0. 300 45	0. 023 96
		*X*4	0. 150 50	0. 094 36	−0. 423 48		0. 500 79	0. 204 36	0. 059 33
		*X*5	0. 425 60	1. 103 92	−0. 522 51	0. 042 81		−0. 287 41	0. 088 77
		*X*7	−0. 265 20	−0. 488 06	−0. 516 45	0. 015 56	0. 650 09		0. 073 68
		*X*8	−0. 477 10	−0. 141 70	0. 141 87	−0. 039 51	−0. 691 58	0. 253 78	
	*Y*2	*X*2	−0. 045 10	−0. 139 62		0. 455 14	−0. 430 59	0. 014 71	0. 100 72
		*X*4	0. 737 80	0. 901 64	−0. 070 48		−0. 346 72	−0. 010 01	0. 249 38
		*X*5	−0. 055 10	−0. 764 29	−0. 086 96	0. 409 02		0. 014 07	0. 373 11
		*X*7	−0. 053 80	0. 023 90	−0. 085 95	0. 148 69	−0. 450 09		0. 309 68
		*X*8	−0. 483 10	−0. 595 56	0. 023 61	−0. 377 54	0. 478 81	−0. 012 42	
	*Y*3	*X*2	−0. 076 70	−0. 932 12		−0. 006 72	0. 695 13	0. 097 22	−0. 003 58
		*X*4	0. 093 10	−0. 013 31	−0. 470 52		0. 559 72	−0. 066 13	−0. 008 87
		*X*5	0. 727 00	1. 233 84	−0. 580 56	−0. 006 04		0. 093 00	−0. 013 27
		*X*7	0. 297 50	0. 157 92	−0. 573 82	−0. 002 20	0. 726 60		−0. 011 02
		*X*8	−0. 670 70	0. 021 19	0. 157 63	0. 005 57	−0. 772 97	−0. 082 12	
	*Y*4	*X*2	−0. 190 70	−1. 041 14		0. 629 93	0. 276 28	0. 066 70	−0. 151 63
		*X*4	0. 587 20	1. 247 91	−0. 525 55		0. 222 46	−0. 045 37	−0. 375 45
		*X*5	−0. 089 90	0. 490 38	−0. 648 46	0. 566 11		0. 063 81	−0. 561 73
		*X*7	−0. 504 20	0. 108 35	−0. 640 93	0. 205 80	0. 288 78		−0. 466 24
		*X*8	0. 186 60	0. 896 65	0. 176 07	−0. 522 53	−0. 307 21	−0. 056 34	
	*Y*5	*X*2	0. 954 19	0. 863 15		−0. 092 86	0. 132 05	0. 085 36	−0. 047 43
		*X*4	0. 263 50	−0. 183 97	0. 435 71		0. 106 33	−0. 058 06	−0. 117 43
		*X*5	0. 594 48	0. 234 38	0. 537 60	−0. 083 46		0. 081 65	−0. 175 69
		*X*7	0. 631 87	0. 138 66	0. 531 36	−0. 030 34	0. 138 02		−0. 145 83
		*X*8	−0. 007 42	0. 280 45	−0. 145 97	0. 077 03	−0. 146 83	−0. 072 10	

（续表）

时期	因变量	自变量	相关系数	通径系数	间接通径系数				
					$X2$	$X4$	$X5$	$X7$	$X8$
移栽后 66 d	$Y1$	$X2$	−0.435 80	−0.815 90		0.489 32	−0.515 32	0.502 99	−0.137 75
		$X4$	0.355 00	0.930 04	−0.429 26		−0.455 29	0.256 68	−0.166 62
		$X5$	−0.252 40	−0.571 59	−0.677 17	0.740 81		0.505 08	−0.249 50
		$X7$	0.031 30	0.623 96	−0.657 71	0.709 72	−0.462 69		−0.182 01
		$X8$	−0.371 60	−0.405 03	−0.277 49	0.382 59	−0.352 10	0.280 39	
	$Y2$	$X2$	0.100 50	−1.111 56		−0.279 70	2.348 36	−0.202 57	−0.467 62
		$X4$	0.201 00	−0.531 62	−0.584 82		2.074 82	−0.103 37	−0.565 59
		$X5$	0.208 40	2.604 81	−0.922 57	−0.423 45		−0.203 41	−0.846 94
		$X7$	−0.062 30	−0.251 29	−0.896 05	−0.405 68	2.108 53		−0.617 84
		$X8$	−0.480 00	−1.374 90	−0.378 05	−0.218 69	1.604 57	−0.112 92	
	$Y3$	$X2$	−0.165 50	−0.605 32		0.638 21	−0.617 40	0.320 41	0.049 58
		$X4$	0.712 40	1.213 05	−0.318 47		−0.545 48	0.163 51	0.059 97
		$X5$	0.190 50	−0.684 82	−0.502 40	0.966 23		0.321 74	0.089 80
		$X7$	0.346 30	0.397 47	−0.487 96	0.925 67	−0.554 34		0.065 51
		$X8$	0.195 70	0.145 77	−0.205 87	0.499 01	−0.421 85	0.178 61	
	$Y4$	$X2$	−0.159 80	1.338 32		0.741 25	−1.016 18	−1.140 46	−0.163 44
		$X4$	−0.062 10	1.408 89	0.704 12		−0.897 81	−0.581 98	−0.197 68
		$X5$	−0.335 40	−1.127 15	1.110 77	1.122 23		−1.145 20	−0.296 02
		$X7$	−0.389 10	−1.414 75	1.078 85	1.075 12	−0.912 40		−0.215 94
		$X8$	−0.775 90	−0.480 54	0.455 17	0.579 57	−0.694 32	−0.635 74	
	$Y5$	$X2$	0.897 50	1.612 18		0.276 34	−1.223 60	−0.092 96	0.228 41
		$X4$	0.480 60	0.525 24	0.848 20		−1.081 07	−0.047 44	0.276 27
		$X5$	0.719 60	−1.357 22	1.338 06	0.418 37		−0.093 34	0.413 70
		$X7$	0.788 30	−0.115 31	1.299 61	0.400 81	−1.098 64		0.301 79
		$X8$	0.548 10	0.671 58	0.548 32	0.216 07	−0.836 05	−0.051 82	

（续表）

时期	因变量	自变量	相关系数	通径系数	间接通径系数				
					X1	X2	X4	X7	X8
移栽后 80 d	Y1	X1	0.137 85	0.283 13		−0.433 17	0.097 32	−1.507 95	1.698 53
		X2	−0.167 64	0.485 77	−0.252 47		−0.114 27	1.260 75	−1.547 43
		X4	−0.303 50	−0.125 29	−0.219 91	0.443 05		1.185 33	−1.586 68
		X7	0.114 31	1.687 57	−0.252 99	0.362 91	−0.088 00		−1.595 18
		X8	0.429 15	1.890 89	0.254 32	−0.397 53	0.105 13	−1.423 66	
	Y2	X1	−0.427 89	−3.096 83		0.677 17	0.322 85	0.796 66	0.872 25
		X2	0.162 30	−0.759 39	2.761 51		−0.379 10	−0.666 06	−0.794 65
		X4	−0.143 86	−0.415 65	2.405 44	−0.692 62		−0.626 22	−0.814 81
		X7	0.197 21	−0.891 56	2.767 22	−0.567 33	−0.291 95		−0.819 18
		X8	−0.088 40	0.971 03	−2.781 79	0.621 46	0.348 78	0.752 13	
	Y3	X1	−0.184 86	0.910 18		−0.120 93	−0.075 54	−1.950 84	1.052 28
		X2	0.085 06	0.135 61	−0.811 62		0.088 71	1.631 03	−0.958 66
		X4	0.064 45	0.097 26	−0.706 97	0.123 69		1.533 46	−0.982 98
		X7	0.551 28	2.183 21	−0.813 30	0.101 32	0.068 31		−0.988 25
		X8	−0.045 34	1.171 45	0.817 59	−0.110 98	−0.081 61	−1.841 78	
	Y4	X1	0.131 56	−4.010 23		2.458 77	−1.742 96	0.874 00	2.551 98
		X2	−0.190 38	−2.757 33	3.576 01		2.046 62	−0.730 73	−2.324 94
		X4	−0.226 94	2.243 94	3.114 91	−2.514 86		−0.687 01	−2.383 92
		X7	−0.275 24	−0.978 11	3.583 40	−2.059 95	1.576 11		−2.396 70
		X8	0.437 42	2.840 99	−3.602 27	2.256 48	−1.882 92	0.825 15	
	Y5	X1	−0.628 54	0.482 80		−0.099 05	−0.808 02	0.101 26	−0.305 53
		X2	0.823 04	0.111 08	−0.430 52		0.948 80	−0.084 66	0.278 35
		X4	0.972 39	1.040 27	−0.375 01	0.101 31		−0.079 60	0.285 41
		X7	0.555 86	−0.113 32	−0.431 41	0.082 98	0.730 67		0.286 94
		X8	−0.774 66	−0.340 13	0.433 69	−0.090 90	−0.872 91	0.095 60	

注：Y1、Y2、Y3、Y4、Y5 分别代表总糖、烟碱、还原糖、总氮、淀粉；X1、X2、X3、X4、X5、X6、X7、X8 分别代表淀粉酶、谷氨酰胺合成酶、硝酸还原酶、谷氨酸合成酶、谷氨酸脱氢酶、蔗糖合成酶、蔗糖磷酸合成酶、转化酶。

在移栽后66 d，对总糖（Y1）直接影响最大的是谷氨酰胺合成酶（X2）且是负向作用；从相关系数来看，谷氨酸合成酶（X4）的相关系数最大且是正相关。对烟碱（Y2）直接影响最大的是谷氨酸脱氢酶（X5）且是正向作用，其他的都是负向作用；从相关系数来看，谷氨酸脱氢酶（X5）的相关系数最大且是正相关。对还原糖（Y3）直接影响最大的是谷氨酸合成酶（X4）且是正向作用，只有谷氨酸脱氢酶（X5）是负向作用；从相关系数来看，只有谷氨酰胺合成酶（X2）是负相关，其他的是正相关，且蔗糖磷酸合成酶（X7）的相关系数最大。对总氮（Y4）直接影响最大的是谷氨酸合成酶（X4）且是正向作用；从相关系数来看，都是负相关，且谷氨酸合成酶（X4）的相关系数最大。对淀粉（Y5）直接影响最大的是谷氨酰胺合成酶（X2）且是正相关；从相关系数来看，都是正相关，且谷氨酰胺合成酶（X2）的相关系数最大。

在移栽后80 d，对总糖（Y1）直接影响最大的是转化酶（X8）且是正向作用，只有谷氨酸合成酶（X4）是负向作用；从相关系数来看，转化酶（X8）的相关系数最大。对烟碱（Y2）直接影响最大的是转化酶（X8）且是正向作用，其他的都是负向作用；从相关系数来看，蔗糖磷酸合成酶（X7）的相关系数最大且是正相关。对还原糖（Y3）直接影响最大的是蔗糖磷酸合成酶（X7），且都是正向作用；从相关系数来看，蔗糖磷酸合成酶（X7）的相关系数最大且是正相关。对总氮（Y4）直接影响最大的是淀粉酶（X1）且是负向作用；从相关系数来看，转化酶（X8）的相关系数最大且是正相关。对淀粉（Y5）直接影响最大的是谷氨酸合成酶（X4）且是正向作用；从相关系数来看，谷氨酸合成酶（X4）的相关系数最大。

3. 与下部叶常规化学成分关系分析

（1）逐步回归分析　在移栽后47 d和移栽后66 d，谷氨酰胺合成酶（X2）、谷氨酸合成酶（X4）、谷氨酸脱氢酶（X5）、蔗糖磷酸合成酶（X7）和转化酶（X8）对烤后烟叶下部叶各个化学成分影响较大，而在移栽后80 d，淀粉酶（X1）、谷氨酰胺合成酶（X2）、谷氨酸合成酶（X4）、蔗糖磷酸合成酶（X7）和转化酶（X8）对烤后烟叶下部叶各个化学成分影响较大，具体情况见表5-76。

表5-76　碳氮代谢关键酶活性与烤后烟叶下部叶常规化学成分的逐步回归方程

时期	逐步回归方程
移栽后47 d	Y1=99.89-1.07X2+14.49X4-59.52X5-3.26X7-41.21X8
	Y2=2.91-0.23X2+2.05X4+0.40X5+0.30X7-1.55X8
	Y3=105.53-0.57X2+1.86X4-62.30X5-3.42X7-50.43X8
	Y4=-2.02+0.11X2-0.93X4+3.26X5+0.24X7+1.89X8
	Y5=5.49+3.4X2-18.88X4-3.48X5-0.11X7-6.02X8

（续表）

时期	逐步回归方程
移栽后 66 d	$Y1=95.25-8.6X2-337.29X4+81.51X5+1.15X7-17.27X8$
	$Y2=1.16-0.36X2+1.53X4+3.38X5+0.02X7-0.41X8$
	$Y3=93.35-9.75X2-370.86X4+89.02X5+1.74X7-17.34X8$
	$Y4=-2.23+0.48X2+19.77X4-3.65X5-0.07X7+1.10X8$
	$Y5=-4.02+2.10X2-14.87X4-9.37X5+0.54X7+2.36X8$
移栽后 80 d	$Y1=142.5-8.29X1+9.91X2-286.41X4-8.65X7+4.47X8$
	$Y2=0.48-0.29X1-0.23X2-4.95X4+0.22X7+0.50X8$
	$Y3=125.90-5.63X1+15.29X2-337.86X4-8.10X7+1.49X8$
	$Y4=-4.54+0.55X1-0.59X2+16.13X4+0.58X7-0.59X8$
	$Y5=-11.16+3.25X1+7.35X2+10.33X4-0.36X7-5.48X8$

注：*Y*1、*Y*2、*Y*3、*Y*4、*Y*5 分别代表总糖、烟碱、还原糖、总氮和淀粉；*X*1、*X*2、*X*3、*X*4、*X*5、*X*6、*X*7、*X*8 分别代表淀粉酶、谷氨酰胺合成酶、硝酸还原酶、谷氨酸合成酶、谷氨酸脱氢酶、蔗糖合成酶、蔗糖磷酸合成酶和转化酶。

（2）通径分析　通过碳氮代谢中关键酶和烤后中部叶常规化学成分的回归分析，我们已经发现在移栽后 47 d 和移栽后 66 d 对烤后烟叶下部叶各个化学成分影响较大的因子有谷氨酰胺合成酶（*X*2）、谷氨酸合成酶（*X*4）、谷氨酸脱氢酶（*X*5）、蔗糖磷酸合成酶（*X*7）和转化酶（*X*8），而在移栽后 80 d，淀粉酶（*X*1）、谷氨酰胺合成酶（*X*2）、谷氨酸合成酶（*X*4）、蔗糖磷酸合成酶（*X*7）和转化酶（*X*8）对烤后烟叶下部叶各个化学成分的影响较大。因此我们进一步探究这些因子对烤后烟叶下部叶常规化学成分含量的具体影响。碳氮代谢关键酶和烤后烟叶下部叶常规化学成分的通径分析结果见表 5-77。

在移栽后 47 d，对总糖（*Y*1）直接影响最大的是谷氨酸脱氢酶（*X*5）且是负向作用；从相关系数来看，转化酶（*X*8）的相关系数最大且是正相关，其他的都是负相关。对烟碱（*Y*2）直接影响最大的是谷氨酰胺合成酶（*X*2）且是负向作用；从相关系数来看，谷氨酸合成酶（*X*4）的相关系数最大且是正相关。对还原糖（*Y*3）直接影响最大的是蔗糖磷酸合成酶（*X*7）且是负向作用；从相关系数来看，转化酶（*X*8）的相关系数最大且是正相关，其他的都是负相关。对总氮（*Y*4）直接影响最大的是蔗糖磷酸合成酶（*X*7）且是正向作用；从相关系数来看，蔗糖磷酸合成酶（*X*7）的相关系数最大且是正相关，只有转化酶（*X*8）是负相关。对淀粉（*Y*5）直接影响最大的是谷氨酰胺合成酶（*X*2）且是正向作用，其他的都是负向作用；从相关系数来看，只有转化酶（*X*8）是负向关，且谷氨酰胺合成酶（*X*2）的相关系数最大。

在移栽后 66 d，对总糖（*Y*1）直接影响最大的是谷氨酸脱氢酶（*X*5）且是正向作用；从相关系数来看，谷氨酸合成酶（*X*4）的相关系数最大且是正相关。对烟碱（*Y*2）直接影响最大的是谷氨酸脱氢酶（*X*5）且是正向作用；从相关系数来看，谷氨酸

表 5-77 碳氮代谢关键酶活性与烤后烟叶下部叶常规化学成分的通径分析

时期	因变量	自变量	相关系数	通径系数	间接通径系数				
					X2	X4	X5	X7	X8
移栽后 47 d	Y1	X2	-0.774 40	-0.094 02		0.038 90	-0.338 85	-0.393 43	0.048 79
		X4	-0.227 80	0.077 06	-0.047 46		-0.272 84	0.267 61	0.120 81
		X5	-0.820 70	-0.601 45	-0.058 56	0.034 96		-0.376 36	0.180 76
		X7	-0.888 40	-0.639 10	-0.057 88	0.012 71	-0.354 19		0.150 03
		X8	0.404 20	-0.288 53	0.015 90	-0.032 26	0.376 79	0.332 32	
	Y2	X2	-0.297 00	-0.937 57		0.255 99	0.105 47	0.182 86	0.085 09
		X4	0.378 40	0.507 12	-0.473 27		0.084 92	-0.124 38	0.210 68
		X5	0.323 40	0.187 20	-0.583 95	0.230 05		0.174 93	0.315 22
		X7	0.175 40	0.297 04	-0.577 17	0.083 63	0.110 24		0.261 63
		X8	-0.828 70	-0.503 16	0.158 55	-0.212 34	-0.117 28	-0.154 45	
	Y3	X2	-0.784 30	-0.049 59		0.004 94	-0.351 64	-0.410 12	0.059 20
		X4	-0.261 70	0.009 78	-0.025 03		-0.283 14	0.278 96	0.146 57
		X5	-0.823 60	-0.624 15	-0.030 89	0.004 44		-0.392 32	0.219 29
		X7	-0.880 70	-0.666 20	-0.030 53	0.001 61	-0.367 56		0.182 01
		X8	0.391 70	-0.350 04	0.008 39	-0.004 10	0.391 02	0.346 41	
	Y4	X2	0.776 60	0.140 92		-0.035 07	0.260 43	0.414 30	-0.031 42
		X4	0.244 60	-0.069 47	0.071 13		0.209 70	-0.281 80	-0.077 79
		X5	0.798 40	0.462 25	0.087 77	-0.031 52		0.396 32	-0.116 39
		X7	0.923 90	0.672 30	0.086 75	-0.011 46	0.272 22		-0.096 60
		X8	-0.448 50	0.185 78	-0.023 83	0.029 09	-0.289 59	-0.349 94	
	Y5	X2	0.944 90	1.283 38		-0.217 53	-0.085 12	-0.057 48	0.030 60
		X4	0.208 70	-0.430 94	0.647 83		-0.068 54	0.039 10	0.075 77
		X5	0.511 10	-0.151 09	0.799 34	-0.195 49		-0.054 99	0.113 36
		X7	0.630 70	-0.093 37	0.790 06	-0.071 07	-0.088 98		0.094 09
		X8	-0.074 30	-0.180 94	-0.217 03	0.180 45	0.094 66	0.048 55	

（续表）

时期	因变量	自变量	相关系数	通径系数	间接通径系数				
					X2	X4	X5	X7	X8
移栽后 66 d	Y1	X2	−0. 698 50	−0. 901 11		−0. 496 07	0. 868 99	0. 153 00	−0. 254 35
		X4	−0. 812 00	−0. 942 88	−0. 474 09		0. 767 77	0. 078 08	−0. 307 64
		X5	−0. 842 10	0. 963 89	−0. 747 89	−0. 751 03		0. 153 64	−0. 460 67
		X7	−0. 811 90	0. 189 80	−0. 726 40	−0. 719 51	0. 780 25		−0. 336 06
		X8	−0. 763 10	−0. 747 84	−0. 306 47	−0. 387 87	0. 593 76	0. 085 29	
	Y2	X2	−0. 250 60	−1. 748 60		0. 104 34	1. 671 55	0. 133 20	−0. 278 37
		X4	0. 544 60	0. 198 31	−0. 919 98		1. 476 84	0. 067 98	−0. 336 69
		X5	0. 190 30	1. 854 09	−1. 451 29	0. 157 96		0. 133 76	−0. 504 18
		X7	0. 040 00	0. 165 24	−1. 409 58	0. 151 33	1. 500 84		−0. 367 80
		X8	−0. 115 20	−0. 818 47	−0. 594 70	0. 081 58	1. 142 12	0. 074 25	
	Y3	X2	−0. 709 40	−1. 012 20		−0. 540 77	0. 940 95	0. 230 48	−0. 253 20
		X4	−0. 817 10	−1. 027 84	−0. 532 54		0. 831 35	0. 117 62	−0. 306 25
		X5	−0. 842 30	1. 043 71	−0. 840 10	−0. 818 71		0. 231 44	−0. 458 60
		X7	−0. 804 10	0. 285 92	−0. 815 95	−0. 784 34	0. 844 85		−0. 334 54
		X8	−0. 740 10	−0. 744 48	−0. 344 26	−0. 422 82	0. 642 92	0. 128 48	
	Y4	X2	0. 714 60	0. 710 71		0. 407 60	−0. 545 89	−0. 127 74	0. 226 61
		X4	0. 819 50	0. 774 73	0. 373 92		−0. 482 30	−0. 065 19	0. 274 09
		X5	0. 883 60	−0. 605 50	0. 589 87	0. 617 10		−0. 128 27	0. 410 44
		X7	0. 814 90	−0. 158 47	0. 572 92	0. 591 19	−0. 490 14		0. 299 41
		X8	0. 782 50	0. 666 30	0. 241 72	0. 318 70	−0. 372 99	−0. 071 21	
	Y5	X2	0. 915 20	0. 944 30		−0. 093 90	−0. 428 91	0. 310 21	0. 149 44
		X4	0. 413 80	−0. 178 47	0. 496 82		−0. 378 95	0. 158 30	0. 180 74
		X5	0. 748 00	−0. 475 75	0. 783 74	−0. 142 16		0. 311 50	0. 270 66
		X7	0. 822 20	0. 384 81	0. 761 22	−0. 136 19	−0. 385 11		0. 197 44
		X8	0. 567 00	0. 439 38	0. 321 17	−0. 073 42	−0. 293 06	0. 172 92	

（续表）

时期	因变量	自变量	相关系数	通径系数	间接通径系数				
					X1	X2	X4	X7	X8
移栽后 80 d	Y1	X1	0.718 30	−0.665 45		−0.291 53	0.687 71	0.817 99	0.169 54
		X2	−0.725 60	0.326 93	0.593 40		−0.807 52	−0.683 90	−0.154 46
		X4	−0.871 70	−0.885 38	0.516 88	0.298 18		−0.642 98	−0.158 37
		X7	−0.857 70	−0.915 43	0.594 62	0.244 24	−0.621 88		−0.159 22
		X8	0.838 60	0.188 74	−0.597 75	−0.267 54	0.742 93	0.772 27	
	Y2	X1	−0.302 70	−1.071 88		0.309 75	0.552 27	−0.977 25	0.884 37
		X2	−0.028 70	−0.347 36	0.955 82		−0.648 48	0.817 05	−0.805 69
		X4	−0.253 20	−0.710 00	0.832 57	−0.316 82		0.768 17	−0.826 13
		X7	0.462 00	1.093 65	0.957 79	−0.259 51	−0.499 40		−0.830 56
		X8	−0.020 10	0.984 52	−0.962 84	0.284 27	0.596 62	−0.922 62	
	Y3	X1	0.725 40	−0.447 76		−0.446 10	0.804 29	0.758 90	0.056 08
		X2	−0.730 40	0.500 27	0.399 28		−0.944 42	−0.634 49	−0.051 09
		X4	−0.880 30	−1.035 47	0.347 79	0.456 28		−0.596 53	−0.052 38
		X7	−0.855 40	−0.849 29	0.400 10	0.373 74	−0.727 30		−0.052 66
		X8	0.836 20	0.062 43	−0.402 21	−0.409 40	0.868 88	0.716 47	
	Y4	X1	−0.762 00	0.616 21		0.241 58	−0.542 99	−0.762 47	−0.314 29
		X2	0.741 00	−0.270 91	−0.549 48		0.637 59	0.637 48	0.286 33
		X4	0.866 30	0.699 06	−0.478 63	−0.247 09		0.599 34	0.293 59
		X7	0.886 50	0.853 29	−0.550 62	−0.202 39	0.491 01		0.295 17
		X8	−0.881 10	−0.349 88	0.553 52	0.221 70	−0.586 59	−0.719 85	
	Y5	X1	−0.659 20	1.121 64		−0.928 97	−0.106 46	0.145 76	−0.891 18
		X2	0.856 60	1.041 77	−1.000 19		0.125 01	−0.121 86	0.811 89
		X4	0.933 90	0.137 06	−0.871 22	0.950 16		−0.114 57	0.832 49
		X7	0.546 10	−0.163 12	−1.002 25	0.778 28	0.096 27		0.836 95
		X8	−0.814 50	−0.992 10	1.007 53	−0.852 54	−0.115 01	0.137 61	

注：Y1、Y2、Y3、Y4、Y5 分别代表总糖、烟碱、还原糖、总氮、淀粉；X1、X2、X3、X4、X5、X6、X7、X8 分别代表淀粉酶、谷氨酰胺合成酶、硝酸还原酶、谷氨酸合成酶、谷氨酸脱氢酶、蔗糖合成酶、蔗糖磷酸合成酶、转化酶。

合成酶（X4）的相关系数最大且是正相关。对还原糖（Y3）直接影响最大的是谷氨酸脱氢酶（X5）且是正向作用；从相关系数来看，都是负相关，相关系数较大的是谷氨酰胺合成酶（X2）。对总氮（Y4）直接影响最大的是谷氨酸合成酶（X4）且是正向作用；从相关系数来看，都是正相关，且谷氨酸脱氢酶（X5）的相关系数最大。对淀粉（Y5）影响最大的是谷氨酰胺合成酶（X2）且是正相关；从相关系数来看，都是正相关，且谷氨酰胺合成酶（X2）的相关系数最大。

在移栽后80 d，对总糖（Y1）直接影响最大的是蔗糖磷酸合成酶（X7）且是负向作用；从相关系数来看，转化酶（X8）的相关系数最大。对烟碱（Y2）直接影响最大的是蔗糖磷酸合成酶（X7）且是正向作用；从相关系数来看，蔗糖磷酸合成酶（X7）的相关系数最大且是正相关，其他的都是负相关。对还原糖（Y3）直接影响最大的是谷氨酸合成酶（X4），且都是负向作用；从相关系数来看，转化酶（X8）的相关系数最大且是正相关。对总氮（Y4）直接影响最大的是蔗糖磷酸合成酶（X7）且是正向作用；从相关系数来看，蔗糖磷酸合成酶（X7）的相关系数最大且是正相关。对淀粉（Y5）直接影响最大的是淀粉酶（X1）且是正向作用；从相关系数来看，谷氨酸合成酶（X4）的相关系数最大。

（二）碳氮代谢关键酶的基因相对表达量与烤后烟叶常规化学成分的关系分析

将各个时期碳氮代谢关键酶的基因，蔗糖合成酶基因（X9）、蔗糖磷酸合成酶基因（X10）、转化酶基因（X11）、硝酸还原酶基因（X12）、谷氨酰胺合成酶基因（X13）、谷氨酸合成酶基因（X14）与烤后烟叶常规化学成分总糖（Y1）、烟碱（Y2）、还原糖（Y3）、总氮（Y4）和淀粉（Y5）进行关系分析，结果如下。

1. 与上部叶常规化学成分的关系分析

（1）逐步回归分析　从表5-78的回归方程可以看出，在移栽后47 d，蔗糖合成酶基因（X9）、蔗糖磷酸合成酶基因（X10）、硝酸还原酶基因（X12）、谷氨酰胺合成酶基因（X13）、谷氨酸合成酶基因（X14）对烤后烟叶上部叶各个化学成分影响较大；在移栽后66 d，蔗糖合成酶基因（X9）、蔗糖磷酸合成酶基因（X10）、转化酶基因（X11）、谷氨酰胺合成酶基因（X13）、谷氨酸合成酶基因（X14）对烤后烟叶上部叶各个化学成分影响较大；而在移栽后80 d，蔗糖磷酸合成酶基因（X10）、转化酶基因（X11）、硝酸还原酶基因（X12）、谷氨酰胺合成酶基因（X13）、谷氨酸合成酶基因（X14）对烤后烟叶上部叶各个化学成分影响较大。

表5-78　碳氮代谢关键酶的基因相对表达量与烤后烟叶上部叶常规化学成分的逐步回归方程

时期	逐步回归方程
移栽后47 d	$Y1=1\,892-6\,918.71X9-17\,055.18X10-552.38X12-8\,529.86X13-628.43X14$
	$Y2=-40.82+175.04X9+377.79X10+15.96X12+184.87X13+12.23X14$
	$Y3=1\,531.93-5\,721.77X9-13\,805.09X10-450.82X12-6\,825.44X13-490.35X14$
	$Y4=-119.00+483.46X9-1\,123.85X10-35.21X12-548.16X13+40.66X14$
	$Y5=-94.62+331.18X9+948.72X10+41.91X12+452.90X13+18.98X14$

（续表）

时期	逐步回归方程
移栽后 66 d	$Y1=34.93+1038.06X9+729.15X10-907.79X11+109.12X13-210.11X14$
	$Y2=2.74+79.52X9-121.55X10+28.60X11-18.99X13+39.66X14$
	$Y3=30.77+308.96X9+521.12X10-649.00X11+102.72X13-212.99X14$
	$Y4=1.91-26.27X9-62.88X10+52.73X11-1.22X13+12.06X14$
	$Y5=7.50+125.08X9-113.01X10+41.45X11-45.52X13+82.45X14$
移栽后 80 d	$Y1=-67.44+1321.22X10+3946.24X11+21.72X12-23.59X13-27.17X14$
	$Y2=3.01-207.89X10-165.92X11+2.06X12+5.47X13+32.56X14$
	$Y3=-41.33+1199.47X10+3021.6X11+13.20X12-30.43X13-99.06X14$
	$Y4=10.20-73.00X10-263.47X11-1.94X12-3.25X13-X14$
	$Y5=3.26-533.75X10-287.94X11+6.18X12+29.33X13+98.29X14$

注：*Y*1、*Y*2、*Y*3、*Y*4、*Y*5 分别代表总糖、烟碱、还原糖、总氮和淀粉；*X*9、*X*10、*X*11、*X*12、*X*13、*X*14 分别代表蔗糖合成酶基因、蔗糖磷酸合成酶基因、转化酶基因、硝酸还原酶基因、谷氨酰胺合成酶基因、谷氨酸合成酶基因。

（2）通径分析　通过碳氮代谢中关键酶和烤后烟叶上部叶常规化学成分的回归分析，我们已经发现在移栽后 47 d，蔗糖合成酶基因（*X*9）、蔗糖磷酸合成酶基因（*X*10）、硝酸还原酶基因（*X*12）、谷氨酰胺合成酶基因（*X*13）、谷氨酸合成酶基因（*X*14）对烤后烟叶上部叶各个化学成分影响较大，在移栽后 66 d，蔗糖合成酶基因（*X*9）、蔗糖磷酸合成酶基因（*X*10）、转化酶基因（*X*11）、谷氨酰胺合成酶基因（*X*13）、谷氨酸合成酶基因（*X*14）对烤后烟叶上部叶各个化学成分影响较大，而在移栽后 80 d，蔗糖磷酸合成酶基因（*X*10）、转化酶基因（*X*11）、硝酸还原酶基因（*X*12）、谷氨酰胺合成酶基因（*X*13）、谷氨酸合成酶基因（*X*14）对烤后烟叶上部叶各个化学成分影响较大。因此我们进一步探究这些因子对烤后烟叶上部叶常规化学成分含量的具体影响。

从碳氮代谢关键酶和烤后烟叶上部叶常规化学成分的通径分析结果（表 5-79）可以发现，在移栽后 47 d，对总糖（*Y*1）的直接影响都是负向作用，直接影响最大的是蔗糖磷酸合成酶基因（*X*10）；从相关系数来看，谷氨酰胺合成酶基因（*X*13）的相关系数最大且是正相关。对烟碱（*Y*2）的影响都是正向作用，直接影响最大的是蔗糖磷酸合成酶基因（*X*10）；从相关系数来看，硝酸还原酶基因（*X*12）的相关系数最大且是正相关，只有蔗糖磷酸合成酶基因（*X*10）是负相关。对还原糖（*Y*3）的影响都是负向作用，直接影响最大的是谷氨酰胺合成酶基因（*X*13）；从相关系数来看，谷氨酰胺合成酶基因（*X*13）的相关系数最大且是正相关。对总氮（*Y*4）的影响都是正向作用，直接影响最大的是蔗糖磷酸合成酶基因（*X*10）且是正向作用；从相关系数来看，谷氨酸合成酶基因（*X*14）的相关系数最大且是正相关。对淀粉（*Y*5）的影响都是正向作用，直接影响最大的是蔗糖磷酸合成酶基因（*X*10）；从相关系数来看，硝酸还原酶基因（*X*12）的相关系数最大。

表 5-79　碳氮代谢关键酶的基因相对表达量与烤后烟叶上部叶常规化学成分的通径分析

时期	因变量	自变量	相关系数	通径系数	间接通径系数				
					*X*9	*X*10	*X*12	*X*13	*X*14
移栽后 47 d	*Y*1	*X*9	0. 166 26	−3. 100 58		3. 058 27	1. 336 46	−2. 294 65	1. 231 25
		*X*10	−0. 073 37	−16. 933 30	0. 559 99		7. 356 04	9. 798 25	−0. 854 32
		*X*12	−0. 151 60	−8. 815 67	−0. 823 15	14. 129 63		−12. 385 60	−0. 031 52
		*X*13	0. 185 27	−12. 385 60	0. 642 57	13. 395 98	−3. 281 88		1. 814 18
		*X*14	−0. 412 68	−2. 983 50	−0. 018 51	−4. 848 84	−0. 093 15	7. 531 32	
	*Y*2	*X*9	0. 331 55	1. 161 60		−1. 003 15	3. 593 96	1. 082 57	0. 043 92
		*X*10	−0. 739 16	5. 554 36	−0. 209 79		−3. 147 90	−3. 181 98	0. 246 15
		*X*12	0. 952 67	3. 772 53	0. 308 38	−4. 634 71		4. 022 22	0. 009 08
		*X*13	0. 269 15	4. 022 22	−0. 240 73	−4. 394 06	1. 404 43		−0. 522 70
		*X*14	0. 051 10	0. 859 61	0. 006 94	1. 590 49	0. 039 86	−2. 445 79	
	*Y*3	*X*9	0. 083 82	−3. 277 82		3. 164 43	2. 309 05	−1. 366 90	0. 936 57
		*X*10	0. 034 47	−17. 521 10	0. 592 00		7. 674 37	10. 141 35	−0. 852 13
		*X*12	−0. 251 06	−9. 197 17	−0. 870 20	14. 620 09		−12. 819 30	−0. 031 44
		*X*13	0. 106 63	−12. 819 30	0. 679 30	13. 860 98	−3. 423 91		1. 809 53
		*X*14	−0. 314 72	−2. 975 86	−0. 019 57	−5. 017 15	−0. 097 18	7. 795 04	
	*Y*4	*X*9	−0. 021 72	3. 251 26		−3. 024 15	−1. 238 28	−5. 521 54	1. 306 58
		*X*10	0. 389 61	16. 744 42	−0. 587 20		−7. 035 95	−9. 561 18	0. 829 52
		*X*12	−0. 146 85	8. 432 07	0. 863 15	−13. 972 00		12. 085 90	0. 030 61
		*X*13	−0. 456 86	12. 085 90	−0. 673 79	−13. 246 50	3. 139 08		−1. 761 50
		*X*14	0. 451 03	2. 896 87	0. 019 41	4. 794 75	0. 089 10	−7. 349 09	
	*Y*5	*X*9	0. 100 06	0. 802 24		−0. 919 54	3. 341 66	1. 627 91	−0. 097 02
		*X*10	−0. 776 37	5. 091 39	−0. 144 89		−3. 016 88	−2. 845 43	0. 139 45
		*X*12	0. 924 26	3. 615 51	0. 212 98	−4. 248 39		3. 596 80	0. 005 15
		*X*13	0. 452 60	3. 596 80	−0. 166 26	−4. 027 80	1. 345 98		−0. 296 12
		*X*14	−0. 199 23	0. 486 98	0. 004 79	1. 457 91	0. 038 20	−2. 187 11	

（续表）

时期	因变量	自变量	相关系数	通径系数	间接通径系数				
					X9	X10	X11	X13	X14
移栽后 66 d	Y1	X9	−0. 135 89	0. 318 95		−0. 114 23	1. 146 48	−0. 164 22	0. 257 73
		X10	−0. 556 38	0. 353 45	−0. 103 09		−0. 441 99	0. 216 04	−0. 580 80
		X11	−0. 837 51	−1. 368 92	0. 180 39	0. 114 12		0. 229 97	0. 006 92
		X13	−0. 315 75	0. 520 10	0. 001 08	0. 146 82	−0. 605 30		−0. 378 45
		X14	−0. 353 50	−0. 729 10	−0. 188 92	0. 281 56	0. 013 00	0. 269 97	
	Y2	X9	−0. 206 61	0. 361 81		0. 281 98	−0. 032 17	0. 484 33	0. 869 94
		X10	0. 283 50	−0. 872 47	−0. 116 94		0. 206 24	−0. 556 80	1. 623 47
		X11	−0. 050 37	0. 638 76	0. 204 63	−0. 281 70		−0. 592 71	−0. 019 35
		X13	−0. 361 32	−1. 340 44	0. 001 23	−0. 362 41	0. 282 44		1. 057 87
		X14	0. 426 86	2. 038 01	−0. 214 30	−0. 695 00	−0. 006 06	−0. 695 78	
	Y3	X9	−0. 128 83	0. 121 35		−0. 104 36	0. 991 39	−0. 177 24	0. 399 40
		X10	−0. 612 91	0. 322 91	−0. 039 22		−0. 403 93	0. 259 98	−0. 752 64
		X11	−0. 792 45	−1. 251 05	0. 068 63	0. 104 26		0. 276 74	0. 008 97
		X13	−0. 283 20	0. 625 87	0. 000 41	0. 134 13	−0. 553 18		−0. 490 43
		X14	−0. 422 73	−0. 944 82	−0. 071 88	0. 257 23	0. 011 88	0. 324 87	
	Y4	X9	0. 329 33	−0. 121 14		0. 147 83	1. 112 49	−0. 050 42	0. 174 89
		X10	0. 430 83	−0. 457 40	0. 039 15		0. 385 27	−0. 036 39	0. 500 21
		X11	0. 932 34	1. 193 23	−0. 068 51	−0. 147 69		−0. 038 74	−0. 005 96
		X13	0. 575 53	−0. 087 61	−0. 000 41	−0. 190 00	0. 527 61		0. 325 94
		X14	0. 278 51	0. 627 93	0. 071 75	−0. 364 36	−0. 011 33	−0. 045 48	
	Y5	X9	−0. 425 44	0. 207 73		0. 095 70	−0. 058 59	0. 401 92	0. 890 35
		X10	0. 490 71	−0. 296 10	−0. 067 14		0. 109 10	−0. 487 08	1. 231 94
		X11	−0. 173 41	0. 337 89	0. 117 49	−0. 095 60		−0. 518 49	−0. 014 68
		X13	−0. 342 75	−1. 172 61	0. 000 70	−0. 123 00	0. 149 40		0. 802 74
		X14	0. 575 72	1. 546 50	−0. 123 04	−0. 235 87	−0. 003 21	−0. 608 67	

（续表）

时期	因变量	自变量	相关系数	通径系数	间接通径系数				
					*X*10	*X*11	*X*12	*X*13	*X*14
移栽后 80 d	*Y*1	*X*10	−0. 204 66	0. 949 29		−2. 013 91	0. 893 11	−0. 016 13	−0. 017 01
		*X*11	0. 485 45	2. 187 61	−0. 873 92		−0. 863 89	0. 028 29	0. 007 36
		*X*12	0. 077 12	1. 063 82	0. 796 96	−1. 776 47		−0. 014 16	0. 006 97
		*X*13	−0. 386 86	−0. 106 46	0. 143 85	−0. 581 24	0. 141 45		0. 015 53
		*X*14	−0. 156 58	−0. 058 03	0. 278 20	−0. 277 48	−0. 127 76	0. 028 49	
	*Y*2	*X*10	0. 654 96	−2. 211 83		1. 253 91	1. 255 70	0. 055 41	0. 301 76
		*X*11	−0. 768 22	−1. 362 05	2. 036 21		−1. 214 62	−0. 097 16	−0. 130 61
		*X*12	0. 669 85	1. 495 72	−1. 856 90	1. 106 07		0. 048 62	−0. 123 66
		*X*13	0. 315 68	0. 365 68	−0. 335 17	0. 361 89	0. 198 88		−0. 275 60
		*X*14	0. 276 73	1. 029 68	−0. 648 21	0. 172 77	−0. 179 64	−0. 097 87	
	*Y*3	*X*10	−0. 281 46	1. 101 67		−1. 971 20	0. 693 93	−0. 026 60	−0. 079 25
		*X*11	0. 536 73	2. 141 21	−1. 014 20		−0. 671 23	0. 046 65	0. 034 30
		*X*12	0. 021 79	0. 826 57	0. 924 88	−1. 738 80		−0. 023 34	0. 032 48
		*X*13	−0. 395 24	−0. 175 57	0. 166 94	−0. 568 91	0. 109 91		0. 072 38
		*X*14	−0. 271 45	−0. 270 43	0. 322 86	−0. 271 60	−0. 099 27	0. 046 99	
	*Y*4	*X*10	−0. 008 97	−0. 787 13		2. 017 76	−1. 196 85	−0. 033 34	−0. 009 41
		*X*11	−0. 246 93	−2. 191 79	0. 724 63		1. 157 70	0. 058 46	0. 004 07
		*X*12	−0. 331 97	−1. 425 62	−0. 660 82	1. 779 87		−0. 029 25	0. 003 86
		*X*13	0. 062 09	−0. 220 02	−0. 119 28	0. 582 35	−0. 189 56		0. 008 60
		*X*14	0. 245 32	−0. 032 12	−0. 230 68	0. 278 01	0. 171 22	0. 058 89	
	*Y*5	*X*10	0. 534 69	−2. 072 88		0. 794 29	1. 372 39	0. 108 39	0. 332 50
		*X*11	−0. 615 93	−0. 862 79	1. 908 30		−1. 327 49	−0. 190 04	−0. 143 91
		*X*12	0. 553 95	1. 634 71	−1. 740 25	0. 700 64		0. 095 10	−0. 136 26
		*X*13	0. 544 06	0. 715 25	−0. 314 12	0. 229 24	0. 217 36		−0. 303 68
		*X*14	0. 248 76	1. 134 58	−0. 607 49	0. 109 44	−0. 196 33	−0. 191 44	

注：*Y*1、*Y*2、*Y*3、*Y*4、*Y*5 分别代表总糖、烟碱、还原糖、总氮、淀粉；*X*9、*X*10、*X*11、*X*12、*X*13、*X*14 分别代表蔗糖合成酶基因、蔗糖磷酸合成酶基因、转化酶基因、硝酸还原酶基因、谷氨酰胺合成酶基因、谷氨酸合成酶基因。

在移栽后 66 d，对总糖（Y1）直接影响最大的是谷氨酰胺合成酶基因（X13）且是正向作用；从相关系数来看，都是负相关，蔗糖合成酶基因（X9）的相关系数最大。对烟碱（Y2）直接影响最大的是谷氨酸合成酶基因（X14）且是正向作用；从相关系数来看，谷氨酸合成酶基因（X14）的相关系数最大且是正相关。对还原糖（Y3）直接影响最大的是转化酶基因（X11）且是负向作用；从相关系数来看，都是负相关，相关系数较大的是蔗糖合成酶基因（X9）。对总氮（Y4）直接影响最大的是转化酶基因（X11）且是正向作用；从相关系数来看，都是正相关，转化酶基因（X11）的相关系数最大。对淀粉（Y5）直接影响最大的是谷氨酸合成酶基因（X14）且是正向作用；从相关系数来看，谷氨酸合成酶基因（X14）的相关系数最大且是正相关。

在移栽后 80 d，对总糖（Y1）直接影响最大的是转化酶基因（X11）且是正向作用；从相关系数来看，转化酶基因（X11）的相关系数最大。对烟碱（Y2）直接影响最大的是蔗糖磷酸合成酶基因（X10）且是负向作用；从相关系数来看，硝酸还原酶基因（X12）的相关系数最大且是正相关。对还原糖（Y3）直接影响最大的是转化酶基因（X11）且是正向作用；从相关系数来看，转化酶基因（X11）的相关系数最大且是正相关。对总氮（Y4）直接影响都是负向作用，最大的是转化酶基因（X11）；从相关系数来看，谷氨酸合成酶基因（X14）的相关系数最大且是正相关。对淀粉（Y5）直接影响最大的是蔗糖磷酸合成酶基因（X10）且是负向作用；从相关系数来看，硝酸还原酶基因（X12）的相关系数最大，只有转化酶基因（X11）是负相关。

2. 与中部叶常规化学成分关系分析

（1）逐步回归分析　从表 5-80 的回归方程可以看出，在移栽后 47 d，蔗糖合成酶基因（X9）、蔗糖磷酸合成酶基因（X10）、硝酸还原酶基因（X12）、谷氨酰胺合成酶基因（X13）、谷氨酸合成酶基因（X14）对烤后烟叶中部叶各个化学成分影响较大；在移栽后 66 d，蔗糖合成酶基因（X9）、蔗糖磷酸合成酶基因（X10）、转化酶基因（X11）、谷氨酰胺合成酶基因（X13）、谷氨酸合成酶基因（X14）对烤后烟叶中部叶各个化学成分影响较大；而在移栽后 80 d，蔗糖磷酸合成酶基因（X10）、转化酶基因（X11）、硝酸还原酶基因（X12）、谷氨酰胺合成酶基因（X13）、谷氨酸合成酶基因（X14）对烤后烟叶中部叶各个化学成分影响较大。

表 5-80　碳氮代谢关键酶的基因相对表达量与烤后烟叶中部叶常规化学成分的逐步回归方程

时期	逐步回归方程
移栽后 47 d	$Y1=125.86+46.03X9-1\,087.17X10-41.28X12-430.11X13-48.24X14$
	$Y2=10.93-3.19X9+81.68X10-1.42X12-56.16X13-3.66X14$
	$Y3=-8.03+460.63X9+63.98X10-2.77X12+229.64X13+15.53X14$
	$Y4=-40.09+245.2X9+411.94X10+12.49X12+182.94X13+7.40X14$
	$Y5=-337.30+914.42X9+3\,289.9X10+118.46X12+1\,604.58X13+84.56X14$

（续表）

时期	逐步回归方程
移栽后 66 d	$Y1=19.17+1\,306.77X9+307.14X10-248.29X11-0.69X13+12.38X14$
	$Y2=2.31+61.26X9-117.21X10+6.01X11-2.98X13+20.29X14$
	$Y3=15.65+1\,022.5X9+336.75X10-133.86X11-34.60X13+15.33X14$
	$Y4=1.32+193.66X9-40.84X10-13.95X11+5.03X13+16.02X14$
	$Y5=1.65-514.65X9+432.52X10+108.12X11-41.71X13+14.72X14$
移栽后 80 d	$Y1=-7.14+572.13X10+863.74X11+2.44X12-10.82X13+49.31X14$
	$Y2=3.98-124.01X10-84.54X11+1.04X12-3.55X13+13.62X14$
	$Y3=-10.44+709.19X10+673.29X11+0.42X12+2.48X13+16.01X14$
	$Y4=4.27-77.39X10-74.56X11-0.05X12-5.14X13+20.25X14$
	$Y5=0.60-473.37X10-413.33X11+2.17X12+71.22X13+87.35X14$

注：*Y*1、*Y*2、*Y*3、*Y*4、*Y*5 分别代表总糖、烟碱、还原糖、总氮、淀粉；*X*9、*X*10、*X*11、*X*12、*X*13、*X*14 分别代表蔗糖合成酶基因、蔗糖磷酸合成酶基因、转化酶基因、硝酸还原酶基因、谷氨酰胺合成酶基因、谷氨酸合成酶基因。

（2）通径分析　通过碳氮代谢关键酶和烤后烟叶中部叶常规化学成分的回归分析，我们已经发现，在移栽后 47 d，蔗糖合成酶基因（*X*9）、蔗糖磷酸合成酶基因（*X*10）、硝酸还原酶基因（*X*12）、谷氨酰胺合成酶基因（*X*13）、谷氨酸合成酶基因（*X*14）对烤后烟叶中部叶各个化学成分影响较大；在移栽后 66 d，蔗糖合成酶基因（*X*9）、蔗糖磷酸合成酶基因（*X*10）、转化酶基因（*X*11）、谷氨酰胺合成酶基因（*X*13）、谷氨酸合成酶基因（*X*14）对烤后烟叶中部叶各个化学成分影响较大；而在移栽后 80 d，蔗糖磷酸合成酶基因（*X*10）、转化酶基因（*X*11）、硝酸还原酶基因（*X*12）、谷氨酰胺合成酶基因（*X*13）、谷氨酸合成酶基因（*X*14）对烤后烟叶中部叶各个化学成分影响较大。因此，我们进一步探究这些因子对烤后烟叶中部叶常规化学成分含量的具体影响。碳氮代谢关键酶和烤后烟叶中部叶常规化学成分的通径分析结果见表 5-81。

在移栽后 47 d，对总糖（*Y*1）的直接影响中只有蔗糖合成酶基因（*X*9）是正向作用，其他的都是负向作用，影响最大的是蔗糖磷酸合成酶基因（*X*10）；从相关系数来看，蔗糖合成酶基因（*X*9）的相关系数最大且是正相关。对烟碱（*Y*2）的直接影响大都是负向作用，影响最大的是谷氨酰胺合成酶基因（*X*13）；从相关系数来看，蔗糖合成酶基因（*X*9）的相关系数最大且是正相关。对还原糖（*Y*3）直接影响最大的是谷氨酰胺合成酶基因（*X*13）且是正向作用；从相关系数来看，谷氨酰胺合成酶基因（*X*13）的相关系数最大且是正相关。对总氮（*Y*4）的直接影响都是正向作用，影响最大的是蔗糖磷酸合成酶基因（*X*10）；从相关系数来看，蔗糖合成酶基因（*X*9）的相关系数最大且是正相关。对淀粉（*Y*5）的直接影响都是正向作用，影响最大的是蔗糖磷酸合成酶基因（*X*10）；从相关系数来看，硝酸还原酶基因（*X*12）的相关系数最大。

在移栽后 66 d，对总糖（*Y*1）直接影响最大的是蔗糖合成酶基因（*X*9）且是正向

表 5-81 碳氮代谢关键酶的基因相对表达量与烤后烟叶中部叶常规化学成分的通径分析

时期	因变量	自变量	相关系数	通径系数	间接通径系数				
					X9	X10	X12	X13	X14
移栽后 47 d	Y1	X9	0.642 30	0.077 81		0.735 41	−0.090 49	−1.004 58	0.523 79
		X10	−0.373 61	−4.071 91	−0.014 05		2.073 84	1.885 93	−0.247 41
		X12	0.036 41	−2.485 35	0.020 66	3.397 72		−2.383 93	−0.009 13
		X13	0.421 40	−2.383 93	−0.016 13	3.221 30	−0.925 24		0.525 39
		X14	−0.606 22	−0.864 03	0.000 47	−1.165 99	−0.026 26	1.449 60	
	Y2	X9	0.790 02	−0.046 72		0.478 58	−0.331 59	1.403 99	−0.172 83
		X10	−0.051 83	−2.649 84	0.008 44		0.619 60	2.132 66	−0.162 69
		X12	0.446 56	−0.742 54	−0.012 40	2.211 10		−2.695 82	−0.006 00
		X13	−0.520 80	−2.695 82	0.009 68	2.096 30	−0.276 43		0.345 47
		X14	0.304 21	−0.568 14	−0.000 28	−0.758 78	−0.007 85	1.639 25	
	Y3	X9	0.457 34	0.830 23		−0.046 14	−0.060 09	1.001 86	−0.133 58
		X10	−0.735 44	0.255 47	−0.149 95		0.148 62	−1.073 49	0.083 91
		X12	0.337 40	−0.178 11	0.220 41	−0.213 17		1.356 96	0.003 10
		X13	0.738 31	1.356 96	−0.172 06	−0.202 10	−0.066 31		−0.178 18
		X14	−0.455 87	0.293 03	0.004 96	0.073 15	−0.001 88	−0.825 13	
	Y4	X9	0.661 58	2.172 40		−1.46 03	−0.956 10	−2.593 92	−0.115 48
		X10	0.399 26	8.085 71	−0.39 24		−3.289 45	−4.203 66	0.199 00
		X12	−0.242 53	3.942 17	0.576 73	−6.746 94		5.313 68	0.007 34
		X13	−0.488 16	5.313 68	−0.450 21	−6.396 62	1.467 58		−0.422 59
		X14	−0.166 17	0.694 97	0.012 97	2.315 33	0.041 65	−3.231 10	
	Y5	X9	−0.507 72	1.265 43		−1.821 69	2.805 64	3.333 32	−0.284 80
		X10	−0.417 56	10.086 53	−0.228 55		−4.871 26	−5.759 20	0.354 92
		X12	0.480 59	5.837 85	0.335 95	−8.416 47		7.279 97	0.013 10
		X13	0.457 88	7.279 97	−0.262 25	−7.979 47	2.173 30		−0.753 68
		X14	−0.229 78	1.239 46	0.007 56	2.888 27	0.061 68	−4.426 74	

（续表）

时期	因变量	自变量	相关系数	通径系数	间接通径系数				
					X9	X10	X11	X13	X14
移栽后 66 d	Y1	X9	0. 438 32	1. 514 67		−0. 181 52	0. 523 30	−0. 003 60	−0. 043 41
		X10	−0. 249 64	0. 561 63	−0. 489 54		−0. 456 05	0. 005 17	0. 129 14
		X11	−0. 370 49	−1. 412 45	0. 856 65	0. 181 34		0. 005 51	−0. 001 54
		X13	−0. 289 52	0. 012 45	0. 005 13	0. 233 29	−0. 624 54		0. 084 15
		X14	−0. 267 76	0. 162 12	−0. 897 14	0. 447 39	0. 013 41	0. 006 46	
	Y2	X9	0. 018 29	0. 614 97		0. 599 99	−0. 053 94	−0. 042 98	0. 492 81
		X10	−0. 319 35	−1. 856 43	−0. 198 76		0. 095 66	−0. 192 48	1. 832 65
		X11	−0. 182 06	0. 296 26	0. 347 81	−0. 599 40		−0. 204 89	−0. 021 84
		X13	0. 092 75	−0. 463 37	0. 002 08	−0. 771 13	0. 130 10		1. 194 18
		X14	0. 214 21	2. 300 61	−0. 364 25	−1. 478 82	−0. 002 81	−0. 240 52	
	Y3	X9	0. 463 25	1. 263 56		−0. 212 18	0. 146 59	0. 420 72	−0. 074 48
		X10	−0. 119 10	0. 656 51	−0. 408 38		−0. 262 12	−0. 275 54	0. 170 43
		X11	−0. 180 57	−0. 811 84	0. 714 64	0. 211 97		−0. 293 30	−0. 002 03
		X13	−0. 634 26	−0. 663 33	0. 004 28	0. 272 71	−0. 358 97		0. 111 06
		X14	−0. 348 09	0. 213 95	−0. 748 41	0. 522 97	0. 007 71	−0. 344 31	
	Y4	X9	0. 418 21	1. 176 34		0. 126 48	−0. 134 02	0. 332 86	0. 374 43
		X10	0. 166 68	−0. 391 33	−0. 380 19		−0. 134 27	0. 196 92	0. 875 55
		X11	0. 322 29	−0. 415 84	0. 665 30	−0. 126 35		0. 209 62	−0. 010 44
		X13	0. 702 14	0. 474 07	0. 003 98	−0. 162 55	−0. 183 87		0. 570 52
		X14	0. 340 66	1. 099 12	−0. 696 75	−0. 311 73	0. 003 95	0. 246 07	
	Y5	X9	−0. 508 31	−0. 488 30		−0. 209 25	0. 082 28	0. 025 82	0. 100 85
		X10	0. 838 48	0. 647 42	0. 157 82		0. 162 56	−0. 254 98	0. 125 66
		X11	0. 163 43	0. 503 48	−0. 276 17	0. 209 04		−0. 271 42	−0. 001 50
		X13	−0. 042 05	−0. 613 83	−0. 001 65	0. 268 93	0. 222 62		0. 081 88
		X14	0. 639 30	0. 157 75	0. 289 22	0. 515 73	−0. 004 78	−0. 318 62	

（续表）

时期	因变量	自变量	相关系数	通径系数	间接通径系数				
					*X*10	*X*11	*X*12	*X*13	*X*14
移栽后 80 d	*Y*1	*X*10	0.355 28	1.550 72		−1.662 86	0.378 93	−0.027 93	0.116 41
		*X*11	0.010 73	1.806 28	−1.427 60		−0.366 53	0.048 96	−0.050 39
		*X*12	0.214 21	0.451 36	1.301 88	−1.466 81		−0.024 50	−0.047 71
		*X*13	−0.475 52	−0.184 29	0.234 99	−0.479 92	0.060 02		−0.106 32
		*X*14	0.617 70	0.397 23	0.454 46	−0.229 11	−0.054 21	0.049 33	
	*Y*2	*X*10	0.093 49	−2.911 33		1.409 67	1.395 84	−0.079 28	0.278 59
		*X*11	−0.182 82	−1.531 25	2.680 17		−1.350 17	0.139 01	−0.120 58
		*X*12	0.278 24	1.662 64	−2.444 15	1.243 47		−0.069 56	−0.114 17
		*X*13	−0.590 86	−0.523 17	−0.441 17	0.406 85	0.221 08		−0.254 43
		*X*14	0.231 98	0.950 60	−0.853 20	0.194 23	−0.199 68	0.140 03	
	*Y*3	*X*10	0.784 27	2.049 36		−1.381 95	0.069 74	0.006 83	0.040 30
		*X*11	−0.482 37	1.501 14	−1.886 64		−0.067 46	−0.011 97	−0.017 44
		*X*12	0.574 03	0.083 07	1.720 50	−1.219 02		0.005 99	−0.016 51
		*X*13	−0.069 00	0.045 04	0.310 55	−0.398 85	0.011 05		−0.036 80
		*X*14	0.525 65	0.137 50	0.600 59	−0.190 41	−0.009 98	−0.012 06	
	*Y*4	*X*10	−0.209 44	−1.099 23		0.752 27	−0.043 49	−0.069 53	0.250 53
		*X*11	0.250 33	−0.817 15	1.011 95		0.042 06	0.121 90	−0.108 43
		*X*12	−0.474 73	−0.051 80	−0.922 84	0.663 58		−0.061 01	−0.102 67
		*X*13	−0.643 96	−0.458 81	−0.166 57	0.217 11	−0.006 89		−0.228 81
		*X*14	0.765 38	0.854 85	−0.322 14	0.103 65	0.006 22	0.122 80	
	*Y*5	*X*10	0.195 75	−1.050 27		0.651 38	0.275 41	0.150 43	0.168 81
		*X*11	−0.343 89	−0.707 56	0.966 88		−0.266 40	−0.263 76	−0.073 06
		*X*12	0.083 71	0.328 05	−0.881 74	0.574 58		0.132 00	−0.069 18
		*X*13	0.911 00	0.992 71	−0.159 15	0.187 99	0.043 62		−0.154 17
		*X*14	0.052 85	0.576 01	−0.307 80	0.089 75	−0.039 40	−0.265 71	

注：*Y*1、*Y*2、*Y*3、*Y*4、*Y*5 分别代表总糖、烟碱、还原糖、总氮、淀粉；*X*9、*X*10、*X*11、*X*12、*X*13、*X*14 分别代表蔗糖合成酶基因、蔗糖磷酸合成酶基因、转化酶基因、硝酸还原酶基因、谷氨酰胺合成酶基因、谷氨酸合成酶基因。

作用；从相关系数来看，只有蔗糖合成酶基因（X9）的是正相关，其他的都是负相关。对烟碱（Y2）直接影响最大的是谷氨酸合成酶基因（X14）且是正向作用；从相关系数来看，氨酸合成酶基因（X14）的相关系数最大且是正相关。对还原糖（Y3）直接影响最大的是蔗糖合成酶基因（X9）且是正向作用；从相关系数来看，只有蔗糖合成酶基因（X9）的是正相关，其他的都是负相关。对总氮（Y4）直接影响最大的是蔗糖合成酶基因（X9）且是正向作用；从相关系数来看，都是正相关，谷氨酰胺合成酶基因（X13）的相关系数最大。对淀粉（Y5）直接影响最大的是蔗糖磷酸合成酶基因（X10）且是正向作用；从相关系数来看，蔗糖磷酸合成酶基因（X10）的相关系数最大且是正相关。

在移栽后 80 d，对总糖（Y1）直接影响最大的是转化酶基因（X11）且是正向作用；从相关系数来看，谷氨酸合成酶基因（X14）的相关系数最大。对烟碱（Y2）直接影响最大的是硝酸还原酶基因（X12）且是正向作用；从相关系数来看，硝酸还原酶基因（X12）的相关系数最大且是正相关。对还原糖（Y3）直接影响都是正向作用，最大的是蔗糖磷酸合成酶基因（X10）且是正向作用；从相关系数来看，蔗糖磷酸合成酶基因（X10）的相关系数最大且是正相关。对总氮（Y4）的直接影响中只有谷氨酸合成酶基因（X14）是正向作用，其他的都是负向作用，最大的是蔗糖磷酸合成酶基因（X10）；从相关系数来看，谷氨酸合成酶基因（X14）的相关系数最大且是正相关。对淀粉（Y5）直接影响最大的是蔗糖磷酸合成酶基因（X10）且是负向作用；从相关系数来看，谷氨酰胺合成酶基因（X13）的相关系数最大，只有转化酶基因（X11）是负相关。

3. 与下部叶常规化学成分关系分析

（1）逐步回归分析　从表 5-82 的回归方程可以看出，在移栽后 47 d，蔗糖合成酶基因（X9）、蔗糖磷酸合成酶基因（X10）、硝酸还原酶基因（X12）、谷氨酰胺合成酶基因（X13）、谷氨酸合成酶基因（X14）对烤后烟叶下部叶各个化学成分影响较大；在移栽后 66 d，蔗糖合成酶基因（X9）、蔗糖磷酸合成酶基因（X10）、转化酶基因（X11）、谷氨酰胺合成酶基因（X13）、谷氨酸合成酶基因（X14）对烤后烟叶下部叶各个化学成分影响较大；而在移栽后 80 d，蔗糖磷酸合成酶基因（X10）、转化酶基因（X11）、硝酸还原酶基因（X12）、谷氨酰胺合成酶基因（X13）、谷氨酸合成酶基因（X14）对烤后烟叶下部叶各个化学成分影响较大。

表 5-82　碳氮代谢关键酶的基因相对表达量与烤后烟叶下部叶常规化学成分的逐步回归方程

时期	逐步回归方程
移栽后 47 d	Y1＝1 132.56－3 811.93X9－9 752.68X10－337.08X12－5 287.77X13－364.33X14
	Y2＝9.40＋5.67X9－95.80X10－3.03X12－39.43X13－1.25X14
	Y3＝1 217.05－4 200.96X9－10 580.75X10－363.79X12－5 680.35X13－386.6X14
	Y4＝－71.20＋248.97X9＋644.38X10＋22.70X12＋350.37X13＋25.16X14
	Y5＝－128.19＋141.15X9＋1 348.61X10＋55.45X12＋627.95X13＋27.84X14

（续表）

时期	逐步回归方程
移栽后 66 d	Y1＝24.32－62.63X9－1 066.35X10－340.65X11＋238.20X13－125.95X14
	Y2＝1.69＋83.49X9－44.17X10－3.39X11－3.62X13＋9.54X14
	Y3＝22.12－199.32X9－1 037.02X10－349.82X11＋238.75X13－145.65X14
	Y4＝2.81－9.84X9＋49.15X10＋29.48X11－18.14X13＋11.78X14
	Y5＝4.89－589.24X9－202.33X10＋87.14X11－31.76X13＋10.83X14
移栽后 80 d	Y1＝58.44－195.92X10＋597.11X11－1.52X12－163.17X13－142.91X14
	Y2＝0.91＋0.70X10＋5.61X11＋0.40X12－2.67X13＋3.39X14
	Y3＝52.13－84.50X10＋750.68X11－1.25X12－162.62X13－165.93X14
	Y4＝0.73－6.29X10－61.43X11＋0.27X12＋11.06X13＋9.99X14
	Y5＝2.91－467.33X10－284.31X11＋3.62X12＋52.58X13＋58.47X14

注：Y1、Y2、Y3、Y4、Y5 分别代表总糖、烟碱、还原糖、总氮、淀粉；X9、X10、X11、X12、X13、X14 分别代表蔗糖合成酶基因、蔗糖磷酸合成酶基因、转化酶基因、硝酸还原酶基因、谷氨酰胺合成酶基因、谷氨酸合成酶基因。

（2）通径分析　通过碳氮代谢中关键酶和烤后烟叶下部叶常规化学成分的回归分析，我们已经发现在移栽后 47 d，蔗糖合成酶基因（X9）、蔗糖磷酸合成酶基因（X10）、硝酸还原酶基因（X12）、谷氨酰胺合成酶基因（X13）、谷氨酸合成酶基因（X14）对烤后烟叶下部叶各个化学成分影响较大；在移栽后 66 d，蔗糖合成酶基因（X9）、蔗糖磷酸合成酶基因（X10）、转化酶基因（X11）、谷氨酰胺合成酶基因（X13）、谷氨酸合成酶基因（X14）对烤后烟叶下部叶各个化学成分影响较大；而在移栽后 80 d，蔗糖磷酸合成酶基因（X10）、转化酶基因（X11）、硝酸还原酶基因（X12）、谷氨酰胺合成酶基因（X13）、谷氨酸合成酶基因（X14）对烤后烟叶下部叶各个化学成分影响较大。因此，我们进一步探究这些因子对烤后烟叶下部叶常规化学成分含量的具体影响。碳氮代谢关键酶和烤后烟叶下部叶常规化学成分的通径分析结果见表 5-83。

在移栽后 47 d，对总糖（Y1）的直接影响都是负向作用，影响最大的是蔗糖磷酸合成酶基因（X10）；从相关系数来看，蔗糖磷酸合成酶基因（X10）的相关系数最大且是正相关。对烟碱（Y2）的直接影响只有蔗糖合成酶基因（X9）是正向作用，其他的都是负向作用，影响最大的是蔗糖磷酸合成酶基因（X10）；从相关系数来看，只有蔗糖磷酸合成酶基因（X10）是负相关，其他的都是正相关，蔗糖合成酶基因（X9）的相关系数最大。对还原糖（Y3）的直接影响都是负向作用，影响最大的是蔗糖磷酸合成酶基因（X10）；从相关系数来看，蔗糖磷酸合成酶基因（X10）的相关系数最大且是正相关。对总氮（Y4）的直接影响都是正向作用，影响最大的是蔗糖磷酸合成酶基因（X10）；从相关系数来看，硝酸还原酶（X12）的相关系数最大且是正相关。对淀粉（Y5）的直接影响都是正向作用，影响最大的是蔗糖磷酸合成酶基因（X10）；从相关系数来看，硝酸还原酶基因（X12）的相关系数最大。

表 5-83 碳氮代谢关键酶的基因相对表达量与烤后烟叶下部叶常规化学成分的通径分析

时期	因变量	自变量	相关系数	通径系数	间接通径系数				
					X9	X10	X12	X13	X14
移栽后 47 d	Y1	X9	0.210 50	-1.695 83		1.736 06	3.519 77	5.403 38	-0.263 73
		X10	0.759 70	-9.612 37	0.306 28		4.456 17	6.101 29	-0.491 68
		X12	-0.659 10	-5.340 39	-0.450 21	8.020 82		-7.712 39	-0.018 14
		X13	-0.700 60	-7.712 39	0.351 45	7.604 36	-1.988 11		1.044 09
		X14	0.153 60	-1.717 05	-0.010 13	-2.752 49	-0.056 43	4.689 69	
	Y2	X9	0.870 20	0.117 20		0.792 22	-1.039 69	-0.300 10	-0.019 47
		X10	-0.514 60	-4.386 46	-0.021 17		1.858 26	2.113 43	-0.078 66
		X12	0.466 90	-2.226 99	0.031 11	3.660 18		-2.671 50	-0.002 90
		X13	0.112 30	-2.671 50	-0.024 29	3.470 14	-0.829 06		0.167 05
		X14	0.070 90	-0.274 71	0.000 70	-1.256 06	-0.023 53	1.624 46	
	Y3	X9	0.188 90	-1.852 89		1.867 32	3.746 43	5.581 09	-0.282 24
		X10	0.744 30	-10.339 20	0.334 64		4.767 96	6.498 11	-0.517 26
		X12	-0.655 70	-5.7140 50	-0.491 91	8.627 29		-8.214 00	-0.019 09
		X13	-0.679 50	-8.214 00	0.383 99	8.179 34	-2.127 22		1.098 43
		X14	0.156 20	-1.806 41	-0.011 06	-2.960 61	-0.060 38	4.994 70	
	Y4	X9	-0.191 70	1.552 81		-1.608 06	3.571 09	4.760 02	-0.136 02
		X10	-0.774 70	8.903 67	-0.280 45		-4.206 36	-5.667 55	0.476 02
		X12	0.708 40	5.041 02	0.412 24	-7.429 46		7.164 13	0.017 57
		X13	0.664 40	7.164 13	-0.321 80	-7.043 71	1.876 66		-1.010 85
		X14	-0.081 80	1.662 39	0.009 27	2.549 56	0.053 27	-4.356 30	
	Y5	X9	-0.571 20	0.269 53		-1.030 43	2.077 10	1.663 12	-0.085 63
		X10	-0.438 30	5.705 40	-0.048 68		-3.146 27	-3.110 04	0.161 30
		X12	0.550 90	3.770 58	0.071 56	-4.760 74		3.931 27	0.005 95
		X13	0.423 00	3.931 27	-0.055 86	-4.513 55	1.403 70		-0.342 52
		X14	-0.152 00	0.563 28	0.001 61	1.633 73	0.039 84	-2.390 49	

（续表）

时期	因变量	自变量	相关系数	通径系数	间接通径系数				
					X9	X10	X11	X13	X14
移栽后 66 d	Y1	X9	0. 119 10	−0. 019 10		0. 165 84	0. 093 81	0. 521 95	0. 104 76
		X10	−0. 549 10	−0. 513 13	0. 006 17		−0. 164 65	0. 468 15	−0. 345 62
		X11	−0. 184 00	−0. 509 94	−0. 010 80	−0. 165 68		0. 498 34	0. 004 12
		X13	0. 463 10	1. 127 03	−6. 5E-05	−0. 213 15	−0. 225 48		−0. 225 21
		X14	−0. 241 50	−0. 433 87	0. 011 32	−0. 408 76	0. 004 84	0. 585 01	
	Y2	X9	0. 461 80	1. 183 09		0. 319 13	0. 059 29	0. 407 83	−0. 566 37
		X10	−0. 559 90	−0. 987 40	−0. 382 37		−0. 076 12	−0. 330 26	1. 216 26
		X11	−0. 251 50	−0. 235 76	0. 669 12	−0. 318 81		−0. 351 56	−0. 014 50
		X13	−0. 512 90	−0. 795 08	0. 004 01	−0. 410 15	−0. 104 25		0. 792 53
		X14	−0. 370 90	1. 526 83	−0. 700 75	−0. 786 56	0. 002 24	−0. 412 70	
	Y3	X9	0. 104 04	−0. 060 27		0. 159 90	0. 110 63	0. 477 62	0. 134 09
		X10	−0. 573 90	−0. 494 74	0. 019 48		−0. 167 63	0. 465 21	−0. 396 25
		X11	−0. 213 10	−0. 519 19	−0. 034 09	−0. 159 74		0. 495 21	0. 004 72
		X13	0. 426 50	1. 119 95	−0. 000 20	−0. 205 51	−0. 229 57		−0. 258 20
		X14	−0. 269 60	−0. 497 43	0. 035 70	−0. 394 11	0. 004 93	0. 581 33	
	Y4	X9	−0. 140 40	−0. 042 07		−0. 107 16	0. 101 76	0. 597 59	0. 129 50
		X10	0. 498 40	0. 331 56	0. 013 60		0. 199 74	−0. 499 77	0. 453 23
		X11	0. 164 50	0. 618 63	−0. 023 80	0. 107 05		−0. 532 00	−0. 005 40
		X13	−0. 496 70	−1. 203 15	−0. 000 14	0. 137 73	0. 273 54		0. 295 33
		X14	0. 227 60	0. 568 96	0. 024 92	0. 264 12	−0. 005 87	−0. 624 52	
	Y5	X9	−0. 686 90	−0. 771 46		−0. 135 07	−0. 015 80	0. 092 53	0. 097 64
		X10	0. 707 60	0. 417 92	0. 249 34		0. 180 79	−0. 267 97	0. 127 56
		X11	−0. 028 20	0. 559 94	−0. 436 32	0. 134 94		−0. 285 25	−0. 001 52
		X13	−0. 143 40	−0. 645 12	−0. 002 61	0. 173 60	0. 247 59		0. 083 12
		X14	0. 609 80	0. 160 13	0. 456 94	0. 332 91	−0. 005 32	−0. 334 86	

（续表）

时期	因变量	自变量	相关系数	通径系数	间接通径系数				
					X10	X11	X12	X13	X14
移栽后 80 d	Y1	X10	−0.704 10	−0.139 74		−0.302 50	−0.062 23	−0.110 80	−0.088 79
		X11	0.750 10	0.328 59	0.128 65		0.060 20	0.194 26	0.038 43
		X12	−0.519 10	−0.074 13	−0.117 32	−0.266 80		−0.097 22	0.036 39
		X13	−0.768 40	−0.731 14	−0.021 18	−0.087 30	−0.009 86		0.081 09
		X14	−0.181 00	−0.302 97	−0.040 95	−0.041 70	0.008 90	0.195 70	
	Y2	X10	0.662 60	0.023 25		−0.131 93	0.757 82	−0.084 29	0.097 79
		X11	−0.505 60	0.143 31	−0.021 40		−0.733 02	0.147 80	−0.042 32
		X12	0.691 80	0.902 67	0.019 52	−0.116 38		−0.073 96	−0.040 07
		X13	−0.560 10	−0.556 26	0.003 52	−0.038 08	0.120 03		−0.089 31
		X14	0.362 80	0.333 68	0.006 81	−0.018 18	−0.108 41	0.148 89	
	Y3	X10	−0.699 00	−0.059 75		−0.377 05	−0.050 52	−0.109 47	−0.102 20
		X11	0.749 60	0.409 56	0.055 01		0.048 87	0.191 95	0.044 24
		X12	−0.497 10	−0.060 18	−0.050 17	−0.332 59		−0.096 06	0.041 88
		X13	−0.755 00	−0.722 43	−0.009 05	−0.108 82	−0.008 00		0.093 34
		X14	−0.217 60	−0.348 74	−0.017 51	−0.051 95	0.007 23	0.193 36	
	Y4	X10	0.722 10	−0.062 85		0.436 30	0.156 31	0.105 27	0.087 04
		X11	−0.789 50	−0.473 93	0.057 86		−0.151 19	−0.184 58	−0.037 67
		X12	0.575 00	0.186 18	−0.052 77	0.384 86		0.092 37	−0.035 67
		X13	0.756 40	0.694 70	−0.009 52	0.125 92	0.024 76		−0.079 49
		X14	0.130 40	0.296 99	−0.018 42	0.060 11	−0.022 36	−0.185 94	
	Y5	X10	0.130 60	−1.430 74		0.618 26	0.633 87	0.153 26	0.155 93
		X11	−0.303 80	−0.671 58	1.317 14		−0.613 13	−0.268 71	−0.067 49
		X12	0.169 80	0.755 02	−1.201 15	0.545 37		0.134 48	−0.063 90
		X13	0.931 00	1.011 36	−0.216 81	0.178 44	0.100 39		−0.142 41
		X14	−0.163 40	0.532 08	−0.419 30	0.085 19	−0.090 68	−0.270 70	

注：Y1、Y2、Y3、Y4、Y5 分别代表总糖、烟碱、还原糖、总氮、淀粉；X9、X10、X11、X12、X13、X14 分别代表蔗糖合成酶基因、蔗糖磷酸合成酶基因、转化酶基因、硝酸还原酶基因、谷氨酰胺合成酶基因、谷氨酸合成酶基因。

在移栽后66 d，对总糖（$Y1$）直接影响最大的是谷氨酰胺合成酶基因（$X13$）且是正向作用，其他的都是负向作用；从相关系数来看，只有谷氨酰胺合成酶基因（$X13$）的是正相关，其他的都是负相关。对烟碱（$Y2$）直接影响最大的是谷氨酸合成酶基因（$X14$）且是正向作用；从相关系数来看，只有蔗糖合成酶基因（$X9$）是正相关，其他的都是负相关。对还原糖（$Y3$）直接影响最大的是谷氨酰胺合成酶基因（$X13$）且是正向作用，其他的都是负向作用；从相关系数来看，谷氨酰胺合成酶基因（$X13$）的相关系数最大且是正相关。对总氮（$Y4$）直接影响最大的是转化酶基因（$X11$）且是正向作用；从相关系数来看，蔗糖磷酸合成酶基因（$X10$）的相关系数最大且是正相关。对淀粉（$Y5$）直接影响最大的是转化酶基因（$X11$）且是正向作用；从相关系数来看，蔗糖磷酸合成酶基因（$X10$）的相关系数最大且是正相关。

在移栽后80 d，对总糖（$Y1$）直接影响最大的是转化酶基因（$X11$）且是正向作用，其他的都是负向作用；从相关系数来看，只有转化酶基因（$X11$）是正相关，其他的都是负相关。对烟碱（$Y2$）直接影响最大的是硝酸还原酶基因（$X12$）且是正向作用，只有谷氨酰胺合成酶基因（$X13$）是负向作用；从相关系数来看，硝酸还原酶基因（$X12$）的相关系数最大且是正相关。对还原糖（$Y3$）的直接影响只有转化酶基因（$X11$）是正向作用，其他的都是负向作用，最大的是谷氨酰胺合成酶基因（$X13$）；从相关系数来看，只有转化酶基因（$X11$）是正相关，其他的都是负相关。对总氮（$Y4$）直接影响只有转化酶基因（$X11$）是负向作用，其他的都是正向作用，影响最大的是谷氨酰胺合成酶基因（$X13$）；从相关系数来看，只有转化酶基因（$X11$）是负相关，其他的都是正相关，谷氨酰胺合成酶基因（$X13$）的相关系数最大。对淀粉（$Y5$）直接影响最大的是蔗糖磷酸合成酶基因（$X10$）且是负向作用；从相关系数来看，硝酸还原酶基因（$X12$）的相关系数最大。

六、施氮量对烟株经济性状的影响

从表5-84可以看出，随着施氮量的增加，中上等烟重量呈现先上升后下降的趋势，施氮量A2的两个处理要大于A1和A3。总重量随着施氮量的增加大体呈现上升的趋势。中上等烟所占比例最大值的处理是A2B1。

施氮量和品种的交互作用对中上等烟重量、总重量和中上等烟所占比例的影响是不显著的（表5-85、表5-86、表5-87）。

表5-84 各个处理经济性状的多重比较

处理	中上等烟重量（$kg \cdot 亩^{-1}$）	总重量（$kg \cdot 亩^{-1}$）	中上等烟所占比例
A1B1	64.4b	117.8ab	0.547a
A1B2	55.0c	110.0b	0.500a
A2B1	76.2a	120.4ab	0.633a
A2B2	76.2a	142.6ab	0.534a
A3B1	70.6ab	127.7a	0.552a

（续表）

处理	中上等烟重量（kg·亩$^{-1}$）	总重量（kg·亩$^{-1}$）	中上等烟所占比例
A3B2	67.2b	142.0ab	0.473b

注：A1、A2、A3 分别代表施氮量 6 kg·亩$^{-1}$、7 kg·亩$^{-1}$、8 kg·亩$^{-1}$；B1、B2 分别代表云烟 87、K326。

表 5-85 中上等烟重量的方差分析

源	Ⅲ型平方和	df	均方	*F*	Sig.
校正模型	968.762a	5	193.752	12.717	0.000
截距	83 886.080	1	83 886.080	5 505.781	0.000
施氮量	818.157	2	409.078	26.849	0.000
品种	81.920	1	81.920	5.377	0.039
施氮量×品种	68.685	2	34.342	2.254	0.148
误差	182.832	12	15.236		
总计	85 037.674	18			
校正的总计	1 151.594	17			

表 5-86 总重量的方差分析

源	Ⅲ型平方和	df	均方	*F*	Sig.
校正模型	2 655.230a	5	531.046	4.698	0.013
截距	289 256.180	1	289 256.180	2 558.793	0.000
施氮量	1 519.605	2	759.802	6.721	0.011
品种	408.980	1	408.980	3.618	0.081
施氮量×品种	726.645	2	363.322	3.214	0.076
误差	1 356.528	12	113.044		
总计	293 267.938	18			
校正的总计	4 011.758	17			

表 5-87 中上等烟所占比例的方差分析

源	Ⅲ型平方和	df	均方	*F*	Sig.
校正模型	0.045a	5	0.009	3.838	0.026
截距	5.288	1	5.288	2 248.780	0.000
施氮量	0.017	2	0.009	3.657	0.058
品种	0.026	1	0.026	11.122	0.006
施氮量×品种	0.002	2	0.001	0.376	0.694

（续表）

源	Ⅲ型平方和	df	均方	F	Sig.
误差	0.028	12	0.002		
总计	5.362	18			
校正的总计	0.073	17			

第七节　“泸叶醇”烟叶调制过程中的生理生化变化

一、烟叶调制过程中水分动态及形态的变化

鲜烟叶由含水量80%~90%的膨硬鲜活状态转变为凋萎、干燥等状态（烟叶含水量5%~6%、主脉含水量7%~8%）是一个复杂的脱水过程和物质代谢与品质形成过程，烘烤前期和中期，没有水分的参与，烟叶就不可能变黄、变香；烘烤中期和后期，没有水分的参与，烟叶同样不可能变褐、变黑、变烂。

（一）烟叶的水分分布

烟叶失水比率是研究烘烤过程中烟叶不同组织水分散失的差异，即指阶段时间内叶片或主脉失水质量占整片烟叶失水质量的比值。烘烤过程叶片失水比率较大则表明烟叶失水主要来自叶片部分，反之则来自主脉部分，反映烟叶叶片和主脉失水的趋势，可以直观反映烘烤过程烟叶水分迁移态势变化和失水的协调性。

烘烤过程中烟叶叶片水分分布比率表现为变黄期（38~42 ℃）呈缓慢减小趋势，定色期（45~54 ℃）呈快速减小趋势，干筋期（60~68 ℃）呈增加趋势，叶片与主脉水分分布差异在干筋前呈减小趋势，干筋期呈增大趋势，说明烟叶在38~54 ℃以叶片失水为主，60~68 ℃以主脉失水为主，烟叶叶片的水分分布变化可以很好地揭示烘烤过程中烟叶水分散失的态势。

整片烟叶水分分布于叶片和主脉中，叶片水分通过自身蒸发散失，主脉水分一部向叶片迁移散失，一部分通过自身蒸发散失，两者失水相互联系。在烘烤过程中叶片失水比率基本呈先增大后减小的趋势，变黄期叶片失水缓慢，失水比率略小，在45~54 ℃时进入定色期，叶片失水加快、其失水比率较高，60 ℃时叶片基本干燥，失水比率快速下降；而主脉失水比率则呈相反趋势，可见叶片与主脉失水相互关联、相互制约，在一定温湿度条件下，叶片干燥过快，不利于主脉水分的散失。

（二）烟叶水分迁移特点

烟叶烘烤过程是典型的热风干燥过程，在烘烤过程中烟叶水分含量、分布不是固定不变的，烟叶通过表面蒸发和内部迁移扩散完成脱水干燥这一物理过程。烟叶形态结构的特殊性使其内部水分迁移不同于常规湿物料，烟叶主脉较粗大，叶片较薄，烟叶整体并非匀质物料，两者水分迁移距离差异较大，这就导致叶片可以实现快速干燥定色，而主脉失水干燥相对缓慢。另外，烟叶具有植物叶片的结构特征，其自身存在发达的叶脉

维管束结构，是叶片水分和营养物质运输的主要通道，有利于烟叶主脉水分向叶片的迁移运输，在一定程度上能够延缓叶片的失水干燥，在变黄阶段主脉水分向叶片迁移对烟叶物质的充分降解、转化具有积极意义，而在定色后期主脉水分迁移将影响烟叶的干叶定色。

经低场核磁成像技术研究发现，烟叶内部水分迁移包含主脉直接向叶片转移和主脉经侧脉向叶片转移两种方式。其中，烟叶水分由“主脉—侧脉—叶片”通道的迁移效率较高，主要是其运输方式引起的，前者水分是以渗透扩散的方式迁移，后者则以维管束运输的方式迁移。

烘烤过程中烟叶叶片内部水分迁移主要是短距离渗透扩散至叶片表层，通过表皮蒸发完成，而主脉一部分经自身蒸发散失，另一部分则向叶片迁移散失；主脉与叶片水分散失相互影响，主脉水分向叶片迁移态势的变化影响烟叶的定色干筋，失水干燥是表象，水分迁移是起因。如果烟叶主脉水分较多时，主脉水分向叶片迁移导致烟叶的定色干筋迟缓，相反，在干叶期之前主脉水分尽可能大量散失，有利于烟叶的及时定色干筋。因此，烘烤前期促进烟叶主脉水分散失，一定程度上保证了烟叶失水的协调；研究烘烤过程中烟叶叶脉水分迁移特性对解释烟叶失水干燥具有重要意义，为制定烘烤策略提供有效参考。

（三）烟叶失水规律

烟叶烘烤时，空气作为干燥的介质，既是热量的载体，又是水分的载体。烟叶是烘烤的对象，两者之间需要通过热量和水分的交换以达到烘烤的目的，热交换的动力是以温度梯度为基础。

根据交换对象热交换可分为两种形式，一种是空气与烟叶表面或内部发生热质交换，其中热交换是热量由空气传递给烟叶，质交换是烟叶水分蒸发为水蒸气传递给空气；另一种是烤房与外界空气间的热质交换。烘烤过程中干燥的热空气使烟叶水分蒸发形成湿热气流由排湿口排出烤房，同时由进风口吸入干燥的冷空气经换热器加热成干燥的热空气由循环风机吹入烤房，这是一个连续过程。在这一过程中，热量由空气经烟叶表面向烟叶内部传递，热量传递的快慢与烟叶表面与内部温差、空气提供热量的多少、烟叶的自身物理结构和化学成分密切关联。一般认为，烘烤过程中烟叶水分散失存在气孔蒸腾和叶表蒸发两种形式。据研究，烘烤过程中烟叶脱水速率与蒸腾速率在时间上并不同步，再者烤房内烟叶处于水分亏缺状态下气孔开度一般很小，气孔面积仅占烟叶面积的1%左右，因此，烘烤过程中烟叶干燥时水分排出的途径以叶表面蒸发为主。

在烘烤过程中烟叶水分散失变化呈现一定的规律。研究表明，在烘烤过程中烟叶的失水呈现“S”形变化规律，而且自由水的散失快于结合水。充分发育成熟的烟叶失水干燥特征曲线表现为“近等速—减速—再减速”特征。刚采收的鲜烟叶，水分占重量的85%左右，分布于叶脉及叶肉细胞中；失水速率高峰存在于变黄中后期及定色中后期两个阶段。烘烤过程中的叶片脱水一般认为存在气孔蒸腾和叶表面蒸发两种形式，从烘烤开始至变黄末期，存在着微弱的气孔蒸腾作用，远小于叶片的脱水速率；实际脱水速率和蒸腾速率在时间上很不同步，在蒸腾很弱的情况下出现了最大的脱水速率。另外，烤房内无光照，细胞相对缺水都会造成气孔开度很小，气孔面积又只占叶面积的

1%左右，也证实了气孔蒸腾脱水的数量不可能很多，烘烤过程中烟叶脱水主要是通过叶表面的蒸发作用这一物理过程进行的。

烘烤过程中烟叶的失水干燥变化与其水分状态关系密切，烟叶组织中含有束缚水和自由水两种状态水分，自由水流动性较强，存在于细胞的液泡和细胞间隙中，容易迁移蒸发散失，其失水高峰的出现总要早于总水分；束缚水失水缓慢，存在于细胞质中，其干燥需要较高的温度，因此，结合水失水高峰的出现晚于总水分。利用核磁共振对烘烤过程中烟叶水分变化进行研究，结果表明，与鲜烟叶相比，45 ℃、48 ℃叶片结合水流动性增大，54 ℃时减小，38~45 ℃时烟叶叶片束缚水流动性增大，48 ℃时流动性减小；烟叶叶片自由水逐渐减小；30~42 ℃烟叶主脉束缚水流动性逐渐减小，45~48 ℃逐渐增大，且均大于 30 ℃鲜烟叶，68 ℃相比 62 ℃束缚水流动性减弱；自由水流动性逐渐减小；干燥过程中烟叶叶片束缚水和自由水的流动性弱于主脉，这也为干燥过程中主脉水分向叶片迁移提供条件。

二、烟叶调制过程中色素及颜色的变化

（一）烟叶调制过程中色素的变化

烟叶在烘烤过程中颜色的变化是最明显、最直观的。烟叶中的主要色素包括叶绿素、胡萝卜素和叶黄素三大类，其中以叶绿素含量最高。颜色变化的实质是叶绿素的降解和类胡萝卜素等黄色色素比例的增加。叶绿素有叶绿素 a 和叶绿素 b 两种，一般鲜叶中叶绿素含量的变化范围为 0.5%~4.0%，其中叶绿素 a 约占 70%，叶绿素 b 约占 30%。在成熟和调制过程中叶绿素含量将减少。

烤烟烟叶的胡萝卜素是由 68%的 β-胡萝卜素和 32%的新 β-胡萝卜素组成的混合物，而叶黄素的构成为 60%的黄体素、22%的新黄体素和 18%的紫黄质。此外，烟叶中还有少量的隐黄质、叶黄呋喃素、玉米黄质等。胡萝卜素和叶黄索在新鲜烟叶中的含量为叶绿素的 1/5~1/3。由于鲜烟叶的叶绿素含量较高，胡萝卜素和叶黄素的黄色被绿色所掩盖，只对绿色的鲜明程度有一定的影响。在烘烤过程中，叶绿素不断降解，含量逐渐减少（胡萝卜素和叶黄素虽也被氧化降解，但其降解速度较慢），因此黄色逐渐显现。

1. 叶绿素的降解

叶绿素的降解是在叶绿素酶的作用下，从其分子结构中的卟啉环和植醇之间的酯键断裂开始的。叶绿素结构中的酯键断裂形成叶绿醇和甲醇，叶绿醇和甲醇再进一步氧化，最后分解消失。烟叶烘烤 40~50 h，叶绿素含量降低到鲜烟叶中含量的 15%~20%。在烟叶烘烤的前 6~9 h，叶绿素降解速度比较缓慢，以后降解速度明显加快，30~40 h 以后叶绿素的降解又逐渐减慢。

烟叶成熟时，叶绿素降解量占完全展开叶片叶绿素含量的 47%，而到变黄末期，则有 74%的叶绿素被降解。而且，叶绿素 a 和叶绿素 b 的降解速度是有差异的，成熟叶中叶绿素 a 的比例由绿叶中的 70%降至 62%，到叶片变黄时降至 44%，到烘烤结束时烟叶中的叶绿素 a 和叶绿素 b 含量降至采收时含量的 1%以下。

叶绿素的降解速度除与外界环境的温湿度有关外，还与烟草的品种、部位、成

熟度、含水量等因素密切相关。叶绿素的降解速度表现出前期慢、中期快、后期又慢、最终趋于稳定的规律性，但不同的烘烤方法，叶绿素降解速度不同；而不同品种，其叶绿素的降解速度存在着明显的差异。在烘烤过程中，成熟度低的烟叶叶绿素降解较快，明显大于成熟度高的烟叶；不同成熟度烟叶叶绿素 a、叶绿素 b 和总叶绿素含量在 38 ℃之前降解最快，之后逐渐减慢，而未熟烟叶叶绿素的降解过程会延续到 54 ℃；烘烤结束时不同成熟度烟叶叶绿素含量没有差异。

2. 类胡萝卜素的降解

在叶绿素降解的同时，黄色色素也发生降解。研究表明，变黄期类胡萝卜素（β-胡萝卜素、叶黄质、新黄质、紫黄质）含量均随烘烤过程推进而逐渐降低。变黄期不同温湿度条件影响烟叶类胡萝卜素的降解，低温低湿变黄和低温中湿变黄 β-胡萝卜素在变黄结束时含量较低，叶黄质、新黄质、紫黄质含量随烘烤温湿度的降低而降低。低温变黄 β-胡萝卜素与叶黄质、新黄质、紫黄质的比例和烤前相比均有所升高，高温变黄则与之相反。变黄期不同温湿度条件下烟叶叶黄质与叶黄素类的比例和烤前比均升高，而新黄质和紫黄质则与之相反。低温低湿变黄和低温中湿变黄烤后烟叶类胡萝卜素含量较低。烤后烟叶类胡萝卜素降解香气成分含量以低温中湿变黄处理最高。变黄期低温低湿和低温中湿均有利于脂氧合酶、过氧化物酶活性的充分表达，使类胡萝卜素降解更充分。变黄期低温和相对较低的湿度条件下，保持相对较高的酶活性，并在 36～48 ℃适当延长时间，对充分降解类胡萝卜素物质和改善烟叶香气品质是有利的。

定色期不同，升温速度对类胡萝卜素各组分含量变化影响较大，慢速升温烘烤类胡萝卜素各组分（β-胡萝卜素、叶黄质、新黄质、紫黄质）降解量相对较大。定色前期相对较高的酶活性有利于生成更多的香气前体物质。慢速升温定色能很好地调控各种酶活性的变化，使细胞氧化还原反应达到动态平衡，既使类胡萝卜素充分降解，又能避免酶促棕色化反应的发生。

类胡萝卜素在烘烤开始的 24 h 内降解较快，但到 36～60 h 其含量略有回升，此时降解量为原含量的 30%～55%，色素比达到最大值，烟叶也完全变黄，且黄色色度较深，其后，随温度升高，类胡萝卜素又以比叶绿素高的速度降解。烟叶变黄结束时叶绿素含量减少 80%左右，而类胡萝卜素仅减少 5%左右。由于叶绿素的降解速度远远大于类胡萝卜素等色素的降解速度，因此引起叶组织内色素比例的变化。黄色色素占色素总量的比例随时间的推移而逐渐增加，并发展为占优势地位，从而使烟叶在外观上呈现黄色。

（二）烟叶调制过程中颜色和色度的变化

烘烤中烤烟颜色变化是叶片内各种色素比例变化所表现出来的综合结果，亮度（L^*）、纯度（饱和度，C^*）、色调（H）是颜色的三大特性。亮度（L^*，从黑到白，表示亮度，0～100）是光作用于人眼时引起的人对色彩明暗程度的感觉，亮度较高则外观颜色较为鲜明。红度值（a^*，$-A$～$+A$）表示从绿到红的变化，其正值越大，绿色越淡，橘红色越浓。黄度值（b^*，$-B$～$+B$）表示从蓝到黄的变化，其正值越大，黄色越浓。饱和度（C^*）又称纯度，表示含色的多少，低饱和度意味着色泽稀疏暗淡，而高饱和度则表示饱满、强烈的颜色，其数值在 0～60 变化。色调是指色彩外观的基本倾向，H 值是烟叶的色度角，是根据 a^*、b^* 值计算的综合色度指标，其值越大代表绿色越深，其值越小代表红色越深。ΔL^*、Δa^*、Δb^* 分别表示叶片正反面 L^*、a^*、b^* 差值的绝对值。

烘烤过程中烟叶的 L^* 值是逐渐递增的，定色期 48 ℃后略有降低，且 48 ℃后 L^* 值变化幅度较小，亮度变化趋势慢，说明与外观亮度有关的内含物降解较为缓慢。烘烤过程中烟叶的 a^* 值（除 54 ℃）基本是逐渐增大的；b^* 值和 C^* 值变化趋势基本一致，呈先上升后降低的变化规律；但 H 值的变化基本呈逐渐下降的趋势。对颜色各参数相关性分析发现，颜色各参数相关性较好，以 L^* 值的相关性最好，这表明颜色各参数的变化趋势较为一致，但与 H 值的相反；且 a^* 值与 H、b^* 与 C^* 值的相关性均极显著。色素含量与颜色的关系密切，烟叶色素的变化导致烟叶颜色的变化，尤其是叶绿素。色素含量与颜色参数的相关性分析表明，烟叶色素含量（叶绿素、类胡萝卜素）与颜色各参数的相关性较好，与 L^*、a^*、b^*、C^* 值呈负相关，与 H 值呈正相关。叶绿素与颜色测定参数的相关性比类胡萝卜素好，只有与 b^* 值的相关性不显著。烤后烟叶外观颜色较差，应通过适当延长变黄期，使其叶经历较长的饥饿代谢时间，以利于烟叶内色素等大分子物质的充分降解和转化，这对改善调制后烟叶质地及内在品质和提高外观品质均为有利。

对不同成熟度烟叶烘烤过程中颜色参数（L^*、a^*、b^*）和色差参数（ΔL^*、Δa^*、Δb^*）变化特征的研究发现，不同成熟度的 L^*、a^* 值在烘烤过程中均呈现升高的趋势，b^* 值在 48 ℃之前升高，48～54 ℃有所下降，之后稍有回升。其中 L^* 值的变化规律表现为过熟＞适熟＞尚熟＞未熟，鲜烟叶的 a^* 值在不同成熟度之间差别不大，在变黄中期之前成熟度高的烟叶 a^* 值上升较快，烤后烟叶 b^* 值大小表现为尚熟＞未熟＞过熟＞适熟。随着烘烤的进行，烟叶 ΔL^* 总体趋势变小。在 48 ℃烟叶 Δa^* 明显变大，Δb^* 相对降低，尤其以未熟和过熟烟叶比较明显。烘烤过程中不同成熟度烟叶正反面颜色变化趋势基本同步，烟叶颜色参数和色素含量的相关性较好。尚熟和适熟烟叶的类胡萝卜素含量与 L^* 值均呈极显著负相关，类胡萝卜素含量与 a^* 值呈显著负相关。

烟叶颜色与其化学成分关系密切，可在一定程度上反映烟叶的内在品质。在烘烤过程中，不同成熟度烟叶颜色参数 L^* 值与淀粉、总氮呈极显著负相关，a^* 值与总酚呈显著正相关，H 值与总酚呈显著负相关，适熟烟叶达到极显著水平；适熟烟叶 L^* 值与还原糖、总糖呈显著正相关。

三、烟叶调制过程中碳水化合物的变化

碳水化合物在烘烤过程中发生显著的变化，其分解、转化、消耗和积累状况决定着烟叶内在品质和外观商品等级的优劣，也直接影响其燃吸的香吃味特性。

烟叶烘烤过程中，在淀粉酶的作用下，烟叶淀粉含量随烘烤时间的推移而逐渐减少，呈现出慢—快—慢的变化趋势。同时，总糖和还原糖含量则相应增加。研究也表明，淀粉以变黄阶段降解量最大，是鲜烟叶总量的 54%～67%，降解速度以 0～48 h 最快，定色直至干筋降解速度缓慢，降解量小，淀粉含量由烘烤前的 30%左右降低至烘烤后的 5%左右，不同生态条件、不同部位的烟叶测定结果具有相同的规律性。

糖在烟叶烘烤过程中的变化具有两面性，一方面由于呼吸作用而被消耗，另一方面由于淀粉的水解而不断地积累。烘烤过程中淀粉降解量与总糖和还原糖的含量呈显著负相关，总糖含量由烘烤前的9%左右增加至烘烤后的21%，还原糖含量则由8%左右增加至19%左右。

淀粉降解的主要影响因素是环境温度、湿度和烟叶水分3个方面。不同变黄温度、时间与淀粉降解的关系研究结果表明，变黄阶段较高的温度能促使前期淀粉的快速降解，但到后期淀粉降解停滞得也比较早，因而最后残留也比较高。淀粉的降解和烘烤过程中环境湿度及烟叶水分关系密切，在烘烤过程中淀粉的降解不仅与温度有关，与烟叶水分含量也可能有极大的关系。随着湿度的降低，烟叶内淀粉不断降解，变黄阶段湿度快速降低，烟叶内淀粉降解较快，但到后期淀粉降解停滞得也早。在环境湿度较高的阶段，烟叶内淀粉有着最大量和最快速度的降解，当湿度降到70%以下时，淀粉含量趋于稳定。

烟叶水分降低到50%左右时淀粉降解速度变缓，含量趋于稳定。淀粉的降解和烟叶水分并不同步，淀粉的快速和大幅度降解在烟叶变黄（尤其烟叶凋萎）之前，而烟叶水分的快速散失则在此之后，这表明烟叶水分对淀粉降解的影响来说，在烟叶变黄阶段水分不是限制因子，而在烘烤后期淀粉的降解缓慢停滞和烟叶水分变化密切相关，从而成为淀粉降解的限制因子。但相对湿度和烟叶水分等具有协同作用，在某些情况下，即使相对湿度降到70%以下，但烟叶水分仍保持适当的含量，那么淀粉可以得到进一步的降解。

以烤烟品种 Kutsagas 51E 的成熟烟叶为研究对象，结果发现当烟叶变黄后延长变黄时间，烟叶干物质损失直线增加。在变黄阶段，63%的淀粉降解，还原糖含量在完全变黄后24 h之前显著增加，然后至96 h之前略有增加，最后下降。在这个范围内，完全变黄后延长48 h，能改善质量并可能与淀粉含量下降有关。

四、烟叶调制过程中含氮化合物的变化

1. 蛋白质和氨基酸

烟叶中的主要含氮化合物包括蛋白质和氨基酸。新鲜烟叶中的蛋白质含量是比较高的，而且因品种、气候、土壤及栽培技术措施（尤其是施氮量）不同有很大的差异。正常成熟的鲜叶中蛋白质含量为12%~15%，而经过烘烤以后蛋白质含量约为鲜叶含量的35%。蛋白质的降解在烟叶开始烘烤时较慢，烘烤24 h以后降解速度明显加快，定色后降解速度又逐渐下降，呈现“慢—快—慢”的变化规律。

氨基酸与烟草的品质关系很大。一方面，烟叶中氨基酸和糖的美拉德反应是产生香味物质的重要过程之一；另一个方面，某些氨基酸（苯丙氨酸）自身可直接分解为香味化合物（如苯甲醇、苯乙醇等）。

烘烤环境条件对氨基酸的影响较大，表现为：①变黄温度对氨基酸含量的影响大于湿度的影响。低温变黄总氨基酸和与阿马杜里有关的氨基酸含量明显高于高湿变黄，高湿条件下与阿马杜里有关的氨基酸含量也高于低湿变黄。②定色阶段的湿度大小和干筋温度高低对氨基酸含最都有较大影响，略低湿度条件下，总氨基酸和与阿马杜里有关的

氨基酸都远高于高湿条件，高温干筋比低温干筋条件下的总氨基酸和与阿马杜里有关的氨基酸含量明显降低，其原因可能是定色阶段的高湿使氨基酸已经同还原糖发生美拉德反应而减少，烟叶颜色也由此而加深。干筋阶段的低温也使叶内发生美拉德反应而导致氨基酸含量稍有减少。

在烘烤过程中，从鲜烟叶到干筋完成，总游离氨基酸含量逐渐增加，以变黄中期变化最为明显。丙氨酸、丝氨酸、苏氨酸、天门冬氨酸、谷氨酸、胱氨酸等在烘烤第一阶段急剧减少，有些氨基酸，如脯氨酸、半胱氨酸从变黄初期阶段稳步增加，导致氨基酸总量的增加。从干筋阶段后各氨基酸含量降低。

烟叶在烘烤过程中蛋白质和游离氨基酸含量消长关系明显。蛋白质在烘烤 24 h 以后降解速度明显加快，定色后降解速度下降，呈现“慢—快—慢”的曲线；游离氨基酸含量从变黄中期开始快速上升，直至定色结束才渐趋缓慢，同样呈现“慢—快—慢”的变化规律，但是，游离氨基酸含量的变化与蛋白质含量和蛋白酶活性的变化不同步。

蛋白质降解主要发生在变黄和定色阶段，定色结束后变化不大，其中变黄阶段蛋白质分解速度快，定色阶段分解缓慢，整个烘烤过程中，蛋白质的降解量很大，最后的剩余量占鲜烟叶含量的35%左右。高温变黄时，蛋白质降解速度较快，且前期比后期更快些；低温变黄时，在 48 h 以后蛋白质含量大幅度下降；中温变黄时，在 36 h 后开始大幅度下降。总体表现为高温变黄＞中温变黄＞低温变黄。

2. 硝酸盐和亚硝酸盐

据李常军等（2000）研究，不同部位鲜烟叶中 NO_3^- 和 NO_2^- 含量有很大差异，但经过烘烤后差异减小。NO_2^- 在鲜叶中含量较低，烘烤开始后含量逐渐上升，变黄结束时达到最大值，之后含量有所下降，但烤后含量仍比鲜烟叶高。NO_3^- 的变化规律与 NO_2^- 相似，而鲜烟叶的 NO_3^- 含量与其硝酸还原酶活性水平显著相关（$r_{0.10}=0.53^*$）。李常军等（2000）的研究表明，低温变黄有利于 NO_3^- 和 NO_2^- 的快速积累，烤后 NO_3^- 和 NO_2^- 含量较高。这是因为烘烤温湿度影响硝酸还原酶的活性，高温变黄缩短了硝酸还原酶的存活时间，使 NO_3^- 的还原量减少，NO_2^- 的生成量也随之减少；相反，低温变黄使硝酸还原酶在更长时间内以活体状态存在，因而 NO_3^- 和 NO_2^- 的生成量较多。

3. 总氮和烟碱

据李常军等（2001）研究，高温和低湿变黄烤后烟叶总氮含量要高于低温和低温拉长变黄，高湿变黄烤后烟叶总氮含量最低。定色阶段湿度对烤后烟叶总氮含量影响不大。烟碱含量受烘烤条件的影响较复杂，但试验证明高湿变黄烤后烟叶烟碱含量较高。

董志坚等（2000）研究指出，不溶性氮和烟碱含量均随烘烤进程的推移而递减，而且烘烤前期下降幅度大于烘烤后期。以低温慢烤叶内不溶性氮分解最多，含量最低，高温快烤分解最少，含量最高，这可能是由于低温慢烤条件下烟叶变黄时间长，变黄程度相对较高，同时又经过缓慢的脱水定色，致使损失量增大。烟碱变化趋势与不溶性氮相似，而且损失量随变黄时间延长而增加。

烟碱和总氮的变化，多数研究认为它们在烘烤过程中是减少的，且随时间的延长呈递减趋势，其原因可能是在氧的作用下，经氧化分解消失（包括蛋白质的彻底氧化）；

但也有研究认为总氮和烟碱经烘烤之后含量增加，原因是呼吸消耗使干物质有所减少，当干物质损失量大于烟碱和氮化合物分解量时，以干重为基数的烟碱和总氮含量就会有增加的趋势。

五、烟叶调制过程中呼吸代谢的变化

（一）烟叶调制前后的饥饿代谢

离开母体的烟叶仍处于活体状态，在烘烤前期依靠呼吸代谢分解自身贮藏的有机物质来进行生命活动。但烟叶有机物质的积累量是有限的且多种多样，可用于烟叶呼吸代谢的底物主要为碳水化合物和含氮化合物。以呼吸作用为主导，一般认为经历了 6 个阶段。

第一阶段：刚采收的鲜烟叶，其呼吸作用与它在烟株上几乎一样，主要呼吸作用基质是碳水化合物（淀粉水解为单糖作为呼吸基质），产生能量维持生命活动，同时释放大量的 CO_2。

第二阶段：继续以碳水化合物为基质进行呼吸作用，呼吸强度减弱，CO_2释放量逐渐减少。

第三阶段：呼吸作用又增强，CO_2释放量有所回升，此阶段的呼吸基质除碳水化合物外，还包括糖苷类物质和蛋白质。

第四阶段：蛋白质成为主要呼吸基质。由于叶绿体蛋白的分解，叶绿素随之分解，叶黄素、胡萝卜素所占比例逐渐增大，外观上叶色由绿变黄。该阶段结束，叶片基本上完全变黄。若此时烟叶含水量能维持酶的活动，则进入第五阶段；若此时叶内水分不能维持酶的活动，呼吸代谢趋于终止。

第五阶段：CO_2释放量逐渐减少，碳水化合物和含氮化合物的分解转化过程完成，干物质消耗基本结束，叶片完全变褐，叶组织细胞接近死亡。

第六阶段：叶细胞原生质凝聚，原生质膜的选择透性完全丧失，细胞结构逐渐解体，细胞死亡，代谢活动终止。

从烟叶烘烤前后所经历的 6 个阶段来看，可从烟叶颜色转变作为外观判断特征，来了解内部生理生化的变化过程，并通过采取有效措施调控这一过程，使其向着提高烟叶品质的方向发展。

（二）烟叶调制过程中呼吸的变化

1. 烟叶调制过程中呼吸作用的变化

烟叶烘烤过程中呼吸作用表现规律为：点火开始后一段时间内，呼吸速率有一个明显的下降过程；变黄中、后期呈现一个时间长、速率高的呼吸旺盛时期；定色前期呈现第二个呼吸旺盛时期，但时间不长，强度也相对较弱。

烘烤过程中烟叶呼吸高峰发生变化，影响其变化的主要原因是呼吸基质的变化。刚采摘的烟叶，其呼吸作用的基质是碳水化合物，变黄前期呼吸基质也以碳水化合物为主；随后呼吸基质变为碳水化合物、糖苷类物质和蛋白质，变黄末期蛋白质逐渐成为主要呼吸基质；随着烘烤进程，烟叶的水分逐渐散失，叶内水分不能维持呼吸酶类的活动，呼吸作用趋于停止。烟叶在调制过程中，呼吸作用除受到呼吸基质的影响外，还受到烘烤环境的温度、水分和呼吸酶活性等因素的影响。

云烟 87 上部叶带茎烘烤与不带茎烘烤的烟叶呼吸强度变化规律基本一致，均在变黄后期和定色前期出现呼吸峰。烘烤 12 h，呼吸强度较 0 h（鲜烟叶）略有下降，随后烟叶呼吸强度逐渐增强，烘烤 48 h 烟叶的呼吸强度达到最高，变黄末期（烘烤 60 h）又迅速下降。在定色前期，烟叶的呼吸强度再次升高；烘烤 72 h 以后，烟叶呼吸强度逐渐下降。

变黄期温湿度及持续时间对 K326 上部叶呼吸作用影响的研究表明，烘烤过程中，变黄期不同处理烟叶呼吸速率和细胞间隙 CO_2浓度均出现了两个高峰。在烘烤的 0~44 h 烟叶呼吸速率逐渐升高，烘烤 44 h 时烟叶出现了第一个呼吸高峰，细胞间隙 CO_2浓度在烘烤 44 h 时也达到了第一个高峰。在烘烤 56 h 时，烟叶呼吸速率均开始回升，在 64~68 h 时达到第二次高峰。烘烤的 48~68 h 烟叶细胞间隙 CO_2浓度也呈现先降低后升高的趋势。烟叶细胞间隙 CO_2浓度在烘烤的 68 h 时达到最高。在烘烤的 68~96 h 烟叶呼吸速率呈现下降趋势。

2. 烟叶调制过程中干物质的损失

烟叶在烘烤过程中的呼吸代谢和物质转化消耗，以及后期高温环境下的挥发，引起烟叶一部分干物质的损失。一般烘烤期间干物质损失总量为鲜烟叶干物质总量的 10%~20%，其中大部分干物质损失发生在烘烤开始的前 70 h。有研究认为，在烟叶变黄阶段损失量最大，约占 54%，其次为定色阶段，占 29%，干筋阶段约占 17%。中部叶烘烤过程中干物质损失量为 11%~16%，不同处理间干物质的损失表现为：低温慢烤＞低温快烤＞高温慢烤＞高温快烤。由此可以看出，干物质的损失量与烟叶呼吸代谢作用或干物质的转化程度有明显的正相关关系。变黄阶段的温度越高，时间越长，干物质的损失量也就越多。同时，大量研究表明，烟叶的部位不同、成熟度不同、内含物的化学成分不同，烘烤过程中的干物质损失量也不同。另外，叶间隙风速和干燥速度也影响着干物质的损失量，一般叶间隙风速越大，失水干燥速度越快，干物质损失量越少。与普通烤房烘烤相比，密集烘烤烟叶失水干燥速度更快，烘烤时间缩短，干物质消耗损失更少，单叶重增加，说明内含物质转化不够，影响到烟叶烘烤质量。因此，在密集烘烤过程中通过变速通风以调节烟叶的失水速度从而提高烟叶品质。

变黄期是呼吸作用的高峰期，保持烟叶适当的水分可促进生理生化变化的顺利进行。当烟叶变化达到一定程度以及内含物质得到充分转化以后，应升温进入定色期，以较快的速度排除叶组织水分，抑制酶类的活性从而使烟叶内的生化变化停止，将已获得的烟叶内在品质固定下来。烘烤定色前期，呼吸强度出现第二次高峰，这一时期要保证有一个强度适宜的高峰，以确保必要的以蛋白质转化为主的生理生化过程的完成。若升温、脱水过程太快，容易抑制呼吸作用，使烟叶内物质得不到充分转化；若升温、脱水过程太慢，则会使呼吸过旺，进而使物质过度消耗；同样，这一时期叶片含水量也应有一个适宜度，既要保证呼吸高峰期的顺利完成，又要为后面的细胞大量排水做好准备。

六、烟叶香气物质的合成与调控

一般来讲，烟叶在烘烤过程中香气成分变化的基本特征：在变黄阶段，通过生化变化，使烟叶中的大分子物质如淀粉、蛋白质等分解转化，形成香气原始物质；在定色阶段，香气原始物质发生缩合形成香气物质；干筋阶段在高温条件下，部分香气成分则发生分解。

（一）烘烤环境温、湿度的影响

目前国内外的研究普遍认为，烤烟香气物质大部分在烘烤的变黄和定色阶段形成，到干筋后期香气物质可能分解。从烟叶调制过程中非酶棕色化反应即氨基酸和糖反应产物的生成过程来看，这些化合物主要是在主脉干燥的高温条件下形成的，而糖和氨基酸则是在变黄阶段显著增加的。因此变黄和干筋阶段温度条件对烟叶的香吃味产生决定性影响。

如果在变黄阶段限制叶片脱水，则显著抑制氨基酸的增加，而淀粉水解酶活性也只有在叶片适度失水时才最高。变黄阶段温度低或在40~50 ℃条件下，停留时间过短，势必影响糖与氨基酸的生成，从而影响烟叶的香吃味。在烟叶叶肉干燥的定色阶段末期，温度达50 ℃以后，烟叶开始出现特有的香气，而糖与氨基酸的缩合反应恰好在50~55 ℃下激烈进行，所以，如果烟叶在变黄阶段形成了大量的糖和氨基酸类物质，在50~55 ℃范围内又经历了较长时间，使香气物质的缩合反应得以充分进行，就能使烟叶内具有较多的香气物质，反之，香气物质数量将减少。采用低温变黄（35~38 ℃）、慢升温定色［平均1 $℃\cdot(3\ h)^{-1}$］，烤后烟叶香气质好、香气量足、杂气和刺激性小。

烘烤过程中的温、湿度在很大程度上决定了烟叶内部各种生理生化变化和生物大分子的转化，其影响甚至决定着烤后烟叶的质量。烘烤温、湿度对烟叶生理生化特性及烤后烟叶品质的影响已有大量研究，但多集中在烘烤过程中的变黄和定色阶段。密集烘烤干筋期烘烤温湿度与烟叶中性香气物质、感官质量密切相关，采用干筋前期干球温度＜60 ℃、湿球温度38 ℃，干筋后期干球温度60~68 ℃、湿球温度41 ℃进行烘烤能极显著提高烟叶香气物质的含量；烟叶的香韵较好，香气量充足，香气质纯净，烟气浓度和劲头适中，刺激性较小，杂气较少，口感较好，感官质量得分最高。

（二）烟叶脱水因素的影响

烟叶含水量影响叶内的代谢活动和物质转化，所以烟叶的脱水速度决定了叶内代谢活动和物质转化的进程。据研究，烟叶脱水速度与香吃味关系很大，如果在变黄阶段烟叶脱水过多，烤后香吃味平淡，并有强烈的苦涩味和青杂气；如果变黄阶段脱水适当，而定色阶段脱水速度过快，则干烟有辛辣味、刺激性强，烟气粗糙。反之，如果变黄或定色前期烟叶脱水速度缓慢，则烤后烟叶香气淡，香气质不明显；如果变黄阶段烟叶脱水迟缓，而到定色阶段急剧脱水，则干烟辛辣味和刺激性增强；如果到定色前期一直脱水迟缓，烤后烟叶的辛辣味和刺激性虽小，但香气质显著发闷，香味不突出。

风速是密集烘烤过程中烟叶脱水快慢的主要影响因素之一。对密集烘烤干筋期风速与烤后烟叶香气物质和评吸质量进行研究，结果表明，适当降低干筋期风机转速能明显改善烟叶的香气质量，且干筋前期降低风机转速对香气物质含量的影响相对于后期更大，其中54~60 ℃风机转速为720 r·min^{-1}，60 ℃以后风机转速540 r·min^{-1}明显提高了烤后烟叶上部叶的香气物质总量、质体色素降解产物、苯丙氨酸类香气物质以及类西柏烷类香气物质含量；烤后烟叶香气量充足，香气质纯净，香韵较好，刺激性小，劲头适中，杂气较少。

第六章　泸州烟区烤烟杂交组合筛选

“云烟 87”“云烟 99”“云烟 105”是泸州烟区主要种植的烤烟品种，品种遗传基础相对简单，品种种性相对单一；再加上多年种植相同品种，对烟草病害和虫害的抗性均有不同程度的降低，已经无法满足卷烟工业对“中式卷烟”原料多样性发展的需求。

品种单一及种性退化的问题，已成为制约我国烤烟生产可持续发展的主要不利因素之一，亟须加强对品种的培育、引进和示范与推广，以保障烤烟优质烟叶生产的多元化，满足卷烟工业的需要，为“中式卷烟”的可持续发展打下坚实的基础，提高我国应对国际烟草跨国公司的冲击和激烈的市场竞争。

目前，我国对烤烟新品种的培育越来越受重视，各大烟区都在进行相关的研究，以云南、贵州等烟区为突出代表。本章基于四川烟区烤烟新品种的相关研究，以 13 个烤烟新杂交组合为研究对象，通过对其在川南同一生态区域的种植表现进行观测和记录，对生育期、植物学性状、田间自然发病率、农艺性状、经济性状、原烟品质等进行比较和分析；采用主观赋权法和客观赋权法（灰色关联度）对中部叶的常规化学成分、外观质量、感官质量共计 24 个指标进行综合评价，以期筛选出适合当地种植，并符合“优质、适产、抗性好、适应性广”的新品种，为大面积烤烟生产提供优良品种后备资源；同时，丰富烤烟新品种培育的资源材料和优异种质资源。

第一节　参试杂交组合与考查指标

一、参试杂交组合

13 个供试烤烟新杂交组合为：MS coker176×中烟 90、MS 云烟 87×中烟 90、MS 云烟 87×中烟 103、MS coker176×ZT99、MS coker176×XT11-1、MS 云烟 87×K326、MS 云烟 87×XT11-1、MS coker176×云烟 87、MS 中烟 203×云烟 87、MS 云烟 87×SC12、MS 中烟 203×coker176、MS 云烟 87×ZT99、MS coker176×中烟 103，选当地主栽品种云烟 97 为对照 CK。对 13 个烤烟新杂交组合分别编号为 201301、201302、201303、201304、201305、201306、201307、201308、201309、201310、201311、201312、201313；CK 为云烟 97。

二、试验设计

本试验是杂交组合评比试验，采用单因素随机区组试验设计，供试杂交组合有 13

个，1 个对照（云烟 97），共 14 个处理，每个处理 3 个重复，共 42 个小区，每个小区种植 30 株，要求行距 1.2 m，株距 0.5 m；每个小区设为 3 行区，行长 5 m，小区大小为 5 m×3.6 m。

田间试验于 2013 年在泸州市烟草公司古蔺烟草试验基地进行。土壤质地为黏土，前茬作物为高粱，0~20 cm 土壤理化性质如表 6-1 所示。

表 6-1　试验地土壤的基本理化性质

pH 值	碱解氮/ ($mg \cdot kg^{-1}$)	交换量/ ($cmol \cdot kg^{-1}$)	全氮/ ($g \cdot kg^{-1}$)	全钾/ ($g \cdot kg^{-1}$)	全磷/ ($g \cdot kg^{-1}$)	速效钾/ ($mg \cdot kg^{-1}$)	有效磷/ ($mg \cdot kg^{-1}$)	有机质/%
5.7	138.55	13.79	1.83	21.92	0.72	149.34	16.69	2.94

三、田间试验管理

本试验的种子是裸种，因此采用精细播种方式，避免播种错误。对各个新杂交组合做好标记工作，准确编号，以便后期移栽和大田管理中的试验操作。整个育苗和苗床管理参照《烟草漂浮育苗技术规程》进行。

烟苗移栽在当地最适时期进行。大田需要精细管理；主要栽培措施和田间管理参照当地优质烟叶生产技术规程进行。烟叶成熟采收，并采用常规三段式烘烤工艺进行烘烤，烤后烟叶按照相应规定进行取样。

四、测定项目和方法

1. 主要生育期记录

记录各个新杂交组合播种、移栽、旺长期、现蕾期、打顶期、脚叶开采期、采收结束期时间。

2. 主要植物学性状观测

在全生育期跟踪观测各新杂交组合的株型、叶形、叶色、田间整齐度、主脉粗细、成熟特性、茎脉夹角、叶面平整度 8 项指标。

3. 田间自然发病率调查

在全生育期观测记录各新杂交组合普通花叶病、黑胫病、气候斑点病和青枯病的自然发病率。

4. 农艺性状调查

分别于移栽后 30 d、45 d、60 d、80 d 完成各新杂交组合的农艺性状测定：株高、茎围、节距、叶片数、叶长、叶宽。

株高：从地表茎基处到生长点的高度。

茎围：从根部量在垄高 1/3 处节间测量茎的圆周长。

节距：在茎高 1/3 处测量上下各 5 节（共 10 节）的平均长度。

最大叶长与叶宽：在不同生育时期，分别选择烟株最大的一片烟叶，测定其叶长、叶宽。叶长是从茎叶连接处量至叶尖，叶宽是量取最宽处与主脉的垂直长度。在移栽后

30 d 以前取下部叶测量。

最大叶面积：最大叶长×最大叶宽×0.634 5。

5. 烤后烟叶经济性状调查

成熟时按各新杂交组合采收编竿烘烤，每个杂交组合按小区比例折算单独计产，计算产量、产值、均价、中上等烟比例。各新杂交组合的经济性状计算时，烟叶价格参照当地烟叶收购价格。

6. 烤后烟叶化学成分指标

取烤后烟叶（X2F、C3F、B2F）样品，对 3 个部位烟叶进行常规化学成分的测定，采用近红外仪器测定，指标包括烟叶中总氮、总植物碱、总糖、还原糖、钾、氯，并计算糖碱比、氮碱比、钾氯比。留中部叶进行感官质量和外观质量评价。

五、烤烟质量综合评价

（一）四川省烟草公司烟叶质量评价体系

1. 外观质量

外观质量评价采用定性描述和定量打分相结合的方法进行，定性描述以 GB 2635—92《烤烟》分级标准为基础，定量评价以 GB 2635—92《烤烟》分级标准为基础，建立了外观质量评定的打分标准（表 6-2、表 6-3）。

表 6-2　烤烟外观质量指标的权重

指标	颜色	成熟度	叶片结构	身份	油分	色度
权重	0.15	0.2	0.2	0.1	0.2	0.15

表 6-3　烤烟外观质量评分标准

颜色	分数	成熟度	分数	结构	分数	身份	分数	油分	分数	色度	分数
橘黄	7~10	成熟	7~10	疏松	8~10	中等	8~10	多	8~10	浓	9~10
柠檬黄	6~9	完熟	6~9	尚疏松	6~7	稍薄	5~7	有	5~7	强	6~8
红棕	6~8	尚熟	4~6	稍密	3~5	稍厚	5~7	稍有	3~4	中	4~5
微带青	3~5	假熟	3~5	紧密	0~2	薄	0~4	少	0~2	弱	2~3
杂色	1~4	欠熟	2~4			厚	0~4			淡	0~1
青黄	0~3										

烟叶外观质量因素各个指标均按 10 分制进行打分。得出不同分值，分值的高低代表质量的好坏。烟叶综合外观质量得分是由各品质指标得分乘以相应的权重并求和而得。其中各指标权重和评分标准如表 6-2、表 6-3 所示，计算公式如下：

$$\text{单一样品烟叶外观质量得分} = \sum（\text{第 } i \text{ 个指标得分} \times \text{第 } i \text{ 个指标权重}） \quad (6-1)$$

其中，i=颜色、成熟度、结构、身份、油分、色度。

2. 化学成分

根据化学成分对烟叶评吸品质的影响程度，选择烟叶总氮、还原糖、总植物碱、钾、糖碱比、氮碱比、钾氯比 7 项主要化学成分指标进行烟叶化学成分的评价。各指标以普遍认为的适宜含量为满分 100 分，不在适宜范围的随着含量变化而改变分数，所得出的分数再依据各品质指标相应的权重来计算烟叶化学成分综合得分。化学成分指标权重如表 6-4 所示，中部叶化学成分评分标准如表 6-5 所示。

表 6-4　化学成分指标的权重

指标	总植物碱/%	总氮/%	还原糖/%	钾/%	淀粉/%	糖碱比	氮碱比	钾氯比
权重	0.159	0.109	0.125	0.102	0.118	0.184	0.130	0.073

表 6-5　中部叶化学成分评分标准

满分	总氮/%	还原糖/%	总植物碱/%	钾/%	糖碱比	氮碱比	钾氯比	淀粉/%
100	2.0~2.3	23.0~26.0	2.1~2.4	≥2.5	10.5~11.5	≥1.05	≥8.0	≥3.5
90~100	1.9~2.0	21.0~23.0	2.0~2.1	2.3~2.5	10.0~10.5	0.95~1.05	7.5~8.0	3.5~4.0
80~90	1.8~1.9	20.0~21.0	1.9~2.0	2.1~2.3	9.5~10.0	0.90~0.95	7.0~7.5	4.0~4.4
70~80	1.7~1.8	19.0~20.0	1.8~1.9	2.0~2.0	9.0~9.5	0.85~0.90	6.0~7.0	4.4~4.7
60~70	1.6~1.7	18.0~19.0	1.7~1.8	1.9~2.0	8.5~9.0	0.80~0.85	5.0~6.0	4.7~5.0
50~60	1.5~1.6	17.0~18.0	1.6~1.7	1.8~1.9	8.0~8.5	0.75~0.80	4.0~5.0	5.0~5.5
40~50	1.4~1.5	16.0~17.0	1.5~1.6	1.6~1.8	7.0~8.0	0.70~0.75	3.0~4.0	5.5~6.0
30~40	1.3~1.4	15.0~16.0	1.4~1.5	1.3~1.6	6.0~7.0	0.65~0.70	2.0~3.0	6.0~6.5
20~30	1.2~1.3	14.0~15.0	1.3~1.4	1.0~1.3	5.0~6.0	0.60~0.65	1.0~2.0	6.5~7.0
10~20	1.1~1.2	13.0~14.0	1.2~1.3	0.8~1.0	4.0~5.0	0.55~0.60	0.8~1.0	7.0~7.5
0~10	<1.1	<13.0	<1.2	<0.8	<4.0	<0.55	<0.8	<7.5

计算公式如下：

单一样品烟叶化学成分得分 = Σ（第 i 个指标得分×第 i 个指标权重）　(6-2)

其中，i=总植物碱、总氮、还原糖、钾、淀粉、糖碱比、氮碱比、钾氯比。

3. 感官质量

将样品去梗、切丝、卷制备用，按照《烟草及烟草制品感官评价方法》（YC/T 138—1998）进行感官评价，指标包括：香气量、香气质、刺激性、余味、杂气等共 9 个指标。感官质量指标权重和评分标准如表 6-6、表 6-7 所示。

烟叶感官质量总分计算方法：将每项感官指标评分进行平均后，乘以各感官质量指标权重系数，再将各感官指标之和转换为百分制。单一样品烟叶感官质量总分 T 计算公式如下：

$$T(\%) = (A \times 25\% + B \times 20\% + C \times 13\% + D \times 10\% + E \times 12\% + F \times 5\% +$$

$$G \times 5\% + H \times 5\% + I \times 5\%) \times 100/9 \quad (6\text{-}3)$$

其中，A、B、C、D、E、F、G、H、I 分别代表香气质、香气量、杂气、余味、刺激性、回甜感、干燥感、细腻度、成团性。

表 6-6　感官质量指标的权重

指标	香气质	香气量	杂气	余味	刺激性	回甜感	干燥感	细腻度	成团性
权重	0.25	0.20	0.13	0.10	0.12	0.05	0.05	0.05	0.05

表 6-7　感官质量评分标准

香型	香气质	香气量	杂气	余味	刺激性	回甜感	干燥感	细腻度	成团性
清香型	很好（9）	充足（9）	无（9）	舒适（9）	小（9）	明显（9）	无（9）	细腻（9）	很好（9）
清偏中	好（8）	足（8）	较轻（8）	较舒适（8）	较小（8）	较明显（8）	较弱（8）	较细腻（8）	好（9）
中偏清	较好（7）	较足（7）	微有（7）	尚舒适（7）	微有（7）	有（7）	微有（7）	欠细腻（7）	较好（7）
中间香	中上（6）	尚足（6）	有（6）	欠舒适（6）	有（6）	微有（6）	有（6）	中等（6）	中上（6）
中偏浓	中等（5）	有（5）	略重（5）	微滞舌（5）	略大（5）	尚有（5）	稍明显（5）	稍粗糙（5）	中等（5）
浓偏中	中下（4）	稍有（4）	稍重（4）	较滞舌（4）	稍大（4）	较弱（4）	较明显（4）	较粗糙（4）	中下（4）
浓香型	较差（3）	较少（3）	较重（3）	滞舌（3）	较大（3）	弱（3）	明显（3）	粗糙（3）	较差（3）
特殊香型	差（2）	平淡（2）	重（2）	涩口（2）	大（2）	不明显（2）	较突出（2）	很粗糙（1~2）	差（2）
	很差（1）	少（1）	很重（1）	苦味（1）	很大（1）	无（1）	突出（1）		很差（1）

注：各指标 9 分为满分。

4. 初烤烟叶品质

烟叶品质值是外观质量评价得分、化学成分评价得分和感官质量评价得分分别乘以各自的权重系数之和。计算公式如下：

$$烟叶品质值（\%）=（外观质量评价得分\times15\%+化学成分评价得分\times25\%+感官质量评价得分\times50\%）\times100/90 \quad (6\text{-}4)$$

（二）灰色关联分析

根据灰色系统理论，利用灰色关联分析方法对各新杂交组合中部叶的外观指标、常规化学成分指标、感官指标进行综合评价，经数据标准化，求出客观权重系数和关联系数，进而得出等权关联度排名和加权关联度排名。

六、数据统计与分析

分别对烤烟的农艺性状、经济性状和烟叶的化学成分进行方差分析，多重比较和典型相关分析用 DPS 进行处理，灰色关联分析采用 Excel 2010 处理；试验数据采用 Excel 2010整理。

第二节　烤烟新杂交组合的农艺性状分析

一、生育期分析

在大田生长期间，移栽到团棵期天数为 32～36 d，其中，新杂交组合 201302、201303、201309、201313 比 CK 早 2 d；新杂交组合 201304、201305 比 CK 早1 d，新杂交组合 201306、201307、201311、201312 比 CK 迟 2 d，其他新杂交组合与 CK 一致。

新杂交组合 201309 和 CK 最早达到现蕾期，其余新杂交组合均比 CK 晚9 d左右。脚叶开采时期表现为新杂交组合 201309 最早，比 CK 早 1 d，新杂交组合 201302、201303 与 CK 同一天，新杂交组合 201301 和 201313 分别比 CK 晚 1 d 和 2 d，其中，新杂交组合 201307 最晚，比 CK 晚 5 d。

各新杂交组合大田生育期天数为 117～126 d，其中，新杂交组合 201307 时间最长，为126 d；新杂交组合 201302、201309、201310、201311、201312 和 CK 最短，为 117 d，其余新杂交组合为 123 d。具体结果如表 6-8 所示。

表 6-8　各新杂交组合的主要生育期表现

处理	播种期（年-月-日）	出苗期（月-日）	移栽期（月-日）	团棵期（月-日）	现蕾期（月-日）	打顶期（月-日）	脚叶采收期（月-日）	上部叶采收期（月-日）	大田生育期天数/d
201301	2013-1-25	3-8	4-15	5-19	6-13	6-20	7-9	8-16	123
201302	2013-1-25	3-8	4-15	5-17	6-14	6-20	7-8	8-10	117
201303	2013-1-25	3-8	4-15	5-17	6-15	6-20	7-8	8-16	123
201304	2013-1-25	3-8	4-15	5-18	6-15	6-20	7-11	8-16	123
201305	2013-1-25	3-8	4-15	5-18	6-15	6-20	7-11	8-16	123
201306	2013-1-25	3-8	4-15	5-21	6-13	6-20	7-11	8-16	123
201307	2013-1-25	3-8	4-15	5-21	6-15	6-20	7-15	8-19	126
201308	2013-1-25	3-8	4-15	5-19	6-10	6-13	7-11	8-16	123
201309	2013-1-25	3-8	4-15	5-17	6-5	6-10	7-7	8-10	117
201310	2013-1-25	3-8	4-15	5-19	6-14	6-20	7-11	8-10	117
201311	2013-1-25	3-8	4-15	5-21	6-14	6-20	7-11	8-10	117
201312	2013-1-25	3-8	4-15	5-21	6-15	6-20	7-11	8-10	117
201313	2013-1-25	3-8	4-15	5-17	6-15	6-20	7-10	8-16	123
CK	2013-1-25	3-8	4-15	5-19	6-5	6-10	7-8	8-10	117

二、植物学性状调查

各新杂交组合的植物学性状均有一定差异，如表 6-9 所示。

表 6-9　各新杂交组合主要植物学性状的差异

处理	株型	叶形	叶色	主脉粗细	田间整齐度	成熟特性	茎叶夹角	叶面平整度
201301	筒形	长椭圆形	深绿	粗	较齐	分层落黄	中	较皱
201302	筒形	长椭圆形	绿	粗	较齐	分层落黄	中	较皱
201303	塔形	椭圆形	深绿	粗	齐	分层落黄	中	较皱
201304	塔形	长椭圆形	深绿	较粗	较齐	分层落黄	中	较平
201305	塔形	椭圆形	绿	粗	较齐	分层落黄	中	较平
201306	塔形	长椭圆形	深绿	较粗	齐	分层落黄	大	较平
201307	塔形	宽椭圆形	深绿	粗	较齐	分层落黄	大	较平
201308	筒形	椭圆形	深绿	粗	较齐	分层落黄	大	较平
201309	塔形	长椭圆形	绿	较粗	较齐	分层落黄	中	较平
201310	塔形	椭圆形	绿	较粗	齐	分层落黄	中	较皱
201311	塔形	长椭圆形	绿	细	齐	分层落黄	中	较皱
201312	塔形	椭圆形	绿	较粗	齐	分层落黄	中	较平
201313	筒形	宽椭圆形	深绿	粗	齐	分层落黄	大	较皱
CK	塔形	长椭圆形	深绿	细	较齐	分层落黄	大	平

从株型来看，新杂交组合 201301、201302、201308、2013013 为筒形，其余为塔形。

从茎叶夹角来看，新杂交组合 201306、201307、201308、201313 和 CK 表现为大，其他新杂交组合表现为中。

叶形主要分为长椭圆形、椭圆形和宽椭圆形，其中新杂交组合 201307 和 201313 为宽椭圆形，新杂交组合 201303、201305、201308、201310、201312 为椭圆形，CK 及其他 6 个新杂组合为长椭圆形。

叶色均为绿或深绿，新杂交组合 201302、201305、201309、201310、201311、201312 表现为绿，其他 7 个新杂交组合和 CK 表现为深绿。

田间生长整齐度都比较好，其中表现整齐的新杂交组合有 201303、201306、201310、201311、201312、201313。

成熟特性均为分层落黄。从主脉粗细来看，CK 表现为细，各新杂交组合均表现为粗或较粗。

从叶面平整度来看，CK 表现为平，新杂交组合 201301、201302、201303、201310、201311、201313 表现为较皱，其他表现为较平。

三、田间自然发病率调查

各新杂交组合在田间抗病性表现有差异，整体来看各新杂交组合发病率较低，如表6-10所示。普通花叶病的发病率为0.00%~3.33%，新杂交组合201301、201302、201303、201305、201306、201307、201308、201311表现为感病，新杂交组合201303发病率最高，为3.33%，其余新杂交组合未发现感病株。

气候斑点病的发病率为0.00%~16.67%，新杂交组合201306、201307、201309、201310、201312未发现感病株，其余新杂交组合表现为感病，其中新杂交组合201304、201308、201311发病率分别为6.67%、16.67%和8.89%，高于CK，其他新杂交组合发病率低于CK。

黑颈病的抗性表现中，仅在新杂交组合201306中发现，发病率为3.33%，其余新杂交组合未发现感病株。青枯病在各新杂交组合中均未发现感病株。

表6-10　参试杂交组合田间自然发病率比较　　单位：%

处理	普通花叶病	气候斑点病	黑胫病	青枯病
201301	1.11	2.22	0.00	0.00
201302	2.22	3.33	0.00	0.00
201303	3.33	1.11	0.00	0.00
201304	0.00	6.67	0.00	0.00
201305	1.11	1.11	0.00	0.00
201306	1.11	0.00	3.33	0.00
201307	2.22	0.00	0.00	0.00
201308	2.22	16.67	0.00	0.00
201309	0.00	0.00	0.00	0.00
201310	0.00	0.00	0.00	0.00
201311	1.11	8.89	0.00	0.00
201312	0.00	0.00	0.00	0.00
201313	0.00	1.11	0.00	0.00
CK	0.00	3.33	0.00	0.00

四、农艺性状的比较分析

1. 株高

农艺性状株高的比较分析结果显示：整体来看，新杂交组合201301、201304、201305、201307、201312在前期长势相对较缓慢，后期迅速生长，而新杂交组合201309则前期长势强，后期长势缓。

移栽后30 d，新杂交组合201302株高为22.67 cm，表现为最高；新杂交组合201304株高为16 cm，表现为最矮。多重比较表现为新杂交组合201304、201306、201307、201312与CK差异极显著，新杂交组合201302与CK表现为差异显著，其余新杂交组合与 CK 表现为差异不显著（表 6-11）。

移栽后 45 d，新杂交组合 201309 株高为 33.67 cm，表现为最高；新杂交组合 201307 株高为 23.89 cm，表现为最矮。多重比较表现为新杂交组合 201304、201306、201307、201310、201311、201312 与 CK 差异极显著，新杂交组合 201309 与 CK 表现差异显著，其余新杂交组合表现为差异不显著。

表 6-11　参试杂交组合农艺性状的多重比较

时期	处理	株高/cm	茎围/cm	节距/cm	叶数/片	最大叶面积/cm^2
移栽后 30 d	201301	21.22abAB			9.33abA	523.67abcdABC
	201302	22.67aA			9.33abA	585.22aA
	201303	21.22abAB			9.11abA	569.85abAB
	201304	16.00eE			8.89abA	564.85abAB
	201305	18.89cdBCD			9.33abA	512.11abcdABC
	201306	16.78eDE			9.11abA	397.16eD
	201307	17.22deCDE			8.78bA	505.84bcdABC
	201308	19.33bcBC			9.67aA	511.20abcdABC
	201309	21.00abAB			9.44abA	475.52dBCD
	201310	19.89bcB			9.33abA	567.95abAB
	201311	19.33bcBC			8.89abA	485.32cd BCD
	201312	16.78eDE			8.89abA	553.85abcAB
	201313	20.89abAB			9.22abA	564.56abAB
	CK	20.22bcAB			8.89abA	457.12deCD
移栽后 45 d	201301	30.56cB			11.00cdBCD	628.93abcdABC
	201302	32.67abcAB			11.22bcdBCD	672.50abcdAB
	201303	31.11bcAB			11.22bcdBCD	697.24abAB
	201304	24.78efCD			11.33bcdABCD	652.34abcdAB
	201305	31.67abcAB			12.00abAB	688.71abcAB
	201306	26.89deC			12.00abAB	520.15eC
	201307	23.89fD			11.33bcdABCD	652.20abcdAB
	201308	30.44cB			12.00abAB	580.85deBC
	201309	33.67aA			12.33aA	614.62bcdABC
	201310	26.56deCD			10.67dD	632.10abcdABC
	201311	27.22dC			11.78abcABC	510.21eC
	201312	24.78efCD			10.78dCD	725.87aA
	201313	33.00abAB			11.33bcdABCD	704.29abAB
	CK	31.00bcAB			11.11cdBCD	591.85cdeBC

（续表）

时期	处理	株高/cm	茎围/cm	节距/cm	叶数/片	最大叶面积/cm^2
移栽后60 d	201301	54. 78eDE	8. 66bcdeBC	3. 78bA	15. 33bcdeAB	1 152. 89bcdAB
	201302	76. 00abAB	8. 73bcdeABC	4. 83abA	16. 22abcdAB	1 165. 08abcdAB
	201303	66. 78cdC	9. 21abAB	4. 66abA	15. 44bcdeAB	1 308. 13abAB
	201304	54. 00eE	8. 91abcdABC	4. 09abA	15. 11deAB	1 363. 82aA
	201305	65. 33cdC	9. 20abAB	4. 46abA	16. 67abA	1 248. 56abcdAB
	201306	62. 44dCD	8. 34cdeBC	3. 90abA	15. 67abcdeAB	1 090. 71cdB
	201307	55. 67eDE	9. 63aA	5. 17aA	16. 33abcdAB	1 302. 70abAB
	201308	70. 22bcBC	8. 06eC	3. 92abA	16. 67abA	1 056. 37dB
	201309	80. 33aA	8. 44cdeBC	4. 27abA	16. 56abcA	1 175. 09abcdAB
	201310	70. 11bcBC	8. 86bcdABC	4. 51abA	16. 00abcdAB	1 225. 57abcdAB
	201311	70. 00bcBC	8. 01eC	3. 93abA	16. 78aA	1 127. 86bcdAB
	201312	56. 56eDE	9. 28abAB	4. 30abA	15. 33bcdeAB	1 290. 78abcAB
	201313	75. 00abAB	8. 98abcABC	5. 22aA	16. 67abA	1 274. 99abcAB
	CK	80. 22aA	8. 22deC	4. 78abA	14. 67eB	1 325. 75abAB
移栽后80 d	201301	116. 11bcABC	9. 02deC	5. 37abA	17. 67bcdBCD	1 189. 62deC
	201302	108. 22deD	9. 24cdeBC	5. 46abA	16. 78deDE	1 222. 75cdeBC
	201303	118. 56abAB	9. 99abAB	5. 51aA	18. 44abcABC	1 474. 01abAB
	201304	105. 56efDEF	9. 21cdeBC	5. 18abcAB	17. 33cdBCDE	1 344. 29abcdeABC
	201305	123. 22aA	9. 72bcABC	5. 27abcAB	18. 56abAB	1 263. 92cdeABC
	201306	107. 22deDE	9. 17cdeBC	4. 99bcdeABC	18. 22abcABCD	1 293. 89bcdeABC
	201307	118. 89abAB	10. 37aA	4. 69defBC	19. 33aA	1 304. 53bcdeABC
	201308	110. 56deCD	9. 07cdeC	4. 87cdefABC	17. 33cdBCDE	1 237. 98cdeBC
	201309	100. 78fgEFG	9. 20cdeBC	4. 64efBC	17. 67bcdBCD	1 261. 81cdeABC
	201310	112. 33cdBCD	9. 66bcdABC	5. 16abcdAB	18. 44abcABC	1 356. 70abcdABC
	201311	108. 00deD	8. 87eC	4. 50fC	18. 78abAB	1 152. 89eC
	201312	98. 67gFG	9. 50bcdeBC	4. 88cdefABC	16. 89deCDE	1 394. 14abcABC
	201313	119. 11abAB	9. 63bcdABC	5. 28abcAB	18. 11bcABCD	1 271. 33cdeABC
	CK	97. 33gG	9. 01deC	5. 47abA	15. 89eE	1 512. 86aA

注：不同小写字母表示在 0. 05 水平上差异显著，不同大写字母表示在 0. 01 水平上差异显著。下同。

移栽后 60 d，株高观测结果为：新杂交组合 201309 株高为 80. 33 cm，表现为最高；

新杂交组合 201304 株高为 54 cm，表现为最矮。多重比较结果表现为新杂交组合 201302、201309、201313 与 CK 差异不显著，其余新杂交组合与 CK 表现为差异极显著。

移栽后 80 d 株高表现为 201305＞201313＞201307＞201303＞201301＞201310＞201308＞201302＞201311＞201306＞201304＞201309＞201312＞CK。新杂交组合 201305 株高为 123.22 cm，表现为最高；CK 株高为 97.33 cm，表现为最矮。多重比较结果表现为新杂交组合 201302、201309 与 CK 表现为差异不显著，其余新杂交组合与 CK 表现为差异极显著。

2. 茎围和节距

对参试各新杂交组合的茎围和节距进行了方差分析，结果如下。

（1）茎围　移栽后 60 d 茎围的多重比较表明：新杂交组合 201303、201305、201307、201312 与 CK 表现为差异极显著，新杂交组合 201313 与 CK 表现为差异显著，其余新杂交组合与 CK 表现为差异不显著。

移栽后 80 d 茎围的多重比较结果表明：新杂交组合 201303 和 201307 与 CK 表现为差异极显著，新杂交组合 201305 与 CK 表现为差异显著，其他新杂交组合与 CK 表现为差异不显著。

（2）节距　移栽后 60 d 节距的多重比较表明：各新杂交组合与 CK 表现为差异不显著，其中，新杂交组合 201307 和 201313 与 201301 表现为差异显著。

移栽后 80 d 的多重比较表明：新杂交组合 201307、201309 和 201311 与 CK 差异极显著，201308 和 201312 与 CK 差异显著。

整体来看，新杂交组合 201301 在移栽后 60 d 后节距变化最大，增长了 1.59 cm，新杂交组合 201306 次之，变化最小的是新杂交组合 201313，仅增长了 0.06 cm。

3. 叶数（有效叶数）

从 4 个时期来看，各新杂交组合叶片数在移栽后 30 d 差异不大，平均值为 8.7～9.6 片；移栽后 45 d 到移栽后 60 d 增长最明显，增长最多的是新杂交组合 201310，增长了 5.33 片叶；在移栽后 60 d 后叶片数变化不大。

移栽后 30 d 叶片数表现为各新杂交组合与 CK 差异不显著，其中仅新杂交组合 201307 和 201308 表现为差异显著。

在移栽后 45 d 新杂交组合 201309 与 CK 表现为差异极显著，新杂交组合 201305、201306 和 201308 与 CK 表现为差异显著。

移栽后 60 d 新杂交组合 201305、201308、201309、201311 和 201313 与 CK 表现为差异极显著，新杂交组合 201302、201307 和 201310 与 CK 表现为差异显著，除新杂交组合 201304、201311 和 CK 以外的其他 11 个新杂交组合之间差异不显著。

在移栽后 80 d 的观测结果为：201307＞201311＞201305＞201303＞201310＞201306＞201313＞201301＞201309＞201308＞201304＞201312＞201302＞CK。除新杂交组合 201302、201304、201308 和 201312 以外的其他 9 个新杂交组合与 CK 表现为差异极显著，其中，新杂交组合 201307 平均叶片数最多，为 19.33 片。CK 最少，平均有效叶数为 15.88 片。

4. 最大叶面积

各新杂交组合最大叶面积在移栽后 45 d 到移栽后 60 d 变化最大。移栽后 30 d 最大叶面积最大的是新杂交组合 201302，为 585.22 cm^2，CK 为 457.12 cm^2，仅大于新杂交组合 201306（397.16 cm^2）；新杂交组合 201302、201303、201304、201310、201312 和 201313 与 CK 表现为差异极显著，其他各新杂交组合与 CK 表现为差异不显著。

移栽后 45 d 最大叶面积最大的是新杂交组合 201312，为 725.87 cm^2，新杂交组合 201311 最小，为 510.21 cm^2。新杂交组合 201312 与 CK 表现为差异极显著，201303 和 201313 与 CK 表现为差异显著。移栽后 60 d 最大叶面积最大的是新杂交组合 201304，为 1 363.82 cm^2，CK 为 1 325.75 cm^2，排第二位；新杂交组合 201308 为 1 056.37 cm^2，表现为最小。仅新杂交组合 201306 和 201308 与 CK 表现出显著差异。

移栽后 80 d 最大叶面积表现为：CK＞201303＞201312＞201310＞201304＞201307＞201306＞201313＞201305＞201309＞201308＞201302＞201301＞201311。新杂交组合 201301、201302、201308 和 201311 与 CK 表现为差异极显著，新杂交组合 201305、201306、201307、201309 和 201313 与 CK 表现为差异显著。

第三节　烤烟新杂交组合的常规化学成分分析

一、总糖

一般认为优质烟叶总糖含量在 18%~22%为宜，由表 6-12 可知，下部叶总糖含量表现为：201310＞201305＞201301＞201313＞201302＞201312＞201308＞201307＞201304＞CK＞201309＞201303＞201306＞201311。新杂交组合 201310 总糖含量为 25.82%，CK 总糖含量为 20.61%，新杂交组合 201311 总糖含量为 16.73%；其中，新杂交组合 201301、201305 和 201310 总糖含量显著高于 CK，其余新杂交组合总糖含量与 CK 表现差异不显著。整体来看，下部叶总糖含量在适宜范围内的有 201308、201307、201304、CK、201309、201303、201306。

中部叶总糖含量表现为：201309＞201301＞201313＞201304＞201302＞201310＞201308＞201311＞201303＞201312＞CK＞201307＞201306。新杂交组合 201309 总糖含量为 29.14%，CK 含量为 23.74%。其中，按顺序前 7 个新杂交组合总糖含量与 CK 表现为差异极显著，新杂交组合 201308 总糖含量与 CK 表现为差异显著。整体来看，中部叶总糖含量均偏大，最接近适宜范围的是新杂交组合 201306。

上部叶总糖含量表现为：201305＞201301＞201302＞201310＞201313＞201303＞201312＞201309＞201311＞201304＞201307＞CK＞201308＞201306。新杂交组合 201305 总糖含量为 28.58%，CK 总糖含量为 22.7%，新杂交组合 201306 总糖含量为 19.85%。其中，新杂交组合 201305 和 201301 总糖含量与 CK 表现为差异极显著，新杂交组合 201302 和 201310 总糖含量与 CK 表现为差异显著。整体来看，上部叶总糖含量在适宜范围内的仅有新杂交组合 201306，其余各新杂交组合均偏大，比较接近适宜范围的是 CK 和新杂交组合 201308。

表 6-12　参试杂交组合烟叶化学成分的多重比较

部位	处理	总糖/%	还原糖/%	钾/%	氯/%	总氮/%	总植物碱/%	糖碱比	氮碱比	钾氯比
下部叶	201301	24. 82abAB	15. 11a	1. 67gFG	0. 31abcABC	1. 77fgEF	2. 57bABC	5. 88	0. 69	5. 4
	201302	24. 41abcAB	13. 98abc	2. 63abABC	0. 26cdeBCD	1. 79efgEF	2. 23cdCD	6. 26	0. 80	10. 1
	201303	19. 87defBCD	12. 55abc	2. 82aAB	0. 25deCD	1. 99bcdBCD	2. 06dD	6. 10	0. 97	11. 4
	201304	20. 94bcdeABCD	11. 25c	2. 51bcBCD	0. 21eD	1. 84efgDEF	2. 44bcBC	4. 61	0. 76	11. 9
	201305	25. 74aA	13. 85abc	1. 66gFG	0. 29bcdABCD	1. 74gF	2. 47bcBC	5. 62	0. 70	5. 8
	201306	18. 57efCD	11. 11c	2. 40bcdCD	0. 37aA	2. 07bABC	2. 74abAB	4. 05	0. 75	6. 6
	201307	20. 96bcdeABCD	11. 63bc	2. 19deDE	0. 33abAB	2. 07bABC	2. 73abAB	4. 25	0. 76	6. 6
	201308	21. 25bcdeABCD	12. 43abc	2. 21deDE	0. 34abAB	2. 00bcdBCD	2. 64bAB	4. 70	0. 76	6. 5
	201309	20. 22defBCD	13. 72abc	2. 34cdCDE	0. 30abcdABC	2. 08bAB	2. 61bAB	5. 26	0. 80	7. 7
	201310	25. 82aA	14. 56ab	1. 51gG	0. 34abA	1. 92cdeBCDE	2. 53bBC	5. 75	0. 76	4. 4
	201311	16. 73fD	11. 76bc	2. 91aA	0. 22eD	2. 02bcdBC	2. 57bABC	4. 57	0. 79	12. 9
	201312	23. 62abcdABC	12. 53abc	1. 97efEF	0. 29bcdABCD	2. 04bcBC	2. 72abAB	4. 61	0. 75	6. 9
	201313	24. 42abcAB	13. 48abc	1. 74fgFG	0. 35aA	1. 89defCDEF	2. 63bAB	5. 12	0. 72	4. 9
	CK	20. 61cdefABCD	11. 60bc	2. 16deDE	0. 215eD	2. 24aA	2. 92aA	3. 97	0. 77	10. 1

（续表）

部位	处理	总糖/%	还原糖/%	钾/%	氯/%	总氮/%	总植物碱/%	糖碱比	氮碱比	钾氯比
中部叶	201301	28. 54aA	18. 51a	1. 61cdefDEF	0. 29bcdeABCD	1. 99fghEFG	3. 36cdeBC	5. 50	0. 59	5. 6
	201302	27. 17abABC	18. 77a	1. 61cdefDEF	0. 34abcABC	2. 04efgDEFG	2. 93fghDE	6. 40	0. 69	4. 7
	201303	25. 19bcBCDE	14. 59abcd	1. 65cdeCDEF	0. 22eD	2. 05efgDEFG	2. 66hE	5. 48	0. 77	7. 6
	201304	28. 23aABC	18. 33ab	2. 09aA	0. 29bcdeABCD	2. 08efgDEF	3. 91abA	4. 69	0. 53	7. 2
	201305	28. 64aA	17. 74abc	1. 76bcdABCDE	0. 39aA	1. 96ghFG	3. 19defCD	5. 56	0. 61	4. 6
	201306	22. 53dE	13. 16d	1. 97abABC	0. 32abcdABCD	2. 54aA	4. 02aA	3. 28	0. 63	6. 1
	201307	22. 54dE	13. 95cd	1. 53defDEF	0. 27cdeBCD	2. 28cBC	3. 47cdBC	4. 02	0. 66	5. 6
	201308	26. 65abABCD	14. 66abcd	1. 99abAB	0. 29bcdeABCD	2. 31bcBC	3. 97aA	3. 69	0. 58	6. 8
	201309	29. 14aA	15. 68abcd	1. 86abcABCD	0. 33abcdABC	2. 23cdCD	3. 41cdBC	4. 59	0. 65	5. 6
	201310	27. 06abABC	18. 57a	1. 35fF	0. 36abcABC	2. 13defCDEF	3. 09efgCD	6. 02	0. 69	3. 8
	201311	25. 32bcBCDE	14. 13bcd	1. 49efEF	0. 30bcdABCD	2. 05efgDEFG	3. 64bcAB	3. 88	0. 56	4. 9
	201312	25. 09bcCDE	16. 02abcd	1. 73bcdeBCDE	0. 36abAB	2. 18cdeCDE	3. 43cdBC	4. 67	0. 64	4. 8
	201313	28. 38aAB	16. 40abcd	1. 51defDEF	0. 36abABC	1. 86hG	2. 87ghDE	5. 71	0. 65	4. 2
	CK	23. 74cdDE	13. 29d	1. 78bcdABCDE	0. 25deCD	2. 43abAB	3. 63bcAB	3. 66	0. 67	7. 1

（续表）

部位	处理	总糖/%	还原糖/%	钾/%	氯/%	总氮/%	总植物碱/%	糖碱比	氮碱比	钾氯比
上部叶	201301	27. 23abAB	17. 16aA	1. 36bcdBC	0. 25bcA	1. 97fD	3. 18cCD	5. 39	0. 62	5. 5
	201302	26. 80abcABC	15. 69abAB	1. 47bcB	0. 34aA	2. 15cdeBCD	3. 12cD	5. 03	0. 69	4. 3
	201303	25. 00bcdeABC	13. 42bcdBCD	1. 18cdeBCD	0. 25abcA	2. 17bcdBCD	3. 03cD	4. 44	0. 72	4. 6
	201304	23. 23deBCD	12. 02dCD	2. 12aA	0. 33abA	2. 27bcAB	4. 00aA	3. 01	0. 57	6. 5
	201305	28. 58aA	14. 91abABCD	0. 71fE	0. 29abcA	1. 96fD	3. 25cBCD	4. 59	0. 60	5. 8
	201306	19. 85fD	12. 46cdCD	1. 34bcdBC	0. 23cA	2. 29bcAB	3. 64bABC	3. 42	0. 63	5. 8
	201307	22. 98eBCD	12. 27cdCD	1. 47bcB	0. 24bcA	2. 18bcdBCD	3. 65bAB	3. 36	0. 60	6. 1
	201308	22. 67efCD	15. 10abABCD	0. 92efDE	0. 24bcA	2. 14cdeBCD	3. 6bABC	4. 19	0. 59	6. 6
	201309	23. 98bcdeBCD	13. 45bcdBCD	0. 98efCDE	0. 34aA	2. 21bcBC	3. 18cCD	4. 23	0. 69	5. 7
	201310	26. 30abcdABC	15. 24abABC	1. 58bB	0. 30abcA	2. 14cdeBCD	2. 89cD	5. 27	0. 74	5. 2
	201311	23. 74cdeBCD	14. 51bcABCD	1. 27bcdBCD	0. 33abA	1. 99efCD	3. 58bABC	4. 05	0. 56	3. 9
	201312	24. 39bcdeABC	13. 57bcdBCD	1. 21cdeBCD	0. 23cA	2. 34abAB	3. 62bABC	3. 75	0. 65	5. 3
	201313	25. 99abcdeABC	15. 78abAB	1. 06deCDE	0. 30abcA	2. 03defCD	3. 21cBCD	4. 92	0. 63	3. 5
	CK	22. 70efCD	11. 88dD	1. 36bcdBC	0. 24bcA	2. 48aA	3. 75abA	3. 17	0. 66	5. 7

二、还原糖

还原糖含量被认为是体现烟叶品质的重要化学指标之一，一般认为优质烟叶还原糖糖含量在16%~18%为宜。由表6-12可知3个部位烟叶还原糖含量均低于适宜范围最小值，具体如下。

下部叶还原糖含量表现为：201301＞201310＞201302＞201305＞201309＞201313＞201303＞201312＞201308＞201311＞201307＞CK＞201304＞201306，还原糖含量最高为15.11%，最低为11.10%，CK含量为11.60%。其中，新杂交组合201301与CK差异显著，其余新杂交组合与CK差异不显著。

中部叶还原糖含量表现为：201302＞201310＞201301＞201304＞201305＞201313＞201312＞20139＞201308＞201303＞201311＞201307＞CK＞201306，还原糖含量最高为18.77%，最低为13.16%，CK含量为13.29%。其中，新杂交组合201302、201310、201301、201304和201305显著高于CK，其余新杂交组合与CK差异不显著。

上部叶还原糖含量表现为：201301＞201313＞201302＞201310＞201308＞201305＞201311＞201312＞201309＞201303＞201306＞201307＞CK，还原糖含量最高为17.16%，CK含量为11.88%。其中，新杂交组合201301、201313、201302和201310与CK差异极显著，新杂交组合201305、201308和201311与CK差异显著。

三、钾

钾是烟叶的品质元素，上、中、下3个部位钾含量最适宜范围均为≥2.5%。各处理烟叶钾含量的多重比较结果如下。

下部叶钾含量表现为：201311＞201303＞201302＞201304＞201306＞201309＞201308＞201307＞CK＞201312＞201313＞201301＞201305＞201310。新杂交组合201311含量最高，为2.91%，新杂交组合201310含量最低，为1.51%，CK含量为2.16%。其中，新杂交组合201311、201303、201302、201304极显著高于CK，新杂交组合201313、201301、201305和201310极显著低于CK，新杂交组合201304显著高于CK。整体来看，下部叶钾含量处于适宜范围的是新杂交组合201311、201303、201302、201304。

整体来看，中部叶钾含量均小于2.5%，具体表现为：201304＞201308＞201306＞201309＞CK＞201305＞201312＞201303＞201302、201301＞201307＞201313＞201311＞201310。新杂交组合201304含量最高，为2.09%，新杂交组合201310含量最低，为1.35%，CK含量为1.76%。其中，新杂交组合201310的钾含量极显著低于CK，新杂交组合201304的钾含量显著高于CK，新杂交组合201311的钾含量显著低于CK，其余新杂交组合与CK差异不显著。

上部叶钾含量表现为：201304＞201310＞201307＞201302＞201301、CK＞201306＞201311＞201312＞201303＞201313＞201309＞201308＞201305，新杂交组合201304含量最高，为2.12%，新杂交组合201305含量最低，为0.71%，CK含量为1.36%。其中，新杂交组合201304极显著高于CK，新杂交组合201308和201305极显

著低于 CK，新杂交组合 201309 显著低于 CK，其余新杂交组合与 CK 差异不显著。整体来看，上部叶钾含量也低于适宜范围。

从不同部位的钾含量来看，整体上表现为下部叶＞中部叶＞上部叶，中上部叶钾含量整体偏低，特别是各新杂交组合上部叶部分。

四、氯

一般认为优质烟叶氯含量在 0%~1%为宜，不同部位烟叶氯含量的多重比较结果如下。

下部叶氯含量表现为：201306＞201313＞201310＞201308＞201307＞201301＞201309＞201305、201312＞201302＞201303＞201311＞CK＞201304，氯含量最高为 0.37%，最低为 0.21%，CK 氯含量为 0.22%。其中，按顺序前 7 个新杂交组合的氯含量与 CK 差异极显著，新杂交组合 201305 和 201312 与 CK 差异显著。

中部叶氯含量表现为：201305＞201312＞201313＞201310＞201302＞201309＞201306＞201311＞201308＞201304＞201301＞201307＞CK＞201303，氯含量最高为 0.39%，最低为 0.22%，CK 氯含量为 0.25%。其中，新杂交组合 2013058、201312、201313、201310、201302 和 201309 与 CK 差异极显著，新杂交组合 201306 和 201311 与 CK 差异显著。

上部叶氯含量表现为：201302＞201309＞201304＞201311＞201310＞201313＞201305＞201303＞201301＞201308＞CK＞201307＞201306＞201312，氯含量最高为 0.34%，最低为 0.23%，CK 氯含量为 0.24%。其中，新杂交组合 201302、201309、201304 和 201311 与 CK 差异显著，其余新杂交组合与 CK 差异不显著。整体来看，3 个部位烟叶的氯含量均在适宜范围内。

五、总氮

一般认为优质烟叶总氮含量的适宜范围为 1.5%~3.5%。不同部位总氮含量的多重比较结果如下。

下部叶总氮含量表现为：CK＞201309＞201307＞201306＞201312＞201311＞201308＞201303＞201310＞2013013＞201304＞201302＞201301＞201305，总氮含量最高为 2.24%，最低为 1.74%。其中按上述顺序新杂交组合 201312 以后的各新杂交组合与 CK 差异极显著，新杂交组合 201309、201307 和 201306 与 CK 差异显著。整体来看，下部叶总氮含量均在适宜范围内。

中部叶总氮含量表现为：201306＞CK＞201308＞201307＞201309＞201312＞201310＞201304＞201303＞201311＞201302＞201301＞201305＞201313，总氮含量最高为 2.54%，最低为 1.86%，CK 总氮含量为 2.43%。其中，新杂交组合 201306 和 201308 与 CK 差异不显著，新杂交组合 201307 显著低于 CK，其余新杂交组合极显著低于 CK。整体来看，中部叶总氮含量均在适宜范围内。

上部叶总氮含量表现为：CK＞201312＞201306＞201304＞201309＞201307＞201303＞201302＞201310＞201308＞201313＞201311＞201301＞201305，总氮含量最高

为2.48%，最低为1.96%。其中，新杂交组合201306和201304与CK差异显著，新杂交组合201312与CK不显著，其余新杂交组合与CK差异极显著。整体来看，上部叶总氮含量均在适宜范围内。

从不同部位的总氮含量来看，各新杂交组合基本趋势为上部叶>中部叶>下部叶（表6-12）。

六、总植物碱

一般认为优质烟叶总植物碱含量的适宜范围为1.5%~3.5%。参试新杂交组合烟叶总植物碱含量的多重比较结果如下。

下部叶总植物碱含量表现为：CK>201306>201307>201312>201308>201313>201309>201311>201301>201310>201305>201304>201302>201303，总植物碱含量最高为2.92%，最低为2.06%。其中，新杂交组合201310、201305、201302和201303与CK差异极显著，新杂交组合201308、201313、201309、201311和201301与CK差异显著。

中部叶总植物碱含量表现为：201306>201308>201304>201311>CK>201307>201312>201309>201301>201305>201310>201302>201313>201303，含量最高为4.02%，最低为2.66%，CK总植物碱含量为3.63%。其中，新杂交组合201306和201308显著高于CK，新杂交组合201303、201313、201302、201310和201305极显著低于CK。

上部叶总植物碱含量表现为：201304>CK>201307>201306>201312>201308>201311>201305>201313>201301>201309>201302>201303>201310，总植物碱含量最高为4.00%，最低为2.89%，CK总植物碱含量3.75%。多重比较可知，201305、201313、201301、201309、201302、201303和201310极显著低于CK。

从不同部位的总植物碱含量来看，下部叶总植物碱含量均在优质烟叶要求的范围内，中部叶按含量大小顺序从第六位起的新杂交组合总植物碱含量在优质烟叶要求的范围内，上部叶表现为新杂交组合201304、201307、201306的总植物碱含量偏高，其余新杂交组合的总植物碱含量在优质烟叶要求的范围内。

七、主要品质指标

糖碱比、氮碱比、钾氯比被认为是反映烟叶内在化学成分协调性的重要指标，一般认为糖碱比在8~12为宜，氮碱比小于1为宜，钾氯比大于4为宜。

由表6-12可知，3个部位的糖碱比普遍偏低，下部叶最高的是新杂交组合201302（6.26），最低的是CK（3.97）；中部叶最高为新杂交组合201302，最低的是CK；上部叶最高的是新杂交组合201301（5.39），最低的是新杂交组合201304（3.01）。

3个部位的氮碱比均小于1，下部叶最高的是新杂交组合201303（0.97），中部叶最高为新杂交组合201303（0.77），上部叶最高的是新杂交组合201310，其次是新杂交组合201303。

3个部位不同新杂交组合的钾氯比除新杂交组合201310的中部叶、新杂交组合

201311 和 201313 的上部叶略小于 4，其余的钾氯比均大于 4。

总体来看，13 个烤烟各新杂交组合中的糖碱比、氮碱比、钾氯比在各部位的变化规律为下部叶＞中部叶＞上部叶，综合分析糖碱比、氮碱比和钾氯比的情况，不同新杂交组合烤烟化学成分协调性总体表现比较好的有新杂交组合 201303、201302、2013009、201310、201313。

第四节　烤烟新杂交组合的经济性状指标分析

考查了各参试杂交组合的烤后烟经济性状，包括产量、产值、均价和中上等烟比例等，结果如表 6-13 所示。

由表 6-13 可以看出，产量以新杂交组合 201305 最高，为 143.71 kg·亩$^{-1}$，其次是新杂交组合 201303、201301 和 201306，四者之间差异不显著，与对照（CK）差异也不显著，与其他部分品种差异显著。新杂交组合 201309 产量最低，为 95.36 kg·亩$^{-1}$。

产值也是以新杂交组合 201305 最高，新杂交组合 201309 最低，二者之间差异显著，其余部分品种间存在显著差异。

中上等烟比例较高的是新杂交组合 201310、201305 和 201303 分别为 66%、65%、65%，比例最低的是新杂交组合 201301，为 52.0%。

表 6-13　主要经济性状的多重比较

处理	产量/（kg·亩$^{-1}$）	产值/（元·亩$^{-1}$）	均价/（元·kg^{-1}）	中上等烟比例/%
201301	132.97	1 918.11	14.41	52
201302	106.10	1 588.69	14.83	58
201303	133.96	2 084.00	15.54	65
201304	103.82	1 525.45	14.69	54
201305	143.71	2 160.97	15.03	65
201306	131.36	1 919.34	14.61	54
201307	124.01	1 831.53	14.80	55
201308	102.03	1 552.35	15.23	61
201309	95.36	1 466.88	15.41	63
201310	122.72	1 928.79	15.70	66
201311	102.52	1 505.23	14.72	55
201312	118.08	1 836.16	15.57	59
201313	121.30	1 750.90	14.48	53
CK	116.58	1 822.51	15.64	66

第五节　烤烟新杂交组合的中部叶质量分析

一、外观质量

综合所有外观质量指标，较好的有新杂交组合 201303、201307、201310、201312；新杂交组合 201304、201305、201313 次之；整体表现最差的为 CK，颜色稍浅，成熟度为尚熟，叶片结构尚疏松，油分较少（表6-14）。其中，存在个别指标较差的有：新杂交组合 201301 颜色稍浅，身份稍薄；新杂交组合 201302 颜色为柠檬-橘黄，色度为中等；新杂交组合 201306 叶片结构尚疏松，油分较少；新杂交组合 201308 身份稍薄，色度为中等；新杂交组合 201309 油分较少，色度中等。

表 6-14　参试杂交组合中部叶的外观质量

处理	颜色	成熟度	叶片结构	身份	油分	色度
201301	橘黄，稍浅	成熟	疏松	稍薄	有-	较强
201302	柠檬-橘红	成熟	疏松	适中	有	中等
201303	橘黄	成熟	疏松	适中	有	强
201304	橘黄	成熟	疏松	适中	有-	较强
201305	橘黄，稍浅	成熟	疏松	适中	有-	较强
201306	金黄	成熟	尚疏松	适中	较少	较强
201307	橘黄	成熟	疏松	适中	有	较强
201308	橘黄	成熟	疏松	稍薄	有-	中等
201309	金黄	成熟	疏松	适中	较少	中等
201310	橘黄	成熟	疏松	适中	有-	强
201311	金黄	成熟	疏松	适中	有-	中等
201312	橘黄	成熟	疏松	适中	有+	较强
201313	橘黄	成熟	疏松	适中	有-	较强
CK	橘黄，稍浅	尚成熟	尚疏松	适中	较少	较强

二、新杂交组合的中部叶部分评价指标的关系

1. 中部叶外观质量和感官质量的典型相关分析

将烟叶外观质量与感官质量进行典型相关分析，外观质量的 6 个指标包括颜色（X_1）、成熟度（X_2）、叶片结构（X_3）、身份（X_4）、油分（X_5）、色度（X_6）为第Ⅰ组变量；感官质量的 6 个指标包括香气质（Y_1）、香气量（Y_2）、杂气（Y_3）、余味（Y_4）、刺激性（Y_5）、回甜感（Y_6）为第Ⅱ组变量，其典型相关系数及显著性水平见表 6-15。

表 6-15　参试杂交组合中部叶外观质量和感官质量的典型相关系数及显著性检验

典型变量	相关系数	卡方值	自由度 df	P 值
1	0.990 0	55.223 9	36	0.021 2
2	0.939 3	29.733 0	25	0.234 4
3	0.838 0	15.829 1	16	0.464 9
4	0.751 8	7.954 7	9	0.538 7
5	0.565 8	2.541 4	4	0.637 2
6	0.071 7	0.033 5	1	0.854 7

从表 6-16 中可以看出，第一组典型变量的相关系数 $r=0.9900$，$P=0.0212$，在 0.05 水平上显著，其余 5 组典型变量均未达到显著水平；因此选择第Ⅰ组典型变量进行相关分析。

表 6-16　参试杂交组合中部叶外观质量和感官质量的典型相关分析

变量及相关参数	数学释义
第一典型相关系数 r	$r=0.9900$ $P=0.0212$
第一组典型变量（U1，V1）	$U1=-0.2622X_1+0.5436X_2-0.0180X_3-0.0222X_4-0.4866X_5-0.0121X_6$ $V1=-0.62867Y_1-0.17107Y_2+0.3643Y_3+0.2088Y_4-0.2308Y_5+0.2784Y_6$

注 X_1、X_2、X_3、X_4、X_5、X_6 分别代表颜色、成熟度、叶片结构、身份、油分、色度；Y_1、Y_2、Y_3、Y_4、Y_5、Y_6 分别代表香气质、香气量、杂气、余味、刺激性、回甜感。

从第一组典型变量构成的线性表达式可以看出，第一对典型变量中成熟度、油分和香气质的载荷量相对较高，主要反映了成熟度和香气质呈正相关关系，油分和香气质呈负相关关系；所以，成熟度、油分和香气质可以作为外观质量和感官质量相关分析中的显著性标志。

2. 中部叶外观质量和化学成分的典型相关分析

将烟叶外观质量与化学成分进行典型相关分析，外观质量的 6 个指标包括颜色（X_1）、成熟度（X_2）、叶片结构（X_3）、身份（X_4）、油分（X_5）、色度（X_6）为第Ⅰ组变量；化学成分的 7 个指标包括总糖（Z_1）、还原糖（Z_2）、总植物碱（Z_3）、总氮（Z_4）、钾（Z_5）、氯（Z_6）、钾氯比（Z_7）为第Ⅱ组变量，其典型相关系数及显著水平见表 6-17。

表 6-17　参试杂交组合中部叶外观质量和化学成分的典型相关系数及显著性检验

典型变量	相关系数	卡方值	自由度 df	P 值
1	0.998 4	59.242 7	42	0.040 7

（续表）

典型变量	相关系数	卡方值	自由度 df	P 值
2	0.952 8	24.931 7	30	0.728 3
3	0.845 1	10.632 3	20	0.955 2
4	0.547 5	3.117 5	12	0.994 7
5	0.375 6	0.979 2	6	0.986 4
6	0.105 3	0.066 8	2	0.967 1

从表6-18中可以看出，第一组典型变量的相关系数 $r=0.998\ 4$，显著水平 $P=0.040\ 7$，在0.05水平上显著，其余5组典型变量均未达到显著水平；因此选择第一组典型变量进行相关分析。

表 6-18　参试杂交组合中部叶外观质量和化学成分的典型相关分析

变量及相关参数	数学释义
第一典型相关系数 r	$r=0.998\ 4$　$P=0.040\ 7$
第一组典型变量（U1，V1）	$U1=-0.009\ 5X_1+0.199\ 9X_2+0.531\ 7X_3-0.030\ 9X_4+0.442\ 6X_5+0.553\ 21X_6$ $V1=-0.390\ 2Z_1+0.568\ 8Z_2-0.928\ 8Z_3-0.750\ 9Z_4-0.691\ 9Z_5+0.084\ 2Z_6-0.384\ 4Z_7$

注 X_1、X_2、X_3、X_4、X_5、X_6 分别代表颜色、成熟度、叶片结构、身份、油分、色度；Z_1、Z_2、Z_3、Z_4、Z_5、Z_6、Z_7 分别代表总糖、还原糖、总植物碱、总氮、钾、氯、钾氯比。

从第一组典型变量构成的线性表达式可以看出，第一对典型变量中叶片结构、油分、色度、还原糖、总植物碱、总氮和钾的载荷量相对较高，主要反映了叶片结构、油分、色度均和总植物碱、总氮、钾呈负相关关系，与还原糖呈正相关关系；所以，叶片结构、油分、色度、还原糖、总植物碱、总氮和钾可以作为外观质量和化学成分相关分析中的显著性标志。

3. 中部叶感官质量和化学成分的典型相关分析

烟叶感官质量与化学成分进行典型相关分析，感官质量的6个指标包括香气质（Y_1）、香气量（Y_2）、杂气（Y_3）、余味（Y_4）、刺激性（Y_5）、回甜感（Y_6）为第Ⅰ组变量；化学成分的7个指标包括总糖（Z_1）、还原糖（Z_2）、总植物碱（Z_3）、总氮（Z_4）、钾（Z_5）、氯（Z_6）、钾氯比（Z_7）为第Ⅱ组变量，其典型相关系数及显著水平见表6-19。

表 6-19　参试杂交组合中部叶感官质量和化学成分的典型相关系数显著性检验

典型变量	相关系数	卡方值	自由度 df	P 值
1	0.999 9	88.575 1	42	0.000 1

（续表）

典型变量	相关系数	卡方值	自由度 df	*P* 值
2	0. 982 3	34. 149 0	30	0. 274 9
3	0. 912 7	14. 051 3	20	0. 827 9
4	0. 595 8	3. 309 2	12	0. 992 9
5	0. 323 2	0. 678 2	6	0. 995 0
6	0. 052 2	0. 016 4	2	0. 991 8

从表 6-20 可以看出，第一组典型变量的相关系数 $r=0.9999$，显著水平 $P=0.0001$，在 0. 01 水平上极显著，其余 5 组典型变量均未达到显著水平；因此选择第一组典型变量进行相关分析。

表 6-20　中部叶感官质量和化学成分的典型相关分析

典型相关变量	第一变量组和第二变量组
第一典型相关系数 *r*	$r=0.9999$　$P=0.0001$
第一典型变量（U1，V1）	$U1=-0.0936Y_1+0.0933Y_2+0.0568Y_3+0.0452Y_4+0.2444Y_5+0.2522Y_6$ $V1=-0.0758Z_1+0.1112Z_2-0.1896Z_3-0.2817Z_4-0.4168Z_5-0.1365Z_6-0.1349Z_7$

注：Y_1、Y_2、Y_3、Y_4、Y_5、Y_6 分别代表香气质、香气量、杂气、余味、刺激性、回甜感；Z_1、Z_2、Z_3、Z_4、Z_5、Z_6、Z_7 分别代表总糖、还原糖、总植物碱、总氮、钾、氯、钾氯比。

从第一组典型变量构成的线性表达式可以看出，第一对典型变量中刺激性、回甜感和钾的载荷量相对较高，主要反映了总氮、钾与刺激性、回甜感呈负相关关系；所以，刺激性、回甜感、总氮、钾可以作为感官质量和化学成分相关分析中的显著性标志。

第六节　初烤烟质量综合评价

一、主观赋权法

依据四川省烟草公司烟叶质量评价体系的评判标准，对烟叶样品的中部叶化学指标、外观质量指标和感官质量指标分别打分，按相应的公式分别计算出外观质量、化学成分和感官质量的综合得分，采用主观赋权法，得出最终排名。

表 6-21 是中部叶化学成分、外观质量指标和感官质量指标得分。中部叶化学成分得分位列前三的分别是新杂交组合 201303、201302、201310；中部叶化学成分得分均未达到 60，表现为欠协调。

外观质量评价指标是判断与描述烟叶外观质量的尺度，是以与烟叶内在质量密切相关的外观特征为依据，通过最直观的视觉、触觉、嗅觉等感官判断方法，从外观表征来判断烟叶内在质量的性质和优劣。烟叶外观质量评价指标主要有：成熟度、颜色、叶片结构、身份、色泽、油分共 6 个指标。由表 6-21 可知，外观质量得分位列前三的是新杂交组合 201303、201312、201310，得分分别为 81.50、81.50、80.50；CK 表现最差，得为 62，排第十四位。

表 6-21 参试杂交组合中部叶烟叶品质综合得分和排名

处理	化学成分得分	外观质量得分	感官质量得分	综合得分	排名
201301	44.89	73.00	63.33	59.82	6
201302	58.40	74.00	70.56	67.75	2
201303	58.43	81.50	69.56	68.46	1
201304	39.91	77.50	63.78	59.43	7
201305	45.80	75.00	69.56	63.86	4
201306	33.51	70.00	69.11	59.37	8
201307	31.73	78.50	63.33	57.08	11
201308	38.09	73.00	63.78	58.18	10
201309	43.73	71.50	58.00	56.29	13
201310	51.74	80.50	69.22	66.24	3
201311	30.36	74.50	68.89	59.12	9
201312	38.33	81.50	55.33	54.97	14
201313	48.86	77.50	62.56	61.24	5
CK	34.84	62.00	66.67	57.05	12

烟叶的感官质量是烟叶或烟丝在燃烧时所产生的各种化学成分对吸烟者感官的综合刺激，评价指标包括香气质、香气量、刺激性、余味、杂气、回甜感等共 9 个指标，得分位列前三的分别是新杂交组合 201302、201305、201303；CK 排名第七位，得分为 66.67；新杂交组合 201302 得分最高，为 70.56。

烟叶品质值（综合得分）是将外观质量评价得分、化学成分得分和感官质量得分分别乘以各自的权重系数之和，权重系数分别为 0.15、0.25、0.50，计算得出综合得分和排名如表 6-21 所示。排名前三位的分别是新杂交组合 201303、201302、201310，得分分别为 68.46、67.75 和 66.24。CK 得分为 57.05，排第十二位。

二、客观赋权法

客观赋权法是指采用灰色关联分析法对中部叶的外观指标（颜色、成熟度、身份、油分、叶片结构、色度）、化学成分指标（总糖、还原糖、总氮、总植物碱、钾、氯、糖碱比、氮碱比、钾氯比）、感官指标（香气质、香气量、杂气、余味、刺激性、回甜感、干燥度、细腻度、成团性）共 24 个指标，将其作为一个灰色系统，进行数据标准化。数据标准化方法如下。

外观质量数据标准化：由于外观质量是由专门人员打分所得，按照分数高低表述，因此可按照公式 $r_{ij}=\frac{r_{ij}}{\max_{r_{ij}}}$ 作标准化处理。

感官质量数据标准化：与外观质量数据标准化采用相同的方法。

化学成分指标数据标准化：一般认为，优质烤烟总糖和还原糖含量范围为18%~22%，总植物碱含量范围为1.5%~2.5%，糖碱比范围为8%~12%，氯含量为<1%，钾含量为>2.5%，钾氯比为≥4，总氮含量范围为1.5%~3.5%，氮碱比为≤1。在这些范围内，烤烟质量较好，因此数据标准化后分值为1，采用如下数据标准化公式。

$$r_{ij}=\begin{cases}\dfrac{\max_{r_{ij}}-r_{ij}}{\max_{r_{ij}}-b}，当 r_{ij}\geqslant b 时。\\[2ex]\dfrac{r_{ij}-\min_{r_{ij}}}{a-\min_{r_{ij}}}，当 r_{ij}\leqslant a 时。\end{cases}\tag{6-4}$$

优质烤烟各类化学成分含量在区间 $r_{ij}\in(a,b)$ 内数据标准化后值为1。然后求出关联系数并得出客观权重系数，如表6-22所示。

表6-22　各指标的权重

化学指标	总糖	还原糖	总植物碱	糖碱比	氯	钾	钾氯比	总氮	氮碱比
权重	0.026 4	0.033	0.026 4	0.023 1	0.052 8	0.023 1	0.049 5	0.052 8	0.052 8
感官指标	香气质	香气量	杂气	余味	刺激性	回甜感	干燥感	细腻度	成团性
权重	0.033	0.036 5	0.033	0.036 3	0.039 6	0.039 6	0.039 6	0.036 3	0.036 3
外观指标	颜色	成熟度	叶片结构	身份	油分	色度			
权重	0.059 4	0.062 7	0.062 7	0.056 1	0.042 9	0.046 2			

按照关联系数原则，关联度系数大的综合性状越好，由此可最终得出加权关联度排名和等权关联度排名，如表6-23所示。等权排名和加权排名顺序略有变动。其中前6位没变化的是排名第一的201303和排名第四的201310，201302的等权关联度排第二位，加权关联度排第三位，201304的等权关联度排第二位，加权关联度排第三位，201305的等权关联度排第六位，加权关联度排第五位，201306的等权关联度排第五位，加权关联度排第六位；CK的等权关联度排名为第十三位，加权关联度排第十四位。

表6-23　参试杂交组合中部叶外观、感官和化学成分指标灰色等权关联度、加权关联度排名

处理	等权关联		加权关联	
	关联度	排名	关联度	排名
201301	0.754	10	0.795	12
201302	0.801	2	0.833	3

（续表）

处理	等权关联		加权关联	
	关联度	排名	关联度	排名
201303	0.806	1	0.849	1
201304	0.800	3	0.848	2
201305	0.789	6	0.828	5
201306	0.789	5	0.820	6
201307	0.761	8	0.809	9
201308	0.753	11	0.801	11
201309	0.720	14	0.770	13
201310	0.791	4	0.831	4
201311	0.760	9	0.810	8
201312	0.749	12	0.804	10
201313	0.762	7	0.812	7
CK	0.732	13	0.763	14

三、综合评价

对比客观赋权法和主观赋权法两种不同评价方法，可以看出新杂交组合 201303 在两种方法中均排名第一位，综合性状表现最好，其余新杂交组合在两种评价方法中排名有变动。其中：新杂交组合 201302 在主观赋权法中排第二位，在客观赋权法中排第三位，新杂交组合 201310 在主观赋权法中排第四位，在客观赋权法中排第三位；CK 在主观赋权法中排第十四位，在客观赋权法中排第十二位。综上所述，我们认为，在同一水平下综合评价优秀的新杂交组合为 201303、201302 和 201310。

第七节 结论与展望

一、主要农艺性状

通过对 13 个新杂交组合和对照云烟 97 大田生育期分析得出，MS 云烟 87×中烟 90、MS 中烟 203×云烟 87、MS 云烟 87×SC12、MS 中烟 203×coker176、MS 云烟 87×ZT99 和云烟 97 大田生育期最短，为 117 d；早熟性最好的是 MS 中烟 203×云烟 87，其次是 MS 云烟 87×中烟 90、MS 云烟 87×中烟 103 和 MS coker176×中烟 90。生育期最长的是 MS 云烟 87×XT11-1，为 126 d。其他生育期均为 123 d。

从田间自然发病率来看，各新杂交组合的发病率都比较低，大部分新杂交组合没有发现病征，黑胫病仅在 MS 云烟 87×K326 上发现，在 MS coker176×ZT99、MS 中烟 203×

云烟 87、MS 云烟 87×SC12、MS 中烟 203×coker176、MS 云烟 87×ZT99 和云烟 97 上均未发现普通花叶病病征；在各新杂交组合均未发现青枯病病株。

通过对不同新杂交组合烟株移栽后 30 d、45 d、60 d、80 d 几个生长时期农艺性状的动态观察记载以及试验分析表明，移栽后 30 d，各新杂交组合中 MS 云烟 87×中烟 90 株高最高，叶面积最大，叶数中等，优于云烟 97；MS coker176×云烟 87 叶数最多，但株高较矮，叶面积较小；云烟 97 叶数较少、叶面积较小。综合各项农艺指标，MS 云烟 87×中烟 90、MS 云烟 87×中烟 103 最好。MS coker176×中烟 90、MS coker176×XT11-1、MS 中烟 203×云烟 87、MS 云烟 87×SC12 优于云烟 97，但是不明显。移栽后 45 d，各新杂交组合中 MS 中烟 203×云烟 87 株高最高，叶数最多，但是叶面积较小，总体上优于云烟 97；MS 云烟 87×中烟 90、MS 云烟 87×中烟 103、MS coker176×XT11-1、MS coker176×中烟 103 的株高、叶面积略低于 MS 中烟 203×云烟 87，优于云烟 97，叶数较少，综合各项指标优于云烟 97。株高以 MS 云烟 87×XT11-1 明显小于云烟 97，叶数表现为大部分高于云烟 97，以 MS 云烟 87×SC12 最少；综合各项农艺指标，MS 云烟 87×中烟 90、MS 云烟 87×中烟 103、MS coker176×XT11-1、MS 中烟 203×云烟 87、MS coker176×中烟 103 均优于云烟 97。移栽后 60 d，各新杂交组合中 MS 中烟 203×云烟 87 株高高于云烟 97，其余新杂交组合的株高和叶面积均小于云烟 97，MS coker176×中烟 103 叶数较多，节距最大，云烟 97 叶数最少，株高和叶面积表现较好。移栽后 80 d，MS 云烟 87×中烟 103 的株高、茎围、节距、叶数均高于云烟 97，MS coker176×XT11-1、MS 云烟 87×XT11-1、MS coker176×中烟 103 的株高、茎围、叶数高于云烟 97；云烟 97 叶面积最大，MS 云烟 87×中烟 103 次之。

综合上述结果可知，MS 云烟 87×中烟 90、MS 云烟 87×中烟 103、MS coker176×XT11-1、MS 云烟 87×XT11-1、MS coker176×中烟 103 在整个生育期的大部分农艺性状指标均强于云烟 97，但 MS 云烟 87×中烟 103 更胜其他新杂交组合一筹，MS 云烟 87×中烟 90、MS coker176×XT11-1、MS 云烟 87×XT11-1、MS coker176×中烟 103 个别性状优于云烟 97。

二、常规化学成分

烤烟主要化学成分被认为是评价烤烟内在品质优劣的重要指标。对不同新杂交组合不同部位烟叶的总糖、还原糖、总植物碱、总氮、氯、钾含量以及品质指标糖碱比、氮碱比、钾氯比的分析结果表明，总糖含量整体偏高，大部分新杂交组合总糖含量高于云烟 97。部位之间的比较：MS 云烟 87×XT11-1 表现为上部叶＞中部叶＞下部叶，其余新杂交组合表现为中部叶＞上部叶＞下部叶。还原糖含量整体偏低，部位之间的比较：MS coker176×云烟 87 和 MS 中烟 203×coker176 的还原糖含量表现为上部叶＞中部叶＞下部叶，其余新杂交组合均表现为中部叶＞上部叶＞下部叶；钾含量整体来看 3 个部位均偏低；氯含量变幅较小，为 0.21%～0.34%，大部分新杂交组合在 0.3%左右，含量适宜。各新杂交组合的总氮含量适宜，变幅为 1.74%～2.54%，大部分处于适宜范围内；总植物碱含量基本处于优质烟叶要求的 1.5%～3.5%范围内。

糖碱比、氮碱比、钾氯比是反映烟叶内在化学成分协调性的重要指标。总体来看，

13 个新杂交组合的糖碱比、氮碱比、钾氯比叶部位变化规律为下部叶＞中部叶＞上部叶，综合分析糖碱比、氮碱比和钾氯比的情况，不同新杂交组合烤烟化学成分协调性总体表现比较好的有 MS 云烟 87×中烟 103、MS 云烟 87×中烟 90、MS 中烟 203×云烟 87、MS 云烟 87×SC12、MS coker176×中烟 103。

三、经济性状和外观质量

不同新杂交组合的经济性状比较分析结果表明，产量最高的是 MS coker176×XT11-1，为 143.71 kg·亩$^{-1}$，其次是 MS 云烟 87×中烟 103、MS coker176×中烟 90 和 MS 云烟 87×K326。MS 中烟 203×云烟 87 的产量最低，为 95.36 kg·亩$^{-1}$，与云烟 97 差异不显著；产值也是以 MS coker176×XT11-1 最高，MS 中烟 203×云烟 87 最低，二者之间差异显著，其余部分新杂交组合间存在显著差异。中上等烟比例较高的是 MS 云烟 87×SC12、云烟 97、MS coker176×XT11-1 和 MS 云烟 87×中烟 103，分别为 66%、66%、65%、65%，比例最低的是 MS coker176×中烟 90，为 52%。均价最高的是 MS 云烟 87×SC12，其次是云烟 97、MS 云烟 87×ZT99、MS 云烟 87×中烟 103、MS 中烟 203×云烟 87，4 个新杂交组合均价与云烟 97 差异不显著；MS coker176×中烟 90 和 MS coker176×中烟 103 极显著低于云烟 97。从经济性状的 4 个指标来看，表现比较好的是 MS coker176×XT11-1、MS 云烟 87×中烟 103、MS 云烟 87×SC12 及云烟 97。

外观质量较好的新杂交组合有 MS 云烟 87×中烟 103、MS 云烟 87×XT11-1、MS 云烟 87×SC12、MS 云烟 87×ZT99；次之的有 MS coker176×ZT99、MS coker176×XT11-1、MS coker176×中烟 103；整体表现最差的为云烟 97，颜色稍浅，成熟度为尚成熟，叶片结构尚疏松，油分较少。其中存在个别指标较差的有：MS coker176×中烟 90 颜色稍浅，身份稍薄；MS 云烟 87×中烟 90 颜色为柠檬-橘黄，色度为中等；MS 云烟 87×K326 叶片结构尚疏松，油分较少；MS coker176×云烟 87 身份稍薄，色度为中等；MS 中烟 203×云烟 87 油分较少，色度中等。

四、中部叶部分评价指标间的关系

烤烟质量分为外观质量、感官质量、化学成分、物理特性及安全性等几个方面。烟叶感官质量的基础是化学成分。水溶性总糖、总氮、总植物碱、钾、氯与烤烟的感官质量密切相关，感官质量中的香气质、余味、刺激性是由化学成分中的总氮、总植物碱、糖碱比、氮碱比决定的。

本书通过对中部叶化学成分、外观质量和感官质量的典型相关分析结果表明：烟叶外观质量与感官质量的第一组典型变量的相关系数 $r=0.990\,0$，$P=0.021\,2$，在 0.05 水平上显著；通过第一组典型变量的线性表达式可以得出，外观质量中的成熟度和油分与感官质量中的香气质关系密切。因此，可以把成熟度、油分和香气质作为外观质量和感官质量相关分析中的显著性标志。

烟叶外观质量与化学成分的第一组典型变量的相关系数 $r=0.998\,4$，$P=0.040\,7$，在 0.05 水平上显著；通过第一组典型变量的线性表达式可以得出，化学成分中的还原糖、总植物碱、总氮和钾与外观质量中的叶片结构、油分、色度关系密切。因此，可以把叶片结构、油分、色度、还原糖、总植物碱、总氮和钾作为外观质量和化学成分相关分析中的显著性标志。

烟叶感官质量与化学成分的第一组典型变量的相关系数 $r=0.9999$，$P=0.0001$，在0.01水平上极显著；通过第一组典型变量的线性表达式可以得出，化学成分中的总氮、钾与感官质量中的刺激性、回甜感关系密切。因此，可以把刺激性、回甜感、总氮和钾作为感官质量和化学成分相关分析中的显著性标志。

从以上的典型相关分析可以看出，烟叶外观质量、感官质量和化学成分之间存在相关关系，各指标之间关系的密切程度是不同的。从相关系数上可知，感官质量和化学成分的关系最密切，其次是外观质量和化学成分。烟叶外观质量中叶片结构、油分、色度，感官质量中的刺激性、回甜感，化学成分中的还原糖、总植物碱、总氮、钾在各组指标间的关系中起着重要作用。马君红和卢迪等的研究结果表明，外观质量和化学成分关系最密切，其次是外观质量和感官质量，其中成熟度、身份、总糖、还原糖、总氮、香气质、香气量、杂气、刺激性、干燥感在烟叶质量组间关联上起主要作用。

五、烟叶质量的综合评价

烟叶质量是由多方面组成的，只有综合考虑各项指标，才能得出科学的评价结果。本试验采用两种评价方法，对采集的中部叶烟叶样品进行综合评价，第一种方法是依据四川省烟草公司烟叶质量评价体系内的评判标准，对烟叶样品的化学成分指标、外观质量指标和感官质量指标分别进行打分，然后计算出外观质量、化学成分和感官质量的综合得分，通过主观赋权得出最终排名。第二种方法是采用灰色原理将外观质量、化学成分、感官质量的各个指标作为一个灰色系统，对所有指标数据进行数据标准化，求出关联系数进而求出客观权重系数，按照关联系数原则，关联度系数越大的综合性状越好，由此可最终得出加权关联度排名和等权关联度排名。

1. 主观赋权法

采用第一种评价方法，通过对中部叶化学成分打分，得出排名。打分结果表明，中部叶化学成分得分排名前5位的是MS云烟87×中烟103、MS云烟87×中烟90、MS云烟87×SC12、MS coker176×中烟103、MS coker176×XT11-1，化学成分得分均未达到60，表现为欠协调。

中部叶外观质量的综合评价结果表明，得分排名前5位的是MS云烟87×中烟103、MS云烟87×ZT99、MS云烟87×SC12、MS云烟87×XT11-1、MS coker176×ZT99，得分分别为81.50、81.50、80.50、78.50、77.50；云烟97表现最差，得分为62分，排第十四位。中部叶感官质量的综合评价得分排名前6位的分别是MS云烟87×中烟90、MS coker176×XT11-1、MS云烟87×中烟103、MS云烟87×SC12、MS云烟87×K326、MS coker176×中烟901；云烟97排名第七位，得分为66.67。MS云烟87×中烟90得分最高，为70.56。

综合外观质量、化学成分和感官质量对中部烟叶品质进行综合评价，结果表明，排名前5位分别是MS云烟87×中烟103、MS云烟87×中烟90、MS云烟87×SC12、MS coker176×XT11-1、MS coker176×中烟103，得分分别为68.46、67.75、66.24、63.86和

61.24；云烟97得为57.05分，排第十二位。此结果表明这5个新杂交组合综合性状最优，最具有推广潜力。

2. 客观赋权法

对中部叶烟叶外观质量、化学成分、感官质量各项指标进行灰色关联分析，结果表明，等权关联度排名和加权关联度排名顺序略有变动。其中前6位没变化的是排名第一的MS云烟87×中烟103和排名第四的MS云烟87×SC12；MS云烟87×中烟90的等权关联度排第二位，加权关联度排第三位，MS coker176×ZT99的等权关联度排第二位，加权关联度排第三位；MS coker176×XT11-1的等权关联度排第六位，加权关联度排第五位；MS云烟87×K326的等权关联度排第五位，加权关联度排第六位；云烟97的等权关联度排第十三位，加权关联度排第十四位。

3. 综合评价

综合以上两种评价方法可以得出，在同一水平下，新杂交组合MS云烟87×中烟103、MS云烟87×中烟90、MS云烟87×SC12综合性状表现最好，优于云烟97，在泸州古蔺烟区具有推广前景。

对于烤烟来说，一个烤烟品种的优劣应由多个性状指标来综合说明，但烤烟的质量评价是决定一个烤烟品种是否优良的决定因素，因此本书选用两种方法对烤烟质量进行综合评价。主观赋权法是采用打分的方式进行的，具有较重的主观因素，因此进一步采用客观赋权法——灰色关联分析法来进一步验证，综合两种方法对试验结果进行评价。客观赋权法是建立在对多个性状指标的分析基础上进行的，更具有综合性，可以克服单个指标评价的缺陷。根据主观赋权法和客观赋权法两种方法综合评价的结果显示，两种方法得出的排名存在一定的差异，从整体结果来看，两种方法得出的结果排序靠前的新杂交组合基本一致，可以认为客观赋权法所得的结论具有一定的借鉴和参考意义。因此，合理利用客观赋权法，对品种的综合评价结果进行验证，可以使评价结果更客观，更符合实际。

六、不足与展望

品种是人类在一定的生态和经济条件下，根据自己的需要而创造的某种作物的一种群体。遗传的稳定性和性状的一致性是品种最主要的特点，其产量、品质和适应性要符合生产的需要。不同的品种在不同地区的表现往往会存在一定的差异，有的品种适应范围广，而有的品种适应范围窄。因此，鉴定一个烤烟新品种是否优良不仅要鉴定其产量、品质和抗逆性等方面，而且要进行品种的适应性和稳定性分析。

本试验的目的是为川南烟区选育新杂交组合，综合考虑烤烟品种选育要求，在本试验的过程中存在一些不足之处，这是造成本试验误差的因素之一。本试验的选地由于是近年新开垦的土地，相对病虫害源较少，这可能是田间自然发病率比较低的原因之一，因此，研究结果并不能完全说明新杂交组合的抗病能力。另外，试验地的大田生长气候表现为前期雨量不足，中后期干旱少雨，这对烟株的大田生长、养分吸收等造成不利影响；在烘烤阶段由于条件限制，没有针对烟叶成熟度的不同进行区分，致使烘烤结果不甚理想；整个试验只进行了一年一点的试验，结论适应性范围较窄；试验也缺乏对新杂交组合其他特性的研究。

针对以上提出的不足之处，在后续研究当中应选择四川主栽品种作为对照，如云烟87或云烟85等；可以扩大试验地区和延长试验年限，进行新杂交组合的适应性和稳定性鉴定，如选择凉攀地区，多年多点进行，可以进一步验证初步筛选出来的几个优异杂交组合在不同生态气候条件下的生态适应性和抗病性能力，在当地的生长表现、品质稳定性和生产稳定性；可以进一步研究各杂交组合在不同土壤类型和不同土壤肥力状况下的需肥特性，也可以在不同种植密度、不同海拔高度等条件下进行新杂交组合其他特性的研究，还可以进行新杂交组合工业可用性、烘烤特性等方面的研究；同时可以改善栽培措施，充分发挥优良新杂交组合的遗传潜力，提高烟叶的产量、质量及工业可用性。通过以上的一些研究来验证新杂交组合的综合特性，以期为新杂交组合的生产应用及工业应用提供借鉴。

第七章 “泸叶醇”烟叶品质技术保障

烟叶的品质由诸多因素决定，例如品种、生态条件、栽培管理措施以及烘烤调制技术等。河南农业大学专家提出，生态条件决定特色、品种彰显特色、栽培技术保障特色，这是对烟叶品质特色形成因素的高度概括，指出了提高烟叶品质、保持烟叶特色的关键所在。本章将就泸州烟叶产区的主栽品种、育苗措施、大田管理、调制技术等进行阐述。

第一节 “泸叶醇”烟叶产区烤烟主栽品种简介

一、品种布局的原则

从保证生态安全、丰富遗传基础、保障烟叶品质与特色的角度来考虑，烤烟生产中的品种不能单打一，而要进行品种搭配。一般而言，根据烟叶产区的大小，生产中的主栽品种可以有1~3个，配套品种2~3个。对于主栽品种，要根据一定的原则进行布局与搭配。烤烟品种布局主要包括如下几个原则。

一是以工业需求为导向，综合考虑产区的生态条件、栽培水平等因素，按卷烟品牌的原料需求进行品种布局。

二是根据产区的生态环境和烤烟品种的具体特性，合理进行品种布局。

三是根据卷烟品牌的原料需求合理调整常规品种云烟87和云烟85的种植比例。

四是依据以需定产的原则，科学合理地安排特色品种的布局。

五是坚持进行后备品种的引种试验与示范推广，为烟叶生产的发展提供品种支撑。

二、品种布局的要求

泸州烟叶产区的烤烟主栽品种为云烟87、云烟85，辅栽品种为云烟99、云烟105、云烟116、中川208等。基地单元主栽品种以云烟87、云烟85为主，总比例不得低于80%；控制云烟99比例不超过15%，云烟116、中川208或其他新品种比例不超过5%。

按照“一点一品”进行品种布局，一户烟农只能种植一个品种。对种植自留种、自育种或合同约定外品种的烟农，一票否决，取消其职业烟农扶持政策。

三、主栽烤烟品种介绍

泸州烟区烤烟生产的主要品种包括云烟87、云烟85、云烟99、云烟105和云烟

116 等。其中，云烟 87 与云烟 85 的栽培面积最大。下面就对这 5 个品种的品种特性及其在泸州烟叶生产中的表现，进行逐一简要的介绍。

1. 云烟 87

云烟 87 是目前在我国烤烟生产中栽培面积最大的一个品种，于 2000 年 12 月通过全国烟草品种审定委员会审定。云烟 87 与云烟 85 的选育单位都是云南省烟草农业科学研究院［中国烟草育种研究（南方）中心］。云烟 87 是采用杂交育种的方法选育而来的，其母本为云烟二号，父本为 K326。

云烟 87 的株型为塔形，打顶后呈筒形。其自然株高 178～185 cm，打顶株高 110～118 cm，大田着生叶片数 25～27 片，有效叶数 18～20 片；腰叶呈长椭圆形，长 73～82 cm，宽 28.2～34 cm，叶面皱，叶色深绿，叶尖渐尖，叶缘波浪状；叶耳大，花枝少，比较集中，花色红；节距 5.5～6.5 cm，叶片上下分布均匀；大田生育期 110～115 d。

从外观质量来看，云烟 87 品种下部烟叶为柠檬色，中上部烟叶为金黄色或橘黄色，烟叶厚薄适中，油分多，光泽强，组织疏松。在化学成分含量方面，其烟叶的总糖含量 31.14%～31.66%，还原糖含量 24.05%～26.38%，烟碱含量 2.28%～3.16%，总氮含量 1.65%～1.67%，蛋白质含量 7.03%～7.85%，各种化学成分协调。评吸质量档次为中偏上。

在大田期，云烟 87 品种移栽至旺长期烟株生长缓慢，后期生长迅速，生长整齐；每亩产量 174.2 kg，产量、均价、上等烟比例、亩产值均高于 K326。

云烟 87 品种的优点是种性稳定、适应性广；品种较耐肥；抗黑胫病，耐普通花叶病、抗叶斑病，中抗青枯病。烟叶变黄速度适中，变黄较整齐，失水平衡，定色脱水较快，烟叶变黄定色、脱水干燥较为协调，容易烘烤。

云烟 87 品种的缺点是移栽至团棵前生长缓慢、对低温敏感；易感气候斑、普通花叶病、斑块型病毒坏死，微感赤星病。

2. 云烟 85

云烟 85 也是目前在我国西南烟区烤烟生产中栽培面积较大的一个品种，于 1997 年 1 月通过全国烟草品种审定委员会审定。

云烟 85 品种株型塔形，打顶后呈筒形。其自然株高 150～170 cm，打顶株高 110 cm 左右，节距 5.0～5.8 cm，茎围 7.0～8.0 cm。单株着生叶数 23～25 片，可采收叶数 18～20 片。腰叶长椭圆形，叶耳大，叶肉组织细致，茎叶角度中等，花冠红色。高抗黑胫病，中抗南方根结线虫病，感爪哇根结线虫病，耐赤星病和普通花叶病。移栽至中心花开放 55 d，大田生育期 120 d 左右。田间生长整齐，腋芽生长势强。每亩产量 150～170 kg。

云烟 85 原烟多为橘黄色，厚薄适中、结构疏松、光泽强。其烟叶的化学成分含量适宜、比例协调。总糖含量 26.09%，总氮含量 1.89%，烟碱含量 2.66%，氮碱比 0.71，糖碱比 9.81。云烟 85 烟叶烟气具有典型的清香型风格，烟气较为细腻、香气质好、香气量足、劲头适中、舒适柔和。

云烟 85 品种的优点为种性稳定、适应性广；苗期生长速度快，品种较耐肥；高抗黑胫病，耐赤星病和普通花叶病；变黄期失水平缓，定色脱水较快，烟叶变黄定色、脱水干燥较为协调，容易烘烤。

云烟 85 品种的缺点为腋芽生长势强；大田生长初期如受环境胁迫（干旱等），有 10~15 d 抑制生长期；对低温敏感；感气候斑、斑块型病毒坏死。

3. 云烟 99

云烟 99 也是采用杂交育种的方法选育的烤烟新品种，于 2011 年通过全国烟草品种审定委员会审定。其母本为云烟 85，父本为 9147。

云烟 99 品种株型塔形，打顶后呈筒形。其遗传性状稳定、田间生长整齐一致，平均打顶株高 110 cm 左右。叶片长椭圆形，主脉稍粗，有效叶数 18 片左右，大田生育期 120 d 左右。对主要病害的综合抗性较强，中抗黑胫病和赤星病。易烘烤。每亩产量 170 kg 左右，上等烟比例 42.1%左右，适宜在我国南方烟区种植。

云烟 99 品种中部叶片烤后原烟外观质量较好，以金黄色为主，结构疏松、成熟度较好，色度较强、身份中等。化学成分含量适宜、比例较为协调，总糖含量 30.4%左右，还原糖含量 25.3%左右，总植物碱含量 2.2%左右，总氮含量 1.9%左右，钾含量 2.0%左右，氯含量 0.26%左右。云烟 99 原烟的感官质量较好，香气质较好、香气量尚足、烟气浓度与劲头中等、余味尚适。

云烟 99 品种的优点是田间长势强整齐度较好；中抗黑胫病和赤星病；分层落黄特征明显，烤后烟叶颜色多橘黄，变黄失水速度适中，易烘烤。

云烟 99 品种的缺点是株高稍矮；阴雨潮湿环境易感白粉病、气候斑，易造成下部叶身份偏薄、不耐烤、出现青烟和糟片。

4. 云烟 105

云烟 105 也是采用杂交育种的方法所选育的烤烟新品种，于 2012 年 12 月通过全国烟草品种审定委员会审定。其母本为云烟 87，父本为 CF965。

云烟 105 品种株型塔形，打顶后呈筒形。其田间生长势强，平均打顶株高为 117.5 cm左右。叶片长椭圆形，有效叶数 22 片左右，大田生育期 128 d 左右。对主要病害的综合抗性较强，中抗黑胫病和赤星病。易烘烤。每亩产量 200 kg 左右，上等烟比例 31.5%左右，适宜在我国南方烟区种植。

云烟 105 品种中部叶烤后原烟外观质量较好，以金黄色为主，结构疏松、色度较强、成熟度较好，身份适中。化学成分含量适宜、比例较为协调，总糖含量 28.6%左右，还原糖含量 24.0%左右，总植物碱含量 2.2%左右，总氮含量 1.9%左右，钾含量 2.0%左右。云烟 105 原烟的感官质量较好，香气质较好、香气量尚足、烟气浓度与劲头中等、余味尚适。总体质量好于 K326，或与 K326 相当。

云烟 105 品种的优点为田间长势强、烟株高大，叶片宽大，厚度适中，打顶株高略高，茎围稍粗，最大腰叶略宽，整齐度较好；中抗黑胫病、赤星病；上部叶较耐熟，分层落黄特征明显。

云烟 105 品种的缺点是烟株节距稍大，不耐肥，大田中后期需钾量稍大；田间湿度较大时易感白粉病，中感普通烟草花叶病，感根结线虫病；多雨天气下，田间中、下部烟叶不耐熟。

5. 云烟 116

云烟 116 也是采用杂交育种的方法选育的烤烟新品种，于 2016 年 4 月通过全国烟草品种审定委员会审定。其母本为8610-711，父本为单育2号。

云烟116品种株型塔形，打顶后呈筒形。其田间生长整齐一致、长势强，平均打顶株高为115 cm左右。叶片长椭圆形，有效叶数21片左右，大田生育期126 d左右。对主要病害的综合抗性较强，中抗黑胫病、根结线虫病和普通花叶病。易烘烤。每亩产量168.4 kg左右，上等烟比例42.1%左右，适宜在我国南方烟区种植。

云烟116品种中部叶烤后原烟外观质量较好，以金黄色和深黄色为主，结构疏松、色度较强、成熟度较好，身份适中。化学成分含量适宜、比例较为协调，总糖含量27.99%~32.66%，还原糖含量23.36%~27.69%，总植物碱含量2.29%~2.39%，总氮含量1.96%~2.02%，钾含量1.4%~1.9%。云烟116原烟的感官质量较好，清香型风格较为典型，香气质较好、香气量尚足、烟气浓度与劲头中等、余味尚适。

云烟116品种的优点为中棵烟特征明显，大田长势强；中抗黑胫病、普通花叶病；田间生长整齐一致，分层落黄特征明显，较易烘烤，烤后烟叶多橘黄。

云烟116品种的缺点是节距稍大，上部叶较窄；中感青枯病和赤星病，感黄瓜花叶病和马铃薯Y病毒病。

第二节 漂浮育苗技术

一、育苗的意义与作用

对于烟草的种植来说，往往采取育苗后再移栽到大田的方式进行烟叶生产，而不采用直播的方式。育苗的优势体现在以下几个方面。

1. 能够进行壮苗培育

烟草在一段时间的保护性栽培条件下，能够充分利用适宜的光、温、水、肥条件，避免病虫草害的为害，顺利生长，形成壮苗，为大田期的生长发育奠定基础，从而实现烟叶的优质、丰产。

2. 提高土地的复种指数

进行育苗，能够缩短大田期时间，有利于安排前后茬作物的生产，从而提高复种指数。此外，对于无霜期短的地区，进行育苗可以使烟草有充足的大田生育时期。

3. 提高烟株生长整齐度

通过育苗，能够淘汰弱苗、病苗以及劣杂株，烟苗发育整齐、健壮，有利于在大田期的生长，保持均一性与整齐度。

4. 提高生产集约化程度

对烟草进行集中育苗，有利于提升烟叶生产的专业化分工程度，对于现代烟草农业的建设具有十分重要的意义。

所以，培养整齐健壮、苗龄适合、数量充足的烟苗，是烟叶生产顺利开展的基础与前提。

二、对烟苗的要求

从烟叶生产发展的历程来看，培养烟苗的方法较多，但总体来说，无论采取哪一种方式进行育苗，都要达到烟苗健壮、数量充足、无病虫害、苗龄合适、均匀整齐的要求。

（一）烟苗健壮

烟苗健壮就是指壮苗。所谓的壮苗，指的是健康无病、发育正常、代谢旺盛、内含物积累较多、抗性较强的烟苗。具体来说，壮苗一般具有如下特征。

1. 具有发达的根系

壮苗必须要有发达的根系。一般来说，漂浮育苗所培育的单株烟苗的根数要达到300条以上，根的干重要超过0.05 g，根冠比为0.25以上。

2. 茎秆健壮柔软

壮苗的茎秆节间较长，叶片在茎秆上着生较为均匀，茎秆较粗但较为柔软。

3. 叶色正常、叶片数适宜

壮苗的叶色深绿、浓淡适宜，叶片数通常为8~10片。

4. 抗性较强

烟苗生长健壮，无病虫害，抵御干旱、低温、水渍、病害的能力较强。

根据国标GB/T 25241.1—2010的要求，漂浮育苗的成苗要求为苗龄55~75 d，单株叶片数6~8片，茎高8~15 cm，茎围1.8~2.2 cm。烟苗健壮无病、叶色正绿、茎秆柔韧性较好、烟苗整体生长整齐均匀。

（二）数量充足

一定要根据生产计划面积，培养充足的烟苗。同时，为了满足移栽后的补苗需要，还需要在育苗计划之外，额外增加10%~15%的量。

（三）无病虫害

无病虫害是壮苗的特征之一。无病虫害烟苗移栽后，缓苗较快，抵御大田病害的能力较强，是优质烟叶生产的基础与前提。

（四）苗龄合适

包括两个方面，一是烟苗成苗时，正好处于合适的移栽期内，即当地的气候、土壤条件，主要是温度条件符合移栽的要求；二是成苗烟苗的大小合适，如高茎壮苗的要求是叶片数8~9片，茎高10~15 cm。

（五）均匀整齐

对于壮苗的要求来说，不但要求单株健壮，而且要求群体整齐一致。只有烟苗的整齐度达到要求，才能够保证大田烟株生长的整齐度，以便为田间农事操作的便利性奠定基础，同时也是烟叶整体落黄、成熟一致的保障。

三、品种的选用

与其他作物的生产一样，烟叶生产中也要注重良种的选用。生产中的良种包含两层意思：一是具有独特遗传特性的优质、丰产、抗逆、适应性强的优良品种；二是纯度高、活力强、种子饱满、大小均匀、无病菌和虫卵的优质种子。

（一）优良品种在烟叶生产中的作用

优良品种在烟叶生产中能够起到如下的作用。

1. 提高烟叶品质

通过国家审定的烟草品种，在品质上表现为外观质量好、化学成分协调、感官质量优的特点，能够满足卷烟企业对烟叶原料质量的要求。

2. 稳定烟叶产量

优良品种在适宜的地区推广，能够充分发挥品种自身的潜力，充分利用当地的自然与生态优势，保证了单产的提高与烟叶总产量的稳定。

3. 增加烟农收益

优良品种在烟叶生产中的推广与应用，提升了品质、提高了单产，种烟农民的总体效益得到提升。

4. 种植面积扩大

优良品种的抗逆性与适应性均强，因此，其适宜种植的区域将有所扩大，从而对整个烟叶生产有一定的促进作用。

（二）优良品种选用的原则

1. 选用经审（认）定过的品种

在烟叶生产中，必须选用经过国家烟草品种审定委员会审定或者认定后的品种，不能够采用未经过批准的品种，尤其要严禁劣、杂品种在烟叶生产中使用。

2. 根据当地生态条件选用品种

任何农作物的品种均具有区域性的特点。优良品种也有其适宜的生长区域。只有在适宜的生态条件下，优良品种才能够充分发挥其固有的遗传特性，达到优质、丰产的目的。所以，各地烟叶产区，都要根据自身的生态条件，选择适合于本地的优良品种。只有这样，才能保证烟叶生产的丰产与增收。

3. 根据市场需求选用品种

烟叶是卷烟工业的原料，因此，烟叶生产就必须以工业需求为导向，合理组织生产。既要满足国内卷烟企业的原料需求，又要考虑外贸的因素。所以，品种的选择要尽量考虑这些因素。

4. 注意品种布局

所谓品种布局，是指在某一产区当年烟叶生产中安排品种的数量与分布区域。首先要把最适宜种植烟草的区域安排烟叶生产。其次，除安排 1~2 个主栽品种外，还要计划配置 1~2 个搭配品种，形成生产中有 2~3 个品种共存的局面。此外，在烟叶生产中，还需要考虑满足不同卷烟企业对原料的不同需求，根据实际需要组织烟叶生产。

5. 注意后备品种的选择

随着品种在生产中的应用，若干年后，其种性就有一定程度的退化，抗病性也会有一定程度的丧失。所以，要注意烟叶生产后续品种的选择，为以后的烟叶生产储备一批品种。

6. 注意良种良法配套

优良品种只有在适宜的区域种植，才能够发挥其优质、丰产、适应性好以及抗性强的特性。此外，配套的栽培技术与管理措施的落实，对于优良品种优良生产特性的发挥不可或缺。所以，在烟叶生产中，要重视良种良法的配套，以实现优质、稳产的生产目标。

四、播种前的物质准备

漂浮育苗的育苗物质，主要包括专用育苗肥、漂浮盘、育苗基质、包衣种子、消毒剂以及育苗用黑膜等。

1. 烟草育苗专用肥

烟草育苗专用肥，一般由专门肥料生产企业组织生产。使用时，按照使用说明所规定的浓度即可。

2. 漂浮盘、消毒剂以及育苗用黑膜

漂浮盘、消毒剂以及育苗用黑膜，均由烟草公司组织统一提供。按照生产的实际需要备足数量即可。

3. 育苗基质

漂浮育苗的育苗基质主要包括 3 部分，即草炭、蛭石及膨化的珍珠岩。这 3 部分的比例（体积比例，v/v）通常为（50%~60%）：（20%~25%）：（20%~25%）。对于商用基质来说，根据国家相关规定，基质的理化指标必须要满足一定的要求，具体见表 7-1。

表 7-1　烟草漂浮育苗基质的理化性质要求

指标	范围
容重/($g \cdot cm^{-3}$)	0.10~0.35
粒径 1~5 mm 颗粒的比例/%	30~50
总孔隙度/%	80~95
有机质含量/%	22~25
腐植酸含量/%	10~40
pH 值	5.0~7.0
电导率/($\mu S \cdot cm^{-1}$)	≤1 000
水分含量/%	20~45
有效铁离子含量/($mg \cdot kg^{-1}$)	≤1 000

数据来源：刘国顺（2009）。

此外，对于育苗基质而言，还必须考虑重金属的含量。烟草育苗基质的重金属含量的控制性指标以及含量如表 7-2 所示。

表 7-2　烟草漂浮育苗基质的重金属限量指标

指标	限量范围/($mg \cdot kg^{-1}$)
镉（以 Cd 计）	≤1.5

（续表）

指标	限量范围/($mg \cdot kg^{-1}$)
汞（以Hg计）	≤1.0
砷（以As计）	≤75
铅（以Pb计）	≤250
铬（以Cr计）	≤300
镍（以Ni计）	≤100

数据来源：刘国顺（2009）。

4. 包衣种子

目前，在烟叶生产中所使用的烟草种子，基本上为包衣种子。包衣是一种较为形象的说法，是指将种衣剂一层层包裹在烟草种子的外面，从而形成一个外壳，达到烟草种子丸粒化、大粒化的目的。烟草种子包衣后，能够提高出苗的整齐度、降低病虫害的发生程度，达到苗全、苗齐、苗壮的目的。具体来说，烟草种子包衣具有以下优点。

一是出苗均匀、整齐，烟苗健壮、素质好。

二是大田移栽的成活率高，烟叶产量高、质量好。

三是经济性好，节约用工，节省用种、用药、用肥。

四是有利于统一供种，保证了种子的质量。

五、育苗场地及苗棚准备

1. 科学规划场地

苗棚建设整齐规范，建棚、建池方向应统一，摆放设计要合理。育苗棚之间距离100 cm；两排育苗棚之间的距离为200 cm。育苗盘四周应设有排水沟，排水沟宽30 cm，深20 cm。

2. 检查苗棚设施

育苗盘建设完毕后，要及时检查苗棚压膜绳、卡簧等附属设施的完好程度，及时更换容易损坏的部件。

3. 完善附属设施

应完善育苗点的育苗辅助设施，必须设有围护栏、入口消毒池、操作场地、洗手盆以及管理简介牌等。

六、场地及物资消毒

漂浮育苗是集约化程度较高的育苗技术，因此，严格消毒、防止病害发生是成功育苗的关键所在。在漂浮育苗过程中，要注重对育苗场所、育苗物资及育苗器械的消毒。

（一）育苗场所的消毒

一是及时铲除育苗场地、苗棚四周的杂草，清理排水沟，并进行全面消毒。

二是在开始育苗前，要用消毒剂对育苗场地、四周地块、遮阳网、旧防虫网及育苗棚棚体等进行全面、彻底的消毒。

三是应用生石灰等对育苗池先进行处理，再铺设黑膜。

四是土壤消毒，如需对土壤进行消毒，则须采用浇灌消毒法，进行土壤消毒。

五是苗棚消毒，对苗棚进行喷药消毒。消毒后应关闭育苗棚5~7 d，然后通风3~5 d。

（二）育苗物资的消毒

漂盘、薄膜等物资是漂浮育苗中所用到的重要物质，同时也是重点的消毒对象。在育苗前，应使用消毒剂对这些物质进行彻底的消毒。然后，用塑料薄膜盖严、密封后放置5~7 d，再揭膜、晾干即可。

（三）育苗器械的消毒

在漂浮育苗过程中，要使用剪叶工具对烟苗进行剪叶、匀苗工作。这个过程容易造成病害交叉感染。所以，在剪叶前，应用消毒剂对剪叶工具进行彻底消毒。具体而言，将剪叶工具浸泡在配置好的消毒剂中5~10 min后取出即可。此外，每剪叶5~10盘烟苗后，应当重新进行浸泡消毒。

（四）其他注意事项

一是为了避免将病原菌带进育苗棚，以及避免交叉感染，在进行装盘、播种、除草、剪叶、匀苗、刮根、加水加肥、消毒等农事操作时，要注意苗盘不得与池埂、地面、土壤接触。

二是为了安全起见，在配置消毒剂时严禁将水直接倒入药剂中，应先加水，再加入药剂并搅拌均匀，防止发生中毒事故。

七、育苗用水

烟草漂浮育苗的用水也要注意，严禁使用被污染水源的水，如鱼塘水、沟渠水、塘坝水等，应当使用自来水或者清洁无污染的河水。在育苗前，池水要经过消毒剂消毒。消毒时，可将消毒剂分多点倒入池中并搅拌均匀。消毒3 d后，方可下肥下盘。

八、装盘与播种

（一）装盘

基质准备。在装盘前，先将基质加水浸湿，使其含水量在55%左右，达到“捏之成团、触之即散”的效果。

基质装盘。基质装盘不宜过满，以容量的80%~90%为佳。装盘时，将基质在40 cm高处自由下落，均匀堆满盘面后，刮平即可。刮平盘面后，盘孔网线要显露出来，然后，用压穴器压穴。

（二）播种

播种时，每穴播种一粒包衣种子。播种后，使用消毒后的清水，对盘面进行喷洒，确保包衣种充分裂解。然后，在盘上轻撒2 mm左右的过筛基质，覆盖种子，并以种子微露为宜。放盘入池，1~2 h后检查苗盘水分吸湿是否均匀、饱满，确保整个苗盘湿润。

为了满足补苗的需要，在育苗棚的每个标准厢，集中在苗池一端，保留10盘育苗盘，每穴播2粒包衣种子。或者在集中育苗点，每10个中棚预留1个中棚，每穴播2~

3 粒包衣种子。

九、苗床管理

（一）温湿度管理

温湿度管理是苗床管理的核心工作。过高或者过低的温湿度，均不利于烟苗的生长。

1. 温度管理

漂浮育苗的温度管理主要通过棚膜的揭与盖来进行调节。苗床期，育苗棚内的温度目标及采取的措施如表 7-3 所示。

表 7-3　苗床期育苗棚温度控制目标及措施

时期	温度目标	采取措施
播种—出苗	21～24 ℃	严格保温
出苗—十字期	不低于 20 ℃	晴天中午气温高时通风降温
十字期—成苗	不高于 35 ℃	注意通风
成苗期	适应外界环境	加大通风

2. 湿度管理

在苗床期，育苗棚内的相对湿度应保持在 70%～80%为宜。为了避免雾滴的产生及滴水，当晴天中午棚外温度较高时，应打开中棚门或卷起大棚两侧的棚膜进行通风，及时排湿。如果苗盘表面有积水现象，或者有青苔产生时，应当及时晾盘。

（二）水肥管理

1. 营养液 pH 值的调整

烟苗根系正常生长的 pH 值为 5. 8～6. 2，超出此范围，均会对烟苗的生长产生不利影响。所以，每加入一次营养液，均要调整营养液的 pH 值。调整营养液的 pH 值，可以采用 NaOH、KOH、H_2SO_4等。测定营养液的 pH 值，可以采用 pH 值精密试纸。

2. 营养液养分浓度的调整

随着烟苗的生长，营养液中的养分被烟苗不断吸收，造成养分浓度的不断下降。当养分浓度低于一定数值时，就要进行追肥。第一次追肥（第二次施肥，第一次施肥为苗盘下水时）时，营养液的氮素浓度按照 100 $mg \cdot kg^{-1}$来计算；第二次追肥（第三次施肥）时，营养液的氮素浓度按照 50 $mg \cdot kg^{-1}$来计算。

3. 操作方法

营养液配制。配制营养液时，应先用热水将育苗专用肥溶解。

苗床消毒。将池水加至 2 cm 深，加入消毒剂消毒 3 d。然后，再注入营养液。加注营养液时，要分多个点注入，边注入边搅动池水，使营养液分布均匀。

施肥。在整个苗床期，施肥 2～3 次。第一次在漂盘下池时，按每盘 3 g 标准施用；第二次在十字期（4 片真叶），结合间苗，将池水加至 4～5 cm，按每盘 20 g 标准施用；

第三次在第一次剪叶后，根据烟苗长势情况，按每盘 5 g 标准施用。

注意施肥要及时，最好不要在烟苗明显脱肥后才进行追肥。追肥时，不能够把营养液加在苗盘上，或者使营养液接触烟苗，以免灼伤烟苗。

（三）间苗与定苗

间苗与定苗是壮苗培育的重要措施。通过间苗、定苗能够改善苗床的通风与透光条件，调节温湿度，保证烟苗单株的营养面积，协调个体与群体发育的矛盾。同时，通过淘汰病苗、弱苗、大小苗，才能够使烟苗健壮生长、整齐一致。

当每穴播种 2 粒包衣种子时，烟苗具有 2 片真叶进入小十字期后，就应当进行间苗、定苗。同时，结合间苗，要对缺苗穴进行补苗，确保每穴 1 株。间苗、定苗后，要喷洒一次药剂预防病菌感染。

（四）剪叶

剪叶是苗床管理的重要措施，对于苗齐、苗壮有着决定性的作用。此外，如果不能够按时移栽，通过适当的剪叶，则可以延迟移栽时间。剪叶的次数，要视烟苗的长势而定，一般从烟苗长至 6 片真叶时开始，剪叶 2~3 次。

第一次剪叶：烟苗封盘后进行。可以采用“平剪”方式，剪去最大叶面积的 30%。同时，及时清理碎叶，将其带出棚外，妥善处理。在剪叶的同时，要进行刮根。

第二次剪叶：当烟苗茎高 2~4 cm，真叶数达到 7~8 片时进行。剪叶面积为最大叶面积的 50%。

第三次剪叶：一般进行 2 次剪叶基本能够满足要求。只有当烟苗达到壮苗标准、同时不能及时移栽时才进行第三次剪叶。

剪叶时应当注意以下问题。

一是剪完一池后，应对剪叶工具进行及时、彻底地消毒，并重新调整剪叶高度。

二是剪叶时，盘底要水平，切忌剪掉烟苗生长点。

三是及时清除碎叶。

四是剪叶的标准要严格掌握，剪叶要及时，但不能过于频繁。

五是对于用于小苗移栽的烟苗，也应当至少剪叶 1 次。

（五）炼苗

为了让烟苗尽快适应外界环境，提高移栽成活率，在移栽前应当进行炼苗。炼苗开始的时间，以移栽前 2 周左右开始为宜。炼苗时，应断水、断肥，同时，打开育苗棚两端（侧）通风门（膜）。在炼苗的程度上，以烟苗中午发生萎蔫、早晚能够恢复时为宜。在移栽前 2 d，要停止炼苗。

（六）防治病虫害

在苗床期，较易发生的病害主要有立枯病、黑胫病、炭疽病、猝倒病等；蚜虫及潜叶蝇等则为最主要的虫害。该时期病虫害的防治要以预防为主。

首先要严格消毒，防止将病菌带入育苗棚以及在棚内的扩散。要求非育苗工作人员不得进入育苗棚；不得污染营养液；剪叶工具彻底消毒；剪下的残叶要带出大棚；及时拔除病株并做适当处理；不在育苗棚内及周边吸烟；对病害及时对症施药等。

用1：1：100的波尔多液，在烟苗达4~5片真叶时，喷洒苗床1次，有很好的预防作用。对于猝倒病、立枯病以及黑胫病，要使用国家烟草专卖局推荐的相应药剂及时进行防治。

对于蚜虫、潜叶蝇等苗期害虫，可采用国家烟草专卖局推荐的相应药剂及时进行防治。

（七）藻类及烟苗螺旋根防治

在漂浮育苗过程中，藻类的发生也是较为普遍的现象。藻类大量发生，耗费了营养液中的养分，降低了营养液中氧气的含量，不利于烟苗的生长。如果藻类发生，可用浓度不高于0.025%的硫酸铜溶液，进行喷洒，有较好的防治效果。

螺旋根，也称为气生根，是漂浮育苗时较为常见的现象。螺旋根的发生与基质的高紧实度、低氧浓度密切相关。同时，出苗期间的低温、寡照均会导致螺旋根的产生。因此，针对螺旋根产生的原因，可以采取保温、维持基质的完整度以及控制进入浮盘中的水分等措施，降低螺旋根的发生率。

第三节 整地与移栽

整地是烟叶生产中的重要环节，是在烟苗移栽之前所进行的土壤耕作措施。在我国，烟田土壤整地主要包括土地平整、深耕、耙地碎垡、理墒及起垄等内容。整地的目的在于疏松土壤，改善土壤的通透性及蓄水保墒能力，改善土壤微生物的生存环境，提高其活性。同时，整地还可以清除杂草，减少地力的消耗。整地能够为烟株的发育创造出较好的土壤环境条件，为优质烟叶的生产奠定基础。

移栽是将烟苗从苗床转移栽种到大田的过程。移栽质量的好坏，直接关系到烟株的生长发育，并最终影响烟叶的产量与品质。因此，必须关注移栽的质量。通常烟苗移栽考虑的因素包括移栽期、移栽方式以及移栽密度等方面。

一、整地

在泸州烟区，烟田土壤整地的出发点，应以培育根系为中心，以培育“中棵烟”为目标。在立冬至立春前，要对基本烟田进行深耕作业，耕深最好达到35 cm以上。在起垄前，还要进行一次深翻，深度最好达到30 cm以上。然后，平整土地，准备起垄。

泸州烟区的烟叶生产，适合于垄作。起垄时，垄距1.1~1.2 m，田烟垄高35 cm，地烟垄高30 cm。起垄时要注意做到垄体呈“梯”形，厢体饱满、垄面细碎。为了确保田间排水畅通，在起垄的同时，要开好排水沟。主排水沟宽40 cm，深35 cm；边背沟宽20 cm，深30 cm以上。

二、移栽

（一）烟苗移栽期确定

适宜的移栽期，将使烟株的生长处于最适宜的气候条件下，能够满足烟株生长对气候环境的要求，为烟叶的优质、适产打下基础。移栽期的确定，要考虑气候条件、品种特性以及种植制度等因素。在泸州烟区，烟苗移栽期一般为4月初至4月中旬。

（二）移栽密度

移栽密度是影响单位面积烟叶产量的重要因素，直接决定了烟叶产量的高低。此外，移栽密度还影响了烟株的群体构成，影响着群体与个体发育的协调。同时，移栽密度还会对烟叶的质量产生影响。所以，必须要合理确定大田移栽的密度。

1. 移栽密度对烟株生长发育的影响

移栽密度影响了群体的光照、株间与行间的风速、空气、土壤的温湿度以及烟株的发育程度。

2. 合理确定移栽密度

田间移栽的密度，要根据品种的特性、土壤条件以及栽培水平等方面来综合判定。就泸州烟区来说，烟苗的移栽密度（亩栽烟株数），应该不低于1 100株。移栽规格为行距1.1~1.2 m，株距0.45~0.5 m。

（三）常规移栽技术

1. 壮苗深栽

移栽时，一定要选用无病壮苗，进行深栽（将烟苗茎秆埋入土中），地面只露3叶1芯。栽完后，环施肥料。

2. 浇足定根水

移栽后，每株烟苗浇水500 mL，此为定根水。定根水要浇足、浇透。

3. 及时施药

移栽前，用国家烟草专卖局推荐的相应药物进行浸根，移栽后用预防黑胫病的药物进行灌根。同时，穴施地下害虫防治。

4. 移栽期限

“春争日，夏争时。”在栽烟季节，必须争取有利的天气条件，及时栽烟。当天从育苗棚中取出的烟苗，当天应当栽完，严禁过夜后再栽烟苗。对农户来说，应当尽可能在3 d内将烟苗栽完，完成当年的种植计划。此外，要注意预备适当数量的备用苗，以备补苗之用。具体备苗数量，以750~1 500株·hm^{-2}为宜。备用苗要假植在地头，具体做法为：在厢沟中施入适量的肥料，用细土覆盖，将烟苗进行单行排列，间隔10 cm，然后用细土覆盖根部及茎秆，浇水即可。

（四）泸州烟区特色移栽技术

1. “321”移栽技术

“321”移栽技术，又被称为“三带两小一深栽”，即带水、带肥、带药、小苗、小孔、深栽。

适宜田块：植烟土壤应质地疏松、通透性好。太沙或太黏的土壤，不宜采用此法进行移栽。

起垄与盖膜：施足底肥，起垄，保持垄面平整。土壤墒情达到60%~70%时（判断标准为：握之成团，触之即散，手搓不能成条或球）盖膜，要密封严。

定株覆土：在薄膜上，根据株距进行覆土。

打孔栽苗：用专用的工具在膜上进行打孔，孔穴口圆形，直径 6 cm。打孔的深度，要根据烟苗高度来确定，以使烟苗距膜口 2~3 cm 为宜。然后，在孔中投入烟苗（要使烟苗接触泥土），将肥料在烟苗根系上方 2~3 cm 处施入，并丢入细土进行覆盖。

浇水、施肥、施药：栽苗后，进行浇水与施肥。将 2 kg 烟草专用提苗肥兑水250 kg 溶解、拌匀后，每穴施用 200 g，顺孔壁淋下。同时，施入防治地老虎、蜗牛或蛞蝓的药物。移栽后 7~10 d，进行首次追肥，按每亩施用提苗肥 4 kg（兑水 250 kg，灌根，每株灌 200 g）。

破膜、放苗、封孔：移栽后 15~20 d，当烟苗在膜下生长至芯叶稍高于膜口（2~3 cm）时，即可进行破膜。在具体操作时，应先拔除杂草、填土埋孔，并用土将膜口压紧。

2. 三角定植技术

三角定植技术是在泸州烟区推广的一种烟苗移栽时定植烟株的技术，该技术的优点是能够改善田间通风、透光、透气特性，对烟株的生长发育产生有利的影响。

所谓三角定植，是在移栽时，将相邻行（垄）的植株位置相互错开，相邻行的 3 株烟苗呈等腰三角形。三角定植示意图如图 7-1 所示。

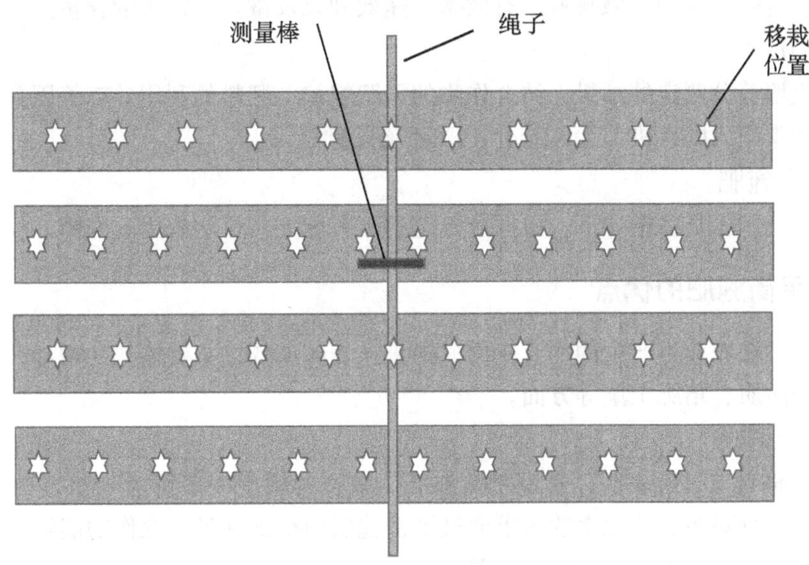

图 7-1 三角定植示意图

进行三角定植时，可以遵循如下步骤。

首先，在起好垄的田间，第一行垄体中间位置与垄体垂直拉一条绳子，绳子与垄体交叉的位置定为移栽的第一个点（定株）。

其次，准备 1 条长度与株距等长的测量棒，将测量棒的中间点放在绳子与第二行烟垄交叉的点上，测量棒的两端，即为第二行烟垄移栽的 2 个点（两株的位置）。

再次，重复第一步与第二步，即可依次确定其余烟垄的烟株位置控制点。

最后，以每行烟垄确定的移栽点为基准，按株距确定每行烟垄余下的烟株位置。

第四节 平衡施肥技术

一、平衡施肥的概念

平衡施肥是近年来我国在农业生产中重点推广的农业生产新技术之一，该技术的增产效果十分显著，增产可达15%左右。所谓的平衡施肥，是指根据土壤供肥特性、作物的需肥规律以及肥料的利用效率，计算出有机、无机养分的需求量及比例，以有机肥料为基础，施入能够满足作物生长需要的全营养要素（包括有机成分以及氮、磷、钾、微量元素等无机养分）。平衡施肥的另外一层含义，就是根据作物从土壤中所带走养分的种类及数量，以施肥的形式，将这些养分重新归还土壤，从而实现土壤养分的闭合循环，防止土壤养分的枯竭。

平衡施肥也叫测土配方施肥。所以，从内容上来看，平衡施肥主要包括以下步骤。

1. 测土

对拟耕种的土壤田块，按照一定的规则，采集土壤样品，并测定其有机质、pH值以及全氮、全磷、全钾、碱解氮、有效磷、速效钾以及微量元素等的含量。

2. 配方

根据土壤养分测定的结果，结合作物的需肥规律、肥料的利用效率等因素，综合测算出应在当季施入的有机、无机养分，拟定施肥配方。

3. 合理施肥

在农业技术人员的指导下，根据所拟定的肥料配方，科学施用配方肥。

二、平衡施肥的优点

平衡施肥在农业生产中的广泛应用取得了显著的成效，主要体现在增加产量、降低成本、提高品质、培肥土壤等方面。

1. 增产增收

多年的研究与试验表明，通过平衡施肥，增产的幅度一般可达15%左右。其原因就在于，农作物对各营养元素的需求通过平衡施肥而得到满足。农作物能够正常地进行生长发育，从而获得理想的产量和效益。

2. 提高化肥利用率，降低农业生产成本

目前，从总体上来看，我国在农业生产中的肥料利用率仍然较低。据测算，肥料的平均利用率在35%左右。这一数字较发达的农业国，低了大约10个百分点。而平衡施肥则能够大大提高肥料吸收利用率，减少了肥料的施用量，减少了浪费，因而，降低了农业生产的成本，提高了生产效益。

3. 改善农产品品质

在农业生产中，肥料施用不合理是导致我国农产品质量不高的主要因素之一。在平衡施肥条件下，农作物对养分的需求得到了满足，其生长发育正常进行，抵御不良环境以及病虫害的能力提升，其产品品质得到改善。此外，由于降低了农药及肥料的施用，农产品的农残得到降低，由于过量施用化肥而导致的土壤污染情况也大大好转。

4. 平衡土壤养分

平衡施肥的一个重要含义，就是通过施肥将作物所带走的养分归还到土壤中，从而能够实现土壤养分的良性循环。此外，有机肥料的施入，还可以改善土壤的理化特性，使其供肥能力得到增强。所以，通过平衡施肥，能够平衡土壤养分，保证土壤养分源源不断的供应，维持土壤较高的肥力及生产能力。

三、肥料的种类

按照养分的来源、构成以及使用的用途，农业生产中所使用的肥料一般分为农家肥料、化学肥料、腐植酸类肥料、缓释控释肥料、微生物肥料、土壤修复肥料以及叶面喷施肥料 7 类。

1. 农家肥料

农家肥料是指农民自制的、通过就地取材方法而得到的肥料，这种肥料一般来说有机质含量较高，对于培肥土壤、提高地力有较大的帮助。草木灰、堆肥、厩肥、饼肥及火土灰等，就属于此类肥料。

2. 化学肥料

化学肥料是指经过人工化学合成而得到的用于农业生产的肥料。根据其元素的构成及组配的方式，可以分为单一元素化肥、复合元素化肥、复混化肥、有机无机复混肥以及微量元素肥料等。

化学肥料具有营养成分单一、养分含量高、易被作物吸收、肥效较快等优点。化学肥料有酸性与碱性之分，长期单一施用化学肥料，易造成土壤板结、pH 值降低等理化性质的破坏。

3. 腐植酸类肥料

腐植酸类肥料也叫腐肥，是一种既含有机养分又含无机养分的多功能有机无机肥料。腐肥的有机质含量较高，具有农家肥的功能，同时，又含有速效的无机元素，具备化学肥料的某些特性。常见的腐植酸类肥料包括腐植酸铵、腐植酸钾等。

从来源来看，腐植酸类肥料是以泥炭等含腐植酸较高的原料为基础，再添加无机养分如氮、磷、钾以及某些微量元素等。

腐肥能够改良土壤，促进作物对磷及微量元素的吸收，提高化学肥料的利用率，增强作物的抗逆能力，从而促进作物的生长。

4. 缓释控释肥料

缓释控释肥料，又称缓效肥料，是一种养分在土壤中释放速度缓慢，或者养分释放速度可以得到一定程度控制的肥料。在农业生产中使用缓释控释肥料的优点，主要表现为 3 个方面。

一是可以减少施肥作业次数，降低劳动力成本和生产成本。

二是可以减少肥料养分特别是氮素在土壤中的流失。

三是可以避免施肥过量所引发的对种子或幼苗的伤害。

判断一种肥料是否为缓释控释肥料，可以依据表 7-4 中 4 个方面的标准。

表 7-4 缓释控释肥料养分释放率的要求

时间	养分释放率
24 h	小于 15%
28 d	小于 75%
规定时间	超过 75%
其他	养分释放曲线与作物的养分吸收曲线相吻合

依据缓释控释肥料的养分释放机理以及其生产的方法，可以将缓释控释肥料分为生物化学类、物理类以及化学合成类三大类。

5. 微生物肥料

微生物肥料，俗称菌肥，也称为微生物接菌剂，是指将人工从土壤中分离的有益微生物扩大繁殖后，制作成各种菌剂，再施入土壤，从而起到改善土壤理化性质的菌剂肥料。常见的微生物肥料包括生物有机肥、解钾菌剂、生防菌剂、解磷菌剂、VA 菌根、固氮菌剂、复合微生物肥料、复合菌剂等，而以生物有机肥及解钾菌剂应用最为普遍。

6. 土壤修复肥料

土壤修复肥料，主要用于改善土壤的物理性状，促进土壤团粒结构的形成，疏松活化土壤，提高土壤的透气性，有效缓解土壤板结，提升土壤保肥保水能力。同时，土壤修复肥料还具有活化土壤养分、促进作物对养分的吸收等作用。有些土壤修复肥料还能够抑制土壤中的有害病菌，降低作物病害的发病率。

7. 叶面喷施肥料

叶面喷施肥料，俗称叶面肥，是一类专门用于作物叶面喷施的速溶肥料，包括固体及液体两种类型。叶面肥是一种养分含量较为全面、作物吸收较快的肥料，尤其是对于解决微量元素缺乏问题最为有效。叶面施肥是对根系施肥的一种有益补充，在烟叶生产中有广泛的应用。

四、烟草对养分的吸收规律

大量的研究及生产实践表明，烟草对养分的吸收在各个生育时期并不相同，呈现少—多—少的特点，即苗期的吸收较少，旺长期最多，成熟期又变少。如果用图形来表示的话，就是一条近似"S"形的曲线。

氮素：氮素的吸收高峰出现在移栽后 45 d 左右。

磷素：烟草对磷素的吸收在整个生育期较为均衡，只是在旺长期时，有一个不太明显的吸收高峰。

钾素：烟草对钾素的吸收高峰较氮素略晚，出现在移栽后 55 d 左右。

根据烟草对养分的吸收规律，在烟叶生产中，应重施基肥，早施追肥，以满足旺长期对养分的需要。烟草现蕾后，对养分的需求减少，可以叶面喷施钾肥、磷肥，以促使烟草由氮代谢向碳代谢转变，及时落黄，促进烟叶品质的形成。

五、烟草施肥的原则

施肥是烟叶生产中重要的田间栽培措施，是保证烟叶产量、提高烟叶品质的重要举措。烟叶生产中的施肥，应当根据烟草的养分吸收规律，制订施肥方案，优化施肥技术，满足烟叶生长发育对养分的需求。烤烟生产施肥的原则包括以下5个方面。

（一）氮磷钾肥合理搭配，控制氮肥施用

烟草生长对各种养分的吸收量、吸收时间均不相同。因此，要依据土壤养分的供给特性，在恰当的时间、施入恰当的肥料。除了大量元素（氮、磷、钾）肥料外，还应当考虑中微量元素（如钙、镁及硼、钼等）的施肥问题，以保证各种营养元素的合理搭配。此外，由于烟草对氮肥较为敏感，因此，要精准施入氮肥，既不可过多，亦不可不够。

（二）注重平衡施肥

烟叶生产中的平衡施肥，主要体现在以下3个方面。

一是烟草需求总量与施入总量的平衡。

二是烟草养分需求时期与供肥时期的协调与平衡。

三是所施入的各种养分之间的平衡（大量元素与中微量元素协调）。

（三）有机无机肥料搭配施用

有机肥料与无机（化学）肥料对作物及土壤的作用各不相同、各有优点。有机肥料对于改良土壤的理化性质有较大的帮助，但养分的供给是缓慢的、长期的。无机肥料的养分速效性较强，能够迅速发挥作用。所以，应当将有机与无机肥料合理搭配使用，以保证烟草的正常生长发育，有利于烟草产量与品质的形成。

（四）确定合理的基、追肥比例

烟草对养分的需求用一句农谚来表达十分形象，即“少时富，老来贫”。因此，烟草的施肥应该是基肥与追肥相结合，既有基肥又有追肥，而且要重施基肥、早施追肥。只有这样，才能够满足烟草旺长期对养分的大量需求，而在成熟期，烟草需肥不多，土壤中的速效养分也所剩无几，正好保证烟叶的正常落黄。

在北方烟区，基肥与追肥的比例一般为7∶3，南方烟区一般为6∶4。

（五）注意因施肥而带来的土壤污染

随着肥料的施入，尤其是有机肥料及钙镁磷肥的应用，不可避免地将重金属带入土壤。在某些情况下，还有可能将放射性元素随肥料施入土壤。长此以往，就容易造成重金属及放射性元素在土壤中的积累，从而导致土壤的污染。另外，这些重金属及放射性元素还会转移到烟叶中，影响吸食者的身体健康。所以，对由施肥而导致的土壤污染问题，必须高度重视并逐步加以解决。

六、泸州烟区烟草的施肥技术

（一）总体原则

一是平衡施肥，增施有机肥和微肥，增加土壤生物质碳。

二是前移氮素、后移钾素。

三是早施、水施追肥。

(二) 施肥量推荐

底肥用量：每亩施用有机肥 50 kg、烟草复合肥（10：20：20）40 kg。

专用提苗肥用量：每亩施用硝酸钾 5. 5 kg、硼肥 0. 5 kg。

专用追肥用量：每亩施用 25 kg 烟草复混肥（5：10：35）。

专用叶面肥用量：每亩施用磷酸二氢钾 1 kg。

(三) 施肥技术

1. 施肥时间与施肥量

应当根据当年、当地的气候，科学确定施肥时间。在施肥总量确定的前提下，适当调整坡地和烟田的肥料用量，坡地用量可适当增加，烟田用量应适当减少。

施肥时，应当计算好每一个田块的具体用量，最好定量到每一棵烟株的施用量。此外，在施肥时，最好采用量具进行准确施肥。

2. 底肥施用

底肥于移栽前 5~10 d 施用，用量具定量环施或条施。每亩施用量为有机肥 50 kg（单株用量 45 g，密度为每亩 1 100株）、烟草复合肥 40 kg（单株用量 36 g，密度为每亩 1 100株）。

3. 提苗肥施用

采用"321"移栽法进行烟苗移栽时，提苗肥分两次施用，以提高烟株的吸收效率，促进烟株早生快发。

第一次：移栽时，提苗肥施用量为每亩 2 kg，兑水 250 kg，灌根，每株灌 200 g。

第二次：移栽后 7~10 d，施用量为每亩 4 kg，兑水 250 kg，灌根，每株灌 200 g。

当采用常规移栽法进行移栽时，提苗肥在移栽后 7~10 d 施用，施用量为每亩 6 kg，兑水 250 kg，灌根，每株灌 200 g。

4. 追肥施用

追肥的施用，也分为两次。

第一次：移栽后 20~25 d 进行，施用量为每亩 15 kg，兑水 500 kg，灌根，每株灌 400 g。

第二次：移栽后 30~35 d 进行，施用量为每亩 10 kg，应当根据天气的情况，水施或者干施。

5. 叶面肥施用

叶面肥的施用，在打顶后分两次进行。每次的施用量均为每亩磷酸二氢钾 0. 5 kg，兑水 45 kg。叶面喷施时，烟草叶片的正反面均要进行均匀喷施。

第五节　大田管理技术

从烟草的一生来看，可以分为两个大的阶段，即苗床期与大田期。其中，大田期是指从移栽至烟叶成熟采收完毕的一段时间。烟草大田期的时间一般会持续 120~145 d，因品种而异。从生育时期的划分来看，可以将烟草的大田期分为还苗期、伸根期、旺长期及成熟期。每一个生育时期均有其不同的生长特点，因此，烟草大田管理的目标，就是要针对烟草的生长特点，采取相应的栽培措施，以实现优质、丰产的目的。

烟草大田管理的总体要求，是要做到“十无一度”，即无杂草、无积水、无烟花、无烟杈、无病株、无弱株、无缺株、无缺肥、无脱肥、无板结和提高田间生长整齐度。

一、优质烟叶的长相

所谓的长相，是指烟株的长势及外观形状。烟株的长相是其生长发育状况的外在表现，与烟叶的产量和品质密切相关，长相的好与不好，取决于气候条件、品种和栽培措施的综合作用。

目前在烟叶生产中经常会提到“中棵烟”的优质烟长相，追根溯源，“中棵烟”的概念最早由云南省烟草研究所（现云南省烟草农业科学研究院）提出。“中棵烟”的核心意思，就是烟株大小中等、烟株长势健壮、既不弱也不旺，从而达到产量、质量的协调统一。

对于“中棵烟”而言，其长相在不同烟区、不同品种以及不同的生育时期，均不相同。所以，“中棵烟”是一个较为笼统的概念，各个烟叶产区应当根据自身的实际情况，制定相应的“中棵烟”的长相具体指标。比如，贵州省铜仁市针对云烟 85 的“中棵烟”长相，制定出了详细的形态指标。这些指标包括种植密度、株型、产量目标，株高、茎围、有效叶片数、最大叶长、最大叶宽、叶面积，倒 3 叶以及倒 10 叶的长、宽、单叶质量等等。

二、烟草大田生育期的生长特点及管理目标

烟草的大田期可以分为还苗期、伸根期、旺长期及成熟期 4 个时期，每个时期均具有各自的发育特点。下面就烟草各个生育时期的发育特点及管理要点进行简单的介绍。

（一）还苗期

还苗期指的是从移栽至成活的一段时间，一般会持续 7~10 d，烟苗健壮、移栽质量较高时，6~7 d 即可成活。

1. 生育特点

根系的生长逐渐恢复，新的叶片开始分化并长出。

2. 管理要点

还苗期管理的中心是保苗、保种植密度，达到苗全、苗齐、苗壮的目的。为此，要进行查苗、补苗、抗旱保苗、小苗偏管、防治病虫害，及时进行浅中耕，增温保墒。

（二）伸根期

伸根期指的是从还苗至团棵的一段时间，一般会持续 25~30 d。

1. 生育特点

伸根期是烟草进行旺长前的准备阶段，是营养体建造的关键时期，也是获得烟株叶

片数的重要时期。在伸根期，烟株的氮代谢旺盛，地上、地下同时生长，但以地下生长为主。移栽后约35 d，伸根期结束，烟株进入团棵期，其标志是烟株株型近似球形，烟株的高度与宽度比约为1∶2，株高30 cm左右，叶片数为13~16片。

2. 管理要点

伸根期管理的目标是促使烟株健壮生长，促进烟株根系发育，奠定优质、丰产的基础。在栽培管理措施上，要落实好揭膜上厢、培土、深中耕、追肥等管理措施。同时，要预防不良天气可能导致的早花。此外，该时期为烟草花叶病发生高峰期，要注意做好预防病虫害发生的工作。

（三）旺长期

旺长期指的是从团棵至现蕾的一段时间，一般会持续25~30 d。

1. 生育特点

旺长期是烟株旺盛生长的阶段，在该时期，烟株的营养体快速增大，烟株迅速增高、叶片数迅速增加、叶面积迅速扩大。旺长期也是烟株由营养生长向生殖生长转变的时期。旺长前期，烟株以氮代谢为主，中后期开始由氮代谢逐渐向碳代谢转变，但占主导地位的仍然是氮代谢。

烟株进入旺长期，对光、温、水、肥的要求均较高。据研究，烟株在旺长期所吸收的氮、磷、钾等养分占全生育期的50%~60%；所吸收的水分也约占全生育期总耗水的50%以上。因此，保证旺长期的水肥供应，是实现烟叶优质、丰产的关键。

2. 管理要点

旺长期是烟株生长的关键时期，促使烟株的稳健生长是旺长期的管理目标。一切大田管理措施，均要以稳健、保产、提质为中心。在栽培管理措施上，要以水分管理为核心，以水调肥、以肥促长、促控结合、防止过度旺长。

（四）成熟期

成熟期指的是从现蕾至采收结束的一段时间，一般会持续60~75 d。

1. 生育特点

进入成熟期，烟株现蕾并很快开花、结实。从代谢角度来看，烟株从以氮代谢为主转变到以碳代谢为主。成熟期是烟叶内含物积累的关键时期，也是烟叶产量、品质形成的重要时期。同时，该时期还是烟株顶叶扩展的关键时期，对于烟株顶叶的开片至关重要。此外，烟株打顶后，顶端优势被消除，烟株会大量产生腋芽，并发育为烟杈，消耗了烟株的营养。因此，加强营养调控，增加烟叶内含物的积累，对于烟叶的优质、丰产意义重大。

2. 管理要点

成熟期是烟株烟叶质量形成的关键时期，该时期的管理目标，就是稳产、提质、防止早衰。在栽培管理措施上，要做好以下几个方面的工作。

一是浇圆顶水，促进顶叶开片。

二是科学打顶、抑芽。

三是打去1~2片底脚叶，改善田间通风、透光条件。

四是适时采收，按照“下部叶适时早采，中部叶适熟稳采，上部叶成熟采收”的原则，进行烟叶的采收。

三、大田保苗

从烟叶产量的构成因素来看，单位面积的株数、单株叶片数以及单叶重是3个最为主要的指标，缺一不可。在农业生产中，烟草种植密度不高，所以单株产量对于群体产量的贡献较大。因此，保证一定的株数，是保证烟叶产量的重要前提。在烟叶生产中，可以采取如下措施，进行保苗工作。

1. 一栽全苗

确保全苗，是保苗工作的第一步，也是关键的一步。可以采取的办法包括壮苗移栽、提高移栽质量；药剂灌根，及早防治地下害虫；及时查苗补栽等。

2. 苗齐、苗壮

根据烟苗移栽成活后的田间表现，为了提高烟苗的生长整齐度，可以采取“控大促小”的办法，对弱小苗浇“偏心水”、施“偏心肥”，促进烟苗的早生快发，提升烟田群体的生长整齐度，达到苗全、苗齐、苗壮、苗匀的目的。

3. 覆盖地膜

研究表明，地膜覆盖可以起到增温、保墒的效果，对于提高地温、增强肥料的转化、降低肥料的流失、促进根系的发育以及防止草害的发生有着积极的作用。

地膜覆盖是我国烟叶生产的一项主要管理措施，对于提高烟叶的质量做出了较大的贡献。地膜覆盖一般在移栽前的1~2周进行。

四、中耕培土

中耕与培土均为烟叶生产重要的田间管理措施，两者往往结合使用。

（一）中耕与培土的作用

1. 中耕的作用

中耕的作用表现为以下4个方面。

一是疏松土壤，提高土壤温度。

二是蓄水保墒，调节土壤水分。

三是促进根系发育，调节土壤理化特性。

四是清除杂草，减少病虫害的为害。

2. 培土的作用

培土的作用表现为以下5个方面。

一是增加耕层土壤厚度，扩大根系吸收面积。

二是促进烟草不定根的发生，提高根系吸收水肥的能力。

三是提高烟田的灌溉与排水能力。

四是防止烟株倒伏。

五是便于田间操作。

（二）中耕与培土的方法

在烟叶生产中，中耕的深度、中耕的次数以及中耕的时期，要根据烟草的生育时期、气候因素、杂草滋生的状况和土壤的类型与性质来确定。一般来说，中耕的时间应在烟株进入旺长期之前进行，此后，在雨后、灌溉后或者杂草较多时，按需要进行中耕。中耕的深度应把握先浅后深再浅和两边浅、中间深的原则。

中耕一般进行 3 次即可满足要求，如果干湿交替较为频繁，可以进行第四次中耕。

第一次中耕：于移栽后 1 周左右进行，以破除板结为主，原则是浅锄、碎锄，切勿伤及烟苗。

第二次中耕（第一次培土）：于移栽后 20 d 左右，结合第一次培土进行，目的是蹲苗、促根、保墒、除草。本次中耕宜深，而且是唯一的一次深耕，行间的耕深为 10~14 cm，株间的耕深为 5~7 cm。原则是锄匀、锄透、锄深。

第三次中耕（第二次培土）：于移栽后 30~35 d，烟株进入团棵期，结合第二次培土进行，目的是保墒、疏松表土、清除杂草。本次中耕应浅耕，耕深一般为 5 cm 左右。

第二次培土前，先选择晴天摘除底脚叶，等烟株的伤口愈合后再培土。通过两次培土后，山地烟的垄高应不低于 35 cm，田烟应达到 40 cm 以上。

五、打顶抑芽

作为农作物，烟草的收获对象是叶片，而非种子。所以，从生理的角度来看，烟草的叶片既是营养物质产生的"源"，又是营养物质积累的"库"。但是，烟草现蕾后，进入生殖生长，大量的营养物质会流向花蕾，形成种子。而叶片中的物质积累就会变少，不利于烟叶产量的形成。因此，打顶就成了一项调控叶片营养与烟叶品质的重要措施，同时，也是烟草独特的一项农艺措施。

打顶后，烟株的顶端优势消失，腋芽就会长出，形成烟杈。如果任其发展，就会消耗大量的营养，同样会导致叶片物质积累的减少，导致烟叶产量与品质的降低。所以，在烟叶生产中，打顶与抑芽是密切结合的一项重要田间管理措施，也是烟叶产量与品质形成的最后一道技术环节，必须要重视起来，认真做好田间的打顶抑芽工作。

（一）打顶抑芽的作用

1. 消除顶端优势，重新分配烟株养分

打顶，一方面减少了花蕾的养分消耗，另一方面，促使烟株改变养分的分配方向，使更多的养分向叶片运输。同时，打顶还增加了烟株上部叶片的光合面积，提高了光合速率，有利于提高单叶重。

2. 有利于提高中上部叶片的成熟度

打顶有利于上部叶片的发育，使其开片良好，并提高了中上部叶片的成熟度，有利于提高中上部叶片的质量。

3. 促进次生根的发育，增强养分吸收能力

打顶抑芽能够促进烟株根系次生根的发育，增加根系的深度与宽度。其结果是增强了根系对土壤养分的吸收能力，有利于促进地上部的发育。

4. 降低病虫害的发生率

打顶后，烟株幼嫩部位被摘除。这些幼嫩的器官，正是烟蚜和其他害虫的幼虫所赖以生存的场所。因此，打顶抑芽导致害虫无法存活。其结果是，不但害虫的发生率下降，由于烟蚜传播而导致的病毒病的发生率也随之下降。

（二）打顶技术

在打顶时，要落实“打顶用小刀，抹芽留小节”的原则。根据烟株长势，适时打顶。遇到前期干旱的天气，打顶时间不宜过早。打顶后留叶 18~22 片，在保证开片的条件下，尽量多留叶。

1. 打顶时间

要根据烟株的长势以及品种特性，合理确定打顶的具体时间和留叶数量。一般而言，烟株发育正常、长势良好时，宜在初花期打顶（50%中心花开放时，将花蕾和花轴、花序连同 2~3 片小叶一并摘去）。当烟田土肥力高、氮肥过量、烟株长势过旺时，宜在盛花期打顶。而当烟田土肥力低、烟株长势较弱时，宜采取现蕾打顶的方法。

2. 打顶高度

打顶的高度，要把握以下原则。

一是施肥较多，长势旺盛的烟株，可以高打顶，多留叶。

二是施肥量少，土壤较瘠薄，长势瘦弱、矮小的烟株，可以较低打顶，少留叶。

三是灌溉条件好，行距、株距较大的烟田，烟株可以高打顶，多留叶。

四是灌溉条件较差，行距、株距较小的烟田，烟株要低打顶，少留叶。

3. 注意事项

（1）天气　打顶应选择晴天上午进行，以利伤口愈合。

（2）防治病害传染　打顶时，应先打健株，再打病株，以免接触传染。此外，打下的花蕾、花梗等，要带出烟田，集中销毁，以免传染病害。

（3）留出茎秆　打顶时，要留出一段茎秆，使茎秆高于顶叶 3 cm，以免影响顶叶生长。

（4）打顶次数　同一地块，一般进行 2~3 次打顶，持续时间在 4~7 d。最后一次打顶时，要对不整齐的烟株进行打顶，以提高田间整齐度。

（三）抑芽技术

烟株打顶后，由于顶端优势被解除，腋芽就会大量产生，任其发展下去，就会消耗大量的营养，叶片内含物的积累就会受到影响，从而降低烟叶的产量。因此，打顶后，就要进行抑芽。抑芽分为人工抑芽与化学抑芽两种方法。

1. 人工抑芽

人工抑芽的原则是勤除、早除、除好。在腋芽长至 3~4 cm 时，开始除芽，每 3~4 d除芽 1 次。进行烟叶采收时，结合采收烟叶进行抹芽。

2. 化学抑芽

人工抑芽的劳动强度较大，效率低，而且容易传播病害。对于烟叶生产来说，人工除芽的用工多、生产成本较高。化学抑芽是一种提高效率、降低成本、减少病害发生的一种有效方法。

化学抑芽就是采用化学药剂来抑制腋芽生长的方法。化学抑芽剂的种类包括内吸剂与触杀剂两大类。

内吸剂的原理，是抑制分生组织的活动，从而达到抑芽的目的。内吸剂的代表性药剂是马来酰肼。由于马来酰肼对人体健康有害，目前已经在烟叶生产中禁止使用。

触杀剂的原理，是灼伤幼嫩的分生组织，从而起到抑制腋芽的作用。触杀剂的代表品种是正辛醇与正葵醇。

采用触杀型抑芽剂抑芽时，在烟株的顶叶长度大于 20 cm 时施药，以避免幼叶产生畸形。施药前摘除所有长于 3 cm 的腋芽。按药剂所要求的浓度进行配置，并混合均匀。施药时可以采用“杯淋法”（即将稀释液从茎顶部淋下并浸润每一个叶腋，使药液与每一个腋芽接触)，也可以采用“涂抹法”（即将配置好的药液用毛笔涂抹于每个叶腋上）进行。

六、早花及其处理

（一）早花产生的原因

所谓的早花，是指烟株过早现蕾与开花的现象，是烟株未达到本品种在正常栽培条件下所应达到的高度与叶片数而现蕾或者开花。

烟株发生早花时，株高降低、叶片数减少，严重影响烟叶的产量与品质，是烟叶生产中的一个灾害性现象。

烟草发生早花的原因主要有以下几个方面。

1. 遗传因素

品种不同，对不利环境的抵御能力亦不相同。对于烤烟品种来说，多叶型品种较少叶型品种抗早花的能力强。所以，在烟叶生产中，应选择多叶型、抗逆性较强的品种来种植，以预防早花的发生。

2. 不利的环境条件

低温、干旱、水涝、营养不足、短日照等环境下，极容易发生早花。其中的原因就在于，这些不利的条件诱导了烟株从营养生长向生殖生长转变，叶芽停止分化，而开始分化花芽，于是就导致了烟株的现蕾与开花。

3. 移栽时烟苗选择不当

在烟叶生产中，移栽弱苗、老苗以及高脚苗，极易导致烟苗发生早花。所以，在移栽时，一定要选择适龄、健壮的烟苗进行移栽。

4. 大田管理措施不当

施肥量不足，土壤养分供应不够，不能够满足烟株的养分需求，有可能导致早花的发生。此外，中耕不及时，土壤板结严重；或者烟田积水，排涝不及时，均会影响烟株根系的发育，造成土壤养分供应的不足，从而导致早花。

（二）早花的预防

早花严重影响烟叶的产量与品质，所以应当采取一切必要措施，预防早花的发生。

一是选择对低温以及短日照不敏感的烤烟品种，在烟叶生产中作为主栽品种。

二是根据天气条件，适期播种、适期移栽、壮苗移栽。

三是提高移栽质量，及时追肥、中耕、培土。

四是应用地膜覆盖技术，促使烤烟早生、快发。

五是加强田间管理，及时中耕、除草、培土、追肥。干旱严重时，应当进行灌溉；降雨较多、田间积水时，要及时排水。

（三）早花的处理

当早花发生时，应当及时采取补救措施，尽量挽回损失。可以根据具体情况，采取如下措施。

1. 烟株少于 10 片烟叶时

首先，在靠茎基部处，留 4~5 片叶（茎高 20~30 cm），将其余茎叶割除。

其次，从顶部数第二个叶位留 1 个壮杈培育杈烟。待烟芽长至 8~10 cm 时，将留杈处以上的叶片连同茎秆一起打掉。

最后，待烟芽长直并抽薹现花时及时打顶。根据烟田土壤肥力和成熟采收所需时间等，留足可采收叶片。为保证杈烟正常发育和开片，每亩可适当浇施 5~8 kg 硝酸钾。

2. 烟株有效叶片在 10 片以上时

首先，培育顶杈烟。在主茎适度抽薹后打顶，在倒数第二个叶位留 1 个壮杈培育二代烟。

其次，待烟芽长至 10~15 cm 时，将留杈处以上的叶片连同茎秆一起打掉。

最后，待杈烟长至现蕾开花时及时打顶，根据烟田土壤肥力和成熟采收所需时间等，留足可采收叶片（杈烟上留叶不超过 10 片，最好控制在 6~8 片）。为保证杈烟正常发育和开片，可视烟株长势每亩适当浇施 3~5 kg 硝酸钾。

七、灾害性天气及其应对

我国幅员辽阔，烟草种植范围大、面积广，从平原到山区，从低海拔地区到高海拔地区均有烟草的商业化生产。在烟叶生产中，尤其是在山区及高海拔地区，常常会遇到一些灾害性的天气，例如冰雹、大风及强烈的日晒等，给烟叶生产带来许多不利的影响，造成烟叶产量与品质的降低。

（一）雹灾

冰雹是一种在山区最为严重的灾害性天气，对烟叶生产的威胁最大。遭受冰雹的烟田，往往损失巨大，甚至绝收。因此，烟株受冰雹袭击后，应当采取一切措施开展补救。

1. 清理烟田

及时清除被冰雹打坏的烟株的残体及失去烘烤价值的烂叶。进行烟田清理后，喷施杀菌剂，防止病害的侵染和传播。同时，加强田间管理，进行中耕培土，并适当追肥，以使烟株尽快恢复生长。

2. 烟株处理

被冰雹打断后的烟株，很快就会开始腋芽的生长。待腋芽长至 2 cm 时，选择 1 个生长健壮的芽留下，使其发育为杈烟。留芽时，应做到留壮不留弱、留单不留双、留中不留上和下。健芽发育为杈烟后，应视烟株长势以及地力情况打顶，单株留叶数以 12~17 片为宜。

（二）风灾

大风天气也会给烟叶生产带来不利的影响，尤其是在山区，大风轻则损伤叶片，重则吹断烟株，导致烟叶产量与品质的损失。烟草在遭受风灾后，可以采取如下措施进行补救。

1. 及时翻转叶片、清理烟田

清除断叶时，注意不要伤及烟株茎皮。同时，提倡统防统治，减少烟叶感染发病概率。

2. 及时中耕培土，留养烟杈

断头、断株的烟株待腋芽长至 2~3 cm 时，选留 1 个健壮的烟芽，其余抹掉。健芽发育为杈烟后，应视烟株长势以及地力情况打顶，有效留叶数应控制在 16~19 片。

（三）日灼

强烈的日光照射，可能灼伤叶片，降低叶片的等级质量，影响烟农的收益。在发生日灼后，建议采取如下措施进行补救。

一是及时对烟田进行灌水，灌水宜在早晨或傍晚进行。

二是叶片喷洒磷酸二氢钾，促使叶片发育。

三是及时喷施杀菌剂，防止病菌传播，降低病害发生概率。

第六节　绿色防控技术

一、绿色防控的概念

2006 年全国植保工作会议提出了“公共植保、绿色植保”的理念。在此基础上，根据“预防为主、综合防治”的植保方针，结合现阶段植物保护的现实需要和可采用的技术措施，形成了绿色防控的技术性概念。

所谓绿色防控，重点是防控，前提是绿色，是通过综合运用生态防治、生物防治、物理防治、科学用药等防控技术，以达到降低病虫害暴发的目的，实现农业生产的增产与增收。

从整体来看，绿色防控是从农田生态系统整体出发，以农业防治为基础，积极保护和利用自然天敌，恶化病虫的生存条件，提高农作物抵御病虫害的能力；只在必要时才合理地使用化学农药，将病虫为害损失降到最低限度。

绿色防控是持续控制病虫灾害、保障农业生产安全的重要手段。同时，它也是降低农药使用风险、保护生态环境的有效途径；是促进标准化生产，提升农产品质量安全水平的必然要求。

二、绿色防控技术

（一）加强对烟草病虫害的预测预报

植保工作的方针是“预防为主、综合防治”，而对病虫害的预测预报是积极预防的前提。因此，应该完善预测预报网络建设，加强基地单元测报点管理，进一步强化病虫监测普查。应当根据当地烟叶生产中的实际情况，有针对性地开展对主要病虫害的预报工作，提高预报准确性，为烟草病虫害的综合防治奠定基础。

对泸州烟区来说，预测预报的重点是“六病三虫”。“六病”为烟草普通花叶病、黄瓜花叶病、烟草黑胫病、赤星病、青枯病、野火病；“三虫”为烟蚜、小地老虎、烟青虫。

（二）烤烟大田期主要病虫害绿色防控技术

1. 农业防治

（1）严把育苗关　从源头上进行控制，实行无毒育苗，严防将带毒烟苗移栽到大田。因此，对烟苗育苗设施要进行彻底消毒；农事操作前后，对人员、机具等实行彻底消毒；剪叶前后，除了对人员及机具消毒外，还应当喷施病毒抑制剂，预防病毒病的发生。

（2）贯彻保健栽培　要采取一切措施，促使烟株的健壮生长，提高其抵御病虫害的能力。宜采取高垄深沟栽培模式（垄高 35 cm 以上，排水沟深度应达 50 cm），实行排灌分离。

（3）实行清洁生产　在农事操作结束后，及时将作物残体清理出烟田，并进行妥善处理。同时，清除路边杂草，严禁在烟田吸烟，以减少病虫初始侵染源，切断其传播途径。

2. 物理防治

物理防治是一种效率较高的病虫害防治手段。例如，可以利用害虫的趋光性、趋化性原理来诱杀害虫。积极推广行之有效的办法，如诱蚜黄板、性诱捕器、太阳能杀虫灯、电源光控杀虫灯等，以诱集灭杀烟田害虫。

3. 生物防治

利用捕食性天敌昆虫，或者寄生性天敌昆虫（如烟蚜茧蜂）等来杀灭害虫；同时，还可以利用生物农药或制剂喷施，以控制烟田病虫害的发生。

4. 化学防治

采用化学药剂对农作物病虫害进行防治是传统的手段，效率较高。但如果使用不当，极易造成环境污染、人员中毒及药剂残留。因此，必须正确、规范使用化学农药。在施药对象、施药种类、施药方法上对烟农进行相关的培训，使烟农掌握正确的施药方法，充分发挥化学农药的优势，降低因使用不当而产生的副作用，实现烟叶生产的绿色与可持续发展。泸州烟区常见病虫害的化学防治方法，下面予以详述。

三、泸州烟区主要病虫害的防治

泸州烟区常见的病虫害为“六病三虫”。下面就逐一简述这“六病三虫”的化学防治方法。

（一）烟草普通花叶病的防治

烟草普通花叶病是我国烟叶各产区发生较为普遍的一种病毒病。烟草普通花叶病的防治，应当基于绿色防控的理念，进行包括化学防治在内的综合防治方法。

1. 农艺措施

第一，选择没有发生病毒病的地块建造育苗场地。育苗时，要对种子进行消毒，或者使用包衣种子；剪叶操作后，注意对人员及机具的消毒；移栽前，对烟苗喷施病毒抑制剂。

第二，合理轮作、培养壮苗，壮苗移栽。移栽后及时中耕、培土、追肥，促使烟苗的壮苗早发，提高烟株对病毒的抵御能力。

第三，加强田间管理，搞好田间卫生，及时清除烟株残体。打顶、抑芽时，应当先打健株，再打病株。此外，无论进行何种田间操作，均要禁止吸烟。

2. 药剂防治

第一，剪叶及移栽前喷施病毒抑制剂。

第二，移栽后，可以喷施国家烟草专卖局推荐的药剂进行烟草普通花叶病的防治。

（二）黄瓜花叶病的防治

黄瓜花叶病和马铃薯Y病毒病，是我国烤烟产区经常发生的病害，两者有时会混合发生，给烟叶生产带来很严重的不利影响，其对烟叶产量所造成的损失，往往要高于烟草普通花叶病。对这两种病毒病可以采取如下措施进行防治。

1. 农艺措施

第一，这两种病害由蚜虫传播，因此，应当针对蚜虫进行防控，以切断病毒病的传播途径，达到防止病害发生的目的。一是要消杀育苗棚以及烟田周边杂草上的蚜虫；二是要在育苗棚上覆盖防虫网；三是每次剪叶操作后，注意对人员及机具的消毒，并在移栽前，对烟苗喷施病毒抑制剂。

第二，烟田要远离蔬菜种植区域，及时清除烟田周边的杂草，壮苗早栽。移栽后及时中耕、培土、追肥，加强水肥管理，促使烟苗的壮苗早发，提高烟株对病毒的抵御能力。

第三，加强田间管理，搞好田间卫生，及时清除烟株残体。打顶、抑芽时，应当先打健株，再打病株。此外，无论进行任何田间操作，均要禁止吸烟。

2. 药剂防治

第一，剪叶后及移栽前喷施病毒抑制剂。

第二，移栽后，可以喷施国家烟草专卖局推荐的药剂进行黄瓜花叶病的防治。

（三）烟草黑胫病的防治

黑胫病是烟草常见的真菌性病害之一。黑胫病在发病初期，叶片由下而上逐渐变黄，烟株茎基部出现黑褐色病斑，茎秆髓部呈现明显的碟片状。黑胫病发展到后期，烟株茎秆变黑，整株死亡，给烟叶生产带来极大的威胁，严重时，可以造成烟叶绝收。所以，必须采取有针对性的措施，开展烟草黑胫病发生的预防工作。

1. 农艺措施

第一，选用抗病品种。

第二，严格轮作。对于发病烟田，必须轮作其他作物1~2年后，方可再种烟。

第三，壮苗早栽。加强田间管理，起高厢、挖深沟，确保烟田排水顺畅，降低烟田湿度。同时，还要注意及时清除发病植株。

2. 药剂防治

第一，移栽时，选用国家烟草专卖局推荐的药剂灌根进行黑胫病的预防。

第二，在发病初期，可选用国家烟草专卖局推荐的相应的药剂喷淋烟株茎基部，连续施药2~3次，可以取得较好的黑胫病防治效果。

（四）赤星病的防治

赤星病也是一种常见的真菌性病害，容易在烟叶成熟期发病，严重时，产量损失巨大。

1. 农艺措施

第一，选用抗病品种。

第二，严格轮作。控制氮肥用量，适当增加有机肥的施用。

第三，加强田间管理，适时早收、早打脚叶、适时采收及早烘烤。

2. 药剂防治

脚叶发病时，用国家烟草专卖局推荐的相应药剂对烟株进行均匀喷雾，尤其是中下部叶片。每10 d喷施1次，连续喷施2~3次，效果良好。

（五）青枯病的防治

青枯病是烟草大田期发生的一种较为常见的细菌性病害。发病严重时，烟叶产量损失巨大。

1. 农艺措施

第一，选用抗病品种。

第二，合理轮作。

第三，增施腐熟的农家肥，合理施用氮肥，尽量不施用铵态氮肥，适当增施硼肥与锌肥，提高烟株的抗病能力。

第四，加强田间管理，壮苗早栽。起高厢、高培土、挖深沟，确保烟田排水顺畅、田间无积水。同时，还要注意及时清除发病植株。

2. 药剂防治

使用国家烟草专卖局推荐的相应药剂进行青枯病的防治。

（六）野火病的防治

野火病也是烟叶生产中常见的一种细菌性病害，在烟田经常与角斑病混合发生。

1. 农艺措施

第一，选用抗病品种。

第二，合理轮作。

第三，壮苗移栽。加强田间管理，增施有机肥、磷钾肥，合理施用氮肥。

2. 药剂防治

第一，定期喷施 1：1：160（硫酸铜：生石灰：水）的波尔多液，以预防病菌的侵染。

第二，发病初期，使用国家烟草专卖局推荐的相应药剂进行叶面喷施，每周 1 次，连续喷施 2~3 次，可控制病害的蔓延。

（七）非侵染病害的防治

所谓非侵染病害，是指不是病原菌侵染所导致的烟株生理性病害。从严格的意义上来说，其并不是病害，而是一种生长不正常的表现。常见的生理性病害包括气候斑点病及缺钾症。

1. 气候斑点病

烟草的气候斑点病主要由空气中的有毒有害气体所致，如臭氧等。

在气候斑点病的防治方面，主要是要加强田间管理，早中耕、高培土，提高烟田的排水能力。同时，要早施磷肥，促使烟株健壮生长，提高烟株的抗臭氧毒害能力。

此外，在低温阴雨季节来临时，可以叶面喷施国家烟草专卖局推荐的相应药剂，以预防气候斑点病的发生。

2. 缺钾症

烟草叶片缺钾，常见于土壤缺钾的地块，是指由于土壤中的钾不能够满足烟叶生长的要求而出现叶片叶尖及叶缘失绿、干枯（俗称“烧尖”）的现象。

缺钾不但影响叶片等发育，还会降低烟叶的产量及品质。所以，必须采取有效措施，预防土壤缺钾，可以采取以下办法。

第一，团棵期结合中耕培土，追施 7.5 kg 硝酸钾。

第二，旺长期如果发生缺钾现象，则可以叶面喷施 300 倍液磷酸二氢钾来解决。

（八）烟蚜的防治

烟蚜是对烟株为害较为严重的害虫之一，可使用国家烟草专卖局推荐的相应药剂进行防治。

（九）小地老虎的防治

小地老虎是烟株移栽期发生最为严重的地下害虫之一，可使用国家烟草专卖局推荐的相应药剂进行防治。

（十）烟青虫的防治

烟青虫也是一种在烟草大田期为害较为严重的害虫，可使用国家烟草专卖局推荐的相应药剂进行防治。

第七节　采收与烘烤

烟叶既要长好又要烤好，只有如此，才能够将田间所形成的优良特性，转化为等级质量，实现烟叶的丰产与丰收。所以，采收与烘烤是烟叶质量效益形成的最后一个关键环节，必须抓好。

烟叶采收与烘烤的总原则是，以成熟度为中心，用比色卡判定烟叶成熟度，坚持成熟采收、按叶龄采烤、分类编竿、半斩株带茎采烤。

一、成熟采收

烟叶采叶时，要依据“多熟多采、少熟少采、不熟不采”的原则，做到“八不”，即“不漏行、不漏棵、生不采、熟不丢、不暴晒、不沾土、不挤压、不损伤”。

对于不同部位的叶片来说，在采收时，要做到“下部叶适时早采，中部叶适熟稳采，上部叶成熟采收”。

（一）采收标准

烟叶成熟时，茎叶角度增大，茸毛脱落，采摘时响声清脆。

（1）下部叶采收标准　叶色以绿为主，绿中带黄。叶龄为 55~60 d。

（2）中部叶采收标准　叶色以黄为主，黄色明显，黄中带绿，叶耳微黄；主脉全白，支脉 1/3 变白，茸毛部分脱落。叶龄为 60~70 d。

（3）上部叶采收标准　叶色以黄为主，黄色鲜明，叶耳淡黄。叶面有黄白色成熟斑块，主脉全白发亮，支脉 2/3 变白，茸毛较多脱落。上部 4~6 片叶成熟后，宜集中一次采收。叶龄为 70~90 d。

（二）采收时间、数量和方法

1. 采收时间

一般情况下，以晴天上午采收为好。高温天气时，烟叶容易萎蔫，宜在 10：00 以前或 16：00 以后采收。

2. 采收数量

烟叶成熟采收时，总体上要考虑烤房的容量，进行定量采收。对于每株烟株而言，生长整齐一致的烟田，每次每株采 3~4 片。

3. 采收方法

烟叶采收时，用食指和中指托着叶柄基部，拇指放在叶柄上，夹紧后往侧下方用力拉，随着叶柄基部清脆的断裂声，烟叶随即采下。

（三）特殊烟叶的采收

第一，假熟叶。对于假熟烟叶，当叶尖变黄，主支脉变白，茸毛脱落时，方可采收。

第二，成熟或接近成熟的病叶，以及遭受自然灾害的烟叶，应及时抢收。

第三，对于一些肥力比较充足，一时难以变黄的烟叶，应等变黄成熟后再采收。

（四）采收注意事项

第一，烟叶采收的数量，应与烤房容量相匹配。

第二，一定要成熟采收，确保采收烟叶的成熟度。采收标准要统一，每次采收烟叶时，采收的品种、部位、成熟度应一致。

第三，采收时轻拿轻放，避免挤压、摩擦、损伤、日晒烟叶。

第四，烟叶堆放时，应叶基部向下，叶尖朝上摆放，并用一定的遮盖物遮盖烟叶。

二、科学烘烤

(一)分类编(夹)烟,科学装炕

1. 编(夹)烟

编(夹)烟叶时,应做到同竿(夹)同质,将大小叶、成熟叶、病斑叶等叶片进行分类编(夹)烟。

编烟时,每束2片,背对背,叶柄对齐,每编烟竿100~120片烟叶,密度均匀。夹烟时,每夹烟控制在10~15 kg。水分大的烟叶宜稀一些,水分少的烟叶宜密一些。

2. 装炕

同一品种、同一部位、同一成熟度的烟叶,要装在同一烤房。同时,做到同层同质、密度合理、上下层错位。

竿距:一般来说,下部叶竿距为16~20 cm;中部叶竿距为20~22 cm;上部叶竿距为20~24 cm。

装烟密度:含水量小的烟叶,应适当装密一些;含水量大的烟叶,应适当装稀一些。含水量小、成熟差的烟叶装低温层;适熟叶装中温层。含水量大、过熟叶和病斑叶装高温层。同时,观察窗前要装有代表性的烟叶。

3. 装烟注意事项

装烟时,要做到"五不装",即"潮炉不装、热炉不装、稀密不匀不装、隔夜烟不装,在底棚下面不加棚装烟"。

(二)"三段式"烘烤技术

"三段式"是指根据烟叶的形态、含水量情况,将整个烘烤阶段,划分为3个连续的过程,即变黄、定色与干筋。

1. 变黄阶段

变黄阶段的主要目标,就是确保烟叶变黄发软。技术关键是稳温、调湿、控火、延时。

升温速度为每小时升高0.5~1 ℃,干球温度36~38 ℃,保持干湿差在2 ℃左右。底棚烟叶叶片发软,基本变黄。到达目标后,开始升温,升温速度为每3 h升高1 ℃,干球温度达42~43 ℃。目标是底棚烟叶主脉发软,叶片勾尖卷边,顶棚烟叶基本全黄。

2. 定色阶段

技术关键是加大烧火、加强排湿、稳住湿球温度,升高干球温度。

将干球温度升至48~50 ℃,升温速度为每2~3 h升高1 ℃。此时,底棚烟叶叶脉应变黄,一半以上叶片干燥。湿球温度控制在37~38 ℃,要保证排湿顺畅,进风均匀,使烟叶顺利脱水干燥。未达此目标时,应适当延长烘烤时间。

在48~50 ℃温度段达到烘烤目标后,将干球温度升至54~55 ℃,湿球温度控制在38~39 ℃,使烟叶进一步干燥,达到叶片全干,近叶尖1/3处主脉干燥。升温速度为每2 h升高1 ℃。未达到烟叶变化目标,应适当延长烘烤时间,此阶段应控制干球温度不超过 55 ℃，湿球温度最高不超过 41 ℃。

3. 干筋阶段

技术关键是控制干球温度、限制湿球温度、减少通风、适时关火。在保持干球温度不过高、湿球温度不过低的条件下，使烟叶实现干筋。

以每小时升高 1 ℃的速度，将干球温度升至 67~68 ℃，并进行稳温。控制湿球温度在 40~41 ℃，给予足够的时间，直到全部烟叶干燥。此阶段干球温度不能超过 68 ℃，湿球温度不能超过 43 ℃。

（三）半斩株带茎采烤技术

1. 采收标准

上部烟叶 4~6 片充分成熟后一次性砍收。此时，最顶部 2 片烟叶达到成熟（叶面达青黄各半）、其余烟叶达到充分成熟。砍收时间，最好在晴天上午进行。砍收时用刀砍，位置在距最低叶位 8~10 cm 处，严禁用手折。

2. 编竿要求

按照成熟度进行分类编竿。编竿时，直接将带茎烟株最低叶位交替横跨在烟竿上，株间距 3~4 cm。普通烤房一般每竿编烟 20~25 株（烟竿 1.5 m 长），密集型烤房一般每竿编烟 30~35 株。编竿应稀密适中，不宜直接将烟株挂置在烟竿上。

3. 装烟密度

（1）普通烤房　普通烤房装烟量控制在每间 80~90 竿。

（2）密集烤房　对于密集型烤房，高温层装烟 100~120 竿，中温层装烟 120~140 竿，低温层装烟 140~160 竿。装烟竿距 18 cm 左右，采用“品”字形交错摆挂。

装烟不宜太密，否则容易把横跨在烟竿上的烟叶挤断，使烟株脱落，还影响升温排湿，并最终影响烟叶的烘烤质量。

4. 烘烤技术要点

第一，点火后，将干球温度快速升至 38 ℃，湿球温度控制在 37 ℃，稳温 6~8 h。然后，将湿球温度控制在 36 ℃，稳温 30 h 以上。

第二，以每 2 h 升温 1 ℃的速度，将干球温度升至 42 ℃，湿球温度控制在 36 ℃，稳温 12~15 h。42 ℃结束时，烟叶要充分凋萎变黄，中层烟叶稍微勾尖。此阶段要注意稳温时间不宜过长，防止烟叶变黄过度而烤薄。

第三，以每 2~3 h 升温 1 ℃的速度，将干球温度升至 48 ℃，湿球温度控制在 37 ℃，稳温 30 h 以上，全房烟叶达到小卷筒。要注意的是，从 42 ℃升至 48 ℃时速度一定要慢，升温时间在 15~18 h，防止烟叶支脉和基部烤青。

第四，以每 2 h 升温 1 ℃的速度，将干球温度升至 54 ℃，湿球温度控制在 38~40 ℃，稳温 25 h 以上。此阶段注意延长稳温时间，确保叶片全干，烟叶正反面色差减小；湿球温度不宜过低，严防烤后烟颜色偏淡。

第五，在干筋期，干球温度应控制在 68~70 ℃，湿球温度控制在 40~41 ℃。必须在茎秆干透后方能熄火。防止茎秆水分回流至叶片主脉，影响烟叶质量。

第六，带茎烘烤要注意的是，与常规上部叶烘烤相比，要充分拉长 38 ℃、48 ℃、

54 ℃稳温的时间。带茎烘烤的茎秆在 48 ℃以后开始收缩，所以 48 ℃、54 ℃必须延长稳温时间，以防茎秆脱水不够。

（四）特殊烟叶烘烤

1. 含水量多的烟叶

对于含水量较多的烟叶，烘烤策略是“先拿水后拿色”，重点防止养分过度消耗而烤黑，也要防止变黄不足而烤青。采烤要点如下。

第一，适时早收。

第二，稀编竿、稀装炕。

第三，干球温度的控制：变黄稳温阶段应在 38 ℃左右，保持干湿差 3 ℃以上。

第四，烟叶变化进程：转火前变黄程度不宜高，一般 5~6 成黄转入定色期。

对于雨天采摘的烟叶，由于烟叶表面附着一定量的水珠，应在变黄初期加热一定时间后，适度开启进风与排湿口，使叶面附着水大量蒸发排出后，再转入正常烘烤。

2. 含水量少的烟叶

对于含水量少的烟叶，烘烤策略宜采用“先拿色后拿水”的办法。采烤方法如下。

第一，成熟采收。

第二，适当装密一些，以利于保湿变黄。

第三，采取低温慢烤的办法。在变黄阶段，应加强变黄保湿，保持干湿差 0.5~1 ℃。当湿球湿度偏低时，应注意及时加水补湿，并大胆提高变黄程度，促进烟叶内含物转化完全。在定色期间，宜控制较高的湿球温度，改进烟叶外观色泽，湿球温度可控制在39 ℃。水分含量特别少的烟叶，或变黄初期加热后烤房湿度仍然达不到要求时，可打开烤房门，检查烟叶变化，若水分不够，可向地面上泼清水，增加烤房内湿度。

3. 返青烟工艺调整

由于返青烟含水量较高，编烟及装烟均应稀。具体的编烟密度，则需要根据对鲜烟叶鲜干比的估计来确定。当比值大于 10 时，可以装烟 7~8 成；当比值为 8~9 时，可装 8~9 成烟。

烘烤策略宜为“高温变黄，低温定色，边变黄边定色”。如果烟叶表面有明水，装炕后先不点火，应打开风机和排湿口，将明水排除后再点火开烤。然后，以每小时升温 1 ℃的速度，提升干球温度至 39~40 ℃，干湿球温度差尽快增至 3 ℃左右。在此条件下，促进烟叶水分汽化排出，同时，保持较快的变黄速度。在高温区烟叶达到黄带浮青、主脉变软时，应立即转火，并以每 2~3 h 升温 1 ℃的速度，将干球温度提高至 46~47 ℃，并充分延长。此时，湿球温度稳定在 37 ℃左右，使烟叶完全变黄且达小卷筒。

此后，以每 2 h 升温 1 ℃的速度，将干球温度升至 54~55 ℃，达到全炕干片。干筋阶段转入正常烘烤。

另外，返青烟的叶基部与叶尖部成熟差异很大。由于变黄阶段温度高，而且采取的又是边变黄边定色的烘烤办法，所以，变黄阶段要注意火力控制，定色过程烧火升温要稳，以防挂灰和蒸片。

三、烟叶回潮与保管

1. 自然回潮

在空气湿度大的情况下，采用夜间自然回潮的方法。待停火后，打开烤房门、进风门以及排湿窗，使烟叶自然吸潮。一般 24 h 烟叶可达到回潮水分标准，即可出炕。

2. 分类下竿、分炕次保管

下炕时，按炉次进行保管。把不同部位、不同品种、不同质量的烟叶分开堆放。烟叶堆放时，叶尖向里，叶柄向外，层层叠放整齐。

在烟叶堆放期间，一定要加强温、湿度检查，防止霉变。垛内温度宜控制在 35 ℃以下。通常情况下，每 4~6 d 应检查一次烟垛温湿度和烟叶水分状况。烟跺温度偏高时应及时翻跺，同时，对于水分过大的烟叶，要及时从烟跺中取出，防止霉变。

第八章 “泸叶醇”烟叶品质管理保障

第一节 烟叶生产组织管理

一、“泸叶醇”烟叶生产网格化管理的意义

2007年，国家烟草专卖局出台了发展现代烟草农业的指导意见，明确了发展现代烟草农业的过程，是改造传统烟叶生产方式、不断发展先进生产力的过程，是转变烟草农业发展方式、促进烟叶生产平稳健康发展的过程。现代烟草农业就是要用现代物质条件装备烟草农业，用现代科学技术改造烟草农业，用现代产业体系提升烟草农业，用现代经营形式推进烟草农业，用现代发展理念引领烟草农业，用培养新型烟农发展烟草农业。为推动现代烟草农业的发展，提出加强基础设施建设，改善烟叶生产条件，扶持发展适度规模种烟农户，推动烟叶种植向优势产区适度集中，完善“烟草企业+村组+农户”“烟草企业+专业合作组织+农户”“烟草企业+农户”等生产组织模式以提高烟草农业组织化程度。

然而，在泸州烟叶生产中，小农户种植仍然是泸州烟区的主要生产组织形式，由于种植烟叶的农户较多，种植地区相对比较分散，耕地零散性强，户均烟叶种植面积也相对较小，烟叶的种植集中度很低。烟叶户籍化管理的实施，在一定程度上促进了标准化生产措施的落实。户籍化管理的核心是烟农户籍化档案建立，包括对烟农生产的基本信息、备耕、备肥、大田管理、采收、烘烤、销售等生产全过程基于农户进行完整档案建立，进而提升对烟农的服务与管理水平，也是推动从烟队伍素质，实现以烟农为中心并进行差异化技术管理与服务，提升烟草部门形象的重要措施。

随着烟叶生产现代化的推进和烟叶生产新型经营主体的快速发展，烟叶生产规模化、专业化、标准化水平不断提升。2013年，国家烟草专卖局下发了《关于推进企业精益管理的意见》，烟草全行业推行精益管理，将精益管理延伸至生产、经营、管理、服务等各个领域，以消除各种浪费、优化资源配置、提升效率和效益，更要求烟叶生产组织改进现有的生产管理形式，更好地适应现代生产需求。在新的发展理念下，烟草生产网格化管理方式作为新的生产管理方式，有效地实现了烟叶精益生产管理，也为精确信息的建立、精良技术的落实、精准作业的实施起到了有力的支撑作用和保障作用。网格化的管理方式，就是按照“基地单元-片区-生产网格-种植单位”4个层级，对基地单元烟叶生产（服务）区域进行网格划分，打破原有的线条式管理模式，其中片区是

基地单元内生态条件、地形地貌、生产水平基本一致，基本烟田相对连片的烟叶种植区域。生产网格是片区内按烟技员管理服务面积划分的地形地貌相似、地块相对连片的烟叶生产区域，是烟叶生产指导与服务的基本单位。作业单元是按合作社专业服务队服务划分的区域，实际生产中与生产网格对应，烟站对应网格组织生产，合作社对应作业单元开展服务。种植单位是烟叶生产技术措施落实的最小单位。

长期以来，泸州烟叶生产信息化管理平台建设方面比较滞后，是现代烟草农业乃至全市烟草行业信息化建设的短板。在前期户籍化管理取得显著成效的基础上，泸州烟草把信息化建设的重心转移到烟叶生产，着力解决烟叶生产信息技术依托较少的现状，并结合精益管理理念和生产实际，整合原有户籍化和信息化相关内容，全面实行烟叶生产户籍化网格管理，自主研发“烟叶生产全程管控系统”平台。2013 年，市局（公司）开始构建烟叶生产全程监控系统，研发出烟叶种植地块 GPS 定位信息模块。2014 年，成功导入各环节生产数据模块进而整合成为一套完善的烟叶生产全程监控系统。2015—2017 年，通过各环节数据环环相扣、无缝对接，全面提升全市烟叶生产的信息化管理水平，并运用科技监管方式，促使烟叶生产技术更加精细化、标准化和差异化，实现“精细、优质、特色”生产，也为烟叶生产决策提供更为精准的依据。

二、“泸叶醇”烟叶生产网格化管理实践

（一）网格化实践做法

四川省烟草公司泸州市分公司为实现网格化精益管理，构建了“基地单元-烟站-烟点-网格-种植单元”的 5 级扁平化、网格化的管理模式，以 500 亩左右面积划分的烟叶生产区域为一网格，每个网格对应 30 户左右种烟农户，配备 1 名网格管理员，全程负责网格内烟叶生产收购管理工作，重点服务网格内的 N 个标杆户，形成“1+N”的生产管理模式，突破“技术员负责烟农户数多、技术指导服务工作量大、服务质量难以保证”等半山区烟叶生产管理普遍难题，提高烟叶生产工作质量。在网格化管理过程中，强化“依托 1 个平台、收集 2 项信息、建立 3 项制度”措施，确保“泸叶醇”烟叶生产标准化、规范化、差异化，实现本品牌的烟叶质量稳定。

1. 依托 1 个平台

按照“简单易懂、易于操作”的原则，整合原有 GPS 面积测量功能，结合泸州烟草户籍化网格管理措施，自主研发全程管控系统平台。通过在全市 270 名网格责任人手机上全面安装信息终端软件，实现对烟农面积申报、土地预整、面积测量、大田移栽、大田管理、灾害申报等烟叶生产各环节数据的动态传输、精确统计和科学分析，为市局（公司）生产决策提供重要依据，达到全程管控目的。

2. 收集 2 项信息

为了实现精益管理，实施过程中网格责任人积极收集生产条件及生产过程的相关信息。一是基础静态信息。网格责任人利用手机管控终端软件，对网格内责任关系、职业烟农和普通烟农自有土地、劳动力、烤房等基本“静态”信息进行统计，形成基础资料库。二是生产动态信息。网格责任人使用手机信息终端以烟农为单位统计填报生产各

环节动态数据并实时上报，建立生产动态档案，实现烟农面积申报、肥料办理、土地预整、大田移栽、大田管理、灾害申报、不适用烟叶处理、烟叶收购全过程管控。以网格为单位，强化烟田GPS面积测量，将种植面积实测到所有农户、所有地块；同时，运用科技监管方式，使用定点导航功能，强化面积核查力度，挤干面积水分，确保种植面积的真实性。

3. 建立3项制度

一是建立培训机制。加强对所负责网格内职业烟农的培训。召开现场示范培训或技术指导时，将地点有针对性地安排在相对应职业烟农地头、炕头和家头，帮助职业烟农树立在网格内的技术权威，促进烟农向先进和能手学习，形成互帮互学、学赶比超的良好氛围。二是建立进退机制。实行年度评选，对责任心不强或其他原因退出的职业烟农，可由烟技员推荐，组织网格内烟农重新选举补充。三是建立激励机制。对工作热心、乐于助人，能辐射和影响烟农提升烟叶质量的职业烟农，实行优先评选“诚信烟农”和售烟优先等激励政策，对于出类拔萃、专业技术较强的职业烟农，可以推荐到合作社管理机构任职，或聘请为行业预检预验员。

（二）网格化管理成效

通过实行户籍化网格管理，泸州烟叶生产实现了持续健康稳定发展，也促进了“泸叶醇”品牌的品质保障，生产管理更加现代化。

1. 责任更加明确

建立市—县—站—点—网格5级责任体系，每个生产网格确定1名烟技员，对网格内所辖烟农和服务区域的烟叶生产收购全过程负责，有效实现横向到边、纵向到底、责任到人的责任划分和考核管理机制。

2. 技术更加到位

一是通过实现网格责任人对烟农烟叶生产全过程进行跟踪、指导、督促，提升各环节实用技术到位率；二是通过充分发挥网格内各职业烟农优势，整合网格内平衡施肥、精准整地、病虫害防治、科学烘烤和精细分级技术资源，带动和辐射其他烟农，实现整体提升。

3. 管理更加规范

一是通过对烟叶种植地块GPS定位测量和使用科技监管方式，进一步提高种植面积真实性，全面挤干面积水分；二是根据全程管控系统平台各环节烟农填报数据，对烟农合同适时调整提供重要依据，实现烟叶生产与收购有效对接；三是利用灾害申报模块，实现灾害实时上报，并依托照相上传功能，对烟农受灾情况进行真实反映，确保烟农尽快获得烤烟保险赔付。

4. 工作更加高效

一是利用手机终端，根据生产环节，实时上报“面积申报—GPS测量—办肥—起垄—覆膜—合同签订—移栽进度—追肥进度—揭膜培土—打顶抹芽—灾害申报”各项数据，确保烟叶生产数据的真实性、及时性和有效性；二是通过全程管控系统，可轻松查阅各环节所有生产数据，并对其进行统计分析，并对逻辑关系混乱的数据提出预警，方便上级针对性核实烟农生产情况。

第二节 “泸叶醇”烟叶生产的可持续发展管理

从宏观角度来看，烟叶生产是大农业生产的有机组成部分。为了实现“泸叶醇”烟叶生产的可持续发展，就必须从烟叶本身、生产管理、生产环境以及生产人员等4个维度进行全方位的管理提升，以树立良好社会形象、切实履行社会责任、回馈社会经济发展。

一、可持续发展理念与烟叶生产的可持续发展

（一）可持续发展的理念

可持续发展（Sustainable development）主要包括社会可持续发展、生态可持续发展和经济可持续发展。可持续发展的概念，是在20世纪提出的具有划时代意义的新发展理念，最早可以追溯到1980年由国际自然及自然资源保护联盟（IUCN）、联合国环境规划署（UNEP）和世界野生生物基金会（WWF）共同起草的《世界自然保护大纲》，其提出必须研究自然的、社会的、生态的、经济的以及利用自然资源过程中的基本关系，以确保全球的可持续发展。

1981年，在《建设一个可持续发展的社会》中，Lester R. Brown提出以控制人口增长、保护资源基础和开发再生能源来实现可持续发展。1987年以布伦特兰夫人为首的世界环境与发展委员会（WCED）发表了《我们共同的未来》。这份报告正式使用了可持续发展的概念，并对之做出了比较系统的阐述。

有关可持续发展的定义有100多种，但被广泛接受且影响最大的仍是世界环境与发展委员会在《我们共同的未来》中的定义。在该报告中，可持续发展被定义为能满足当代人的需要，又不对后代人满足其需要的能力构成危害的发展。它包括两个重要概念：需要的概念，尤其是世界各国人们的基本需要，应将此放在特别优先的地位来考虑；限制的概念，技术状况和社会组织对环境满足眼前和将来需要的能力施加的限制。

1992年6月，联合国在里约热内卢召开的“环境与发展大会”，通过了以可持续发展为核心的《里约环境与发展宣言》《21世纪议程》等文件。随后，我国政府编制了《中国21世纪议程——中国21世纪人口、环境与发展白皮书》，首次把可持续发展战略纳入我国经济和社会发展的长远规划。1997年召开的中共十五大，把可持续发展战略确定为我国“现代化建设中必须实施”的战略。

（二）烟叶生产的可持续发展

国家烟草专卖局站在国内烟叶生产可持续发展的战略高度，于2005年制定印发《中国烟叶生产可持续发展规划纲要（2006—2010）》，从生产力、生产关系和生产方式3个角度，高瞻远瞩地提出了我国可持续发展的总体思路与路径安排。

我国烟叶可持续发展战略，目标明确、重点突出、思路清晰，包含了发展的社会持续性、生态持续性和经济持续性3方面的内涵。

1. 社会可持续性

主要包括实现烟叶产业当前与长远发展的平衡；保持各烟叶主产区之间的协调发

展；提高烟叶及其制品的质量及安全性；保护烟农利益，改善烟农生产和生活条件。

2. 生态持续性

主要包括如何降低烟叶生产对资源环境系统造成的损害，保护农业生态资源，维护农业生态平衡。

3. 经济持续性

主要包括如何平衡卷烟企业、烟草公司、烟农及相关主体的经济利益，保证生产与经营主体及产业的长久利益，并使其与我国经济发展的总体水平相适宜。

自我国烟叶生产可持续发展战略提出并实施以来，全行业按照"一基四化"基本要求，全面推进现代烟草农业建设，全力促使传统烟叶生产向现代烟草农业进行转变，烟叶供应与卷烟生产协调发展，烟叶生产水平显著提高，烟叶生产可持续发展的水平得到了极大的提升。

二、烟叶可持续发展计划（STP）的由来

STP 是 Sustainable Tobacco Program 的英文简称，中文译为烟草可持续发展计划。STP 实际上是一个烟叶供应商评价体系，该计划最早于 2015 年由英国 ABS 公司提出。目前，在国际市场，为了保证烟叶原料的质量，菲莫国际、英美烟草、帝国烟草、日本烟草、雷诺公司以及瑞典火柴公司 6 个国际烟草制造商，均要委托 ABS 公司对烟叶供应商进行 3 年 1 次的 STP 评估。

STP 的提出，主要是基于两大核心项目。一个是烟草生产社会责任（Social Responsibility in Tobacco Production，SRTP），另外一个是烟草良好农业规范（Good Agricultural Practices，GAP）。其中，GAP 于 2003 年由菲莫国际开始推行。在 SRTP 及 GAP 的实施过程中，根据实施的效果以及生产者、供应商和其他参与者的正反两个方面的反馈意见与建议，SRTP 及 GAP 也不断进行完善与优化，并最终演变为体系完整、评价科学的烟叶生产评估体系，也就是烟草可持续发展计划（STP）。

STP 所关注的烟叶生产的可持续发展，主要包含 3 个方面。

第一，在烟叶生产过程中，尽量减少对自然环境的影响。

第二，在烟叶生产过程中，应当不断改善生产者及其生产单位的社会经济状况。

第三，烟叶生产的高效、优质。

STP 是目前较为先进的农业生产管理理念，备受世界发达国家的推崇，并被其普遍采用。

随着我国社会经济的不断发展，城镇化进程不断加快，农业结构调整逐步深入，在烟叶生产上实施 STP 管理，已经势在必行。

三、STP 的特点

STP 评估体系由 SRTP 及 GAP 发展而来，它保留了 GAP 的环境友好、质量可靠、产品安全、用工规范和经济可行 5 项架构指标，沿用了来自 SRTP 的宏观层面指标如商业信誉及公司政策等。在此基础上，对农场监测、烟农培训以及风险评估 3 项指标进行了优化，从而形成了更为完整、更为可靠、更具适用性的 STP 评估体系。

STP 评估体系重点关注 4 个方面的问题，即烟区环境安全、产品质量安全、烟叶生产规模稳定及烟叶生产用工规范。

STP 评估采取线上线下现场评估相结合的方式进行评估。烟叶生产供应商每年都要进行自评，每 3 年由第三方进行评估。

四、STP 评估体系的构成与关键指标

（一）体系构成

STP 评估体系由管理、作物、环境和生产者 4 个部分构成，共计 4 个大类，35 个小类，104 个项目，458 个指标。各个部分的项目类别与指标结构如表 8-1 所示。

表 8-1 STP 评估体系的指标构成

大类	小类	项目	指标
管理	公司政策	1	11
	文件和记录	1	6
	商业信誉	1	14
	STP 实施	1	3
	相关方参与	1	5
	关键人员培训	1	7
	烟农认识	1	6
	烟农合同	1	3
	应急响应	1	9
	随机访问	1	7
	可追溯性	1	3
	经济可行性	3	11
	小计	14	85
作物	关键标准	3	20
	品种选择	3	12
	烟草栽培	10	45
	有害生物治理	10	46
	产品污染物	3	18
	烟农收益	2	9
	小计	31	150
环境	关键标准	3	20
	水资源管理	3	16
	烟田土壤管理	1	3
	农场污染控制	4	14
	农业废物管理	6	20
	燃料温室气体	2	9
	生物多样性	1	7
	木材使用	3	11
	新烟田	1	3
	小计	24	103

（续表）

大类	小类	项目	指标
生产者	关键标准	3	20
	童工	3	10
	强迫劳动	6	19
	安全工作环境	7	22
	公平对待	5	15
	自由结社	3	9
	收入工时福利	5	16
	遵守法律法规	3	9
	小计	35	120

（二）“关键指标”的释义

从表8-1的STP评估体系构成可以看出，在“管理、作物、环境、生产者”4个大类中，除了“管理”外，其他3个大类均包含了“关键指标”这个小类。下面就针对这个小类进行简要的介绍。

“关键指标”包括风险评估、烟农培训和农场监测3项考查内容。

（1）风险评估　风险评估的目的，是确保STP评估体系的可靠性和完整性。主要的内容包括：风险描述、风险水平、风险类别、受影响方、可能性、严重性、减轻措施的描述和判定以及风险评估实施等。

（2）烟农培训　烟农培训的目的是确保烟农能够理解烟草种植规范，了解烟草种植活动对环境的影响及保护措施，理解烟草农业用工规范的要求。烟叶供应商应根据风险评估结果，确定烟农培训的内容、方式和频次，为烟农提供必要的培训，并确保烟农培训的针对性和有效性。

（3）农场监测　在STP评估体系下，对监测与调查提出了较高的要求，主要体现在以下两个方面：一是要求烟叶供应商调查监测STP所要求的所有项目及项目适用的所有烟农，以了解其可持续发展指导原则符合度；二是要求供应商确保所提供数据的可靠性，并对数据收集的程序、方法及数据准确性和真实性进行随机访问与核实。

五、STP评估的规则与流程

（一）STP的评估规则

1. 线上自评与第三方现场评估

（1）线上自评　线上自评由烟叶供应商在每年的11月进行。利用英国ABS公司的STP网上自评系统，烟叶供应商对各项指标进行自评并打分。同时，在系统中上传相关的证明材料。网上自评系统会根据烟叶供应商的自评与支撑材料，自动生成自评综合得分。该综合得分，即为烟叶供应商的综合评价得分。

(2) 第三方现场评估　第三方现场评估，由英国 ABS 公司每 3 年对烟叶供应商独立开展。评估的形式为现场走访与资料查阅。通过核实烟叶供应商所提供的材料，以及进行现场的走访，对评估体系的各项指标进行打分，并最终得出综合得分和切合度得分。

所谓的综合得分，是对烟叶供应商的烟叶生产契合烟叶可持续生产的程度的综合评价；而切合度得分，则是对烟叶供应商对烟叶可持续生产的理解程度的综合评价。

(3) 评价得分的应用　英国 ABS 公司会将 STP 的评价结果，反馈给卷烟制造企业。反馈的内容，通常包括 3 个部分，一是烟叶供应商的网上自评得分情况；二是第三方独立评估的烟叶供应商综合得分和切合度得分情况；三是相关评估意见。通过分析上述的内容，卷烟制造企业会对烟叶供应商的原料生产形成一个综合的判断，而这个综合判断决定了其是否继续从该烟叶供应商采购烟叶原料。

2. STP 评分规则

STP 评估体系的总体得分，按照百分制执行（100%），即 4 个大类的得分总和最高为 100%。在具体打分时，每个项目的各个指标的打分也采用百分制，其最高打分也为 100%。因此，在计算总体得分时，就需要考虑到大类、项目以及各个指标的权重问题。这些权重，是由英国 ABS 公司会同国际烟草制造商共同商定的。其中，在大类层面，其权重大小的顺序是管理、作物、环境与生产者。在小类中，相对于其他小类，“关键标准”小类的权重要高一些。

在进行打分时，每个项目均包含有定性指标与定量指标。定性指标的选项有两个，即“是”与“否”。当选择“是”时，则得到相应的分数；如若选择“否”，则不得分。对于定量指标而言，除了在打分时根据评分规则进行打分外，还要注意抽烟调查的样本量的问题。STP 对于烟农或者烟田的监测指标的覆盖度，提出了具体的要求，要求尽量进行全面的覆盖。如果覆盖度较低，导致监测的比例较低时，会对 STP 评估的总体得分产生不利影响。此外，STP 还强调了调查与监测数据的真实性与可靠性，并强调通过不断的完善，以推进烟叶供应商的 STP 综合评估。

3. STP 评估指标的适用性问题

为了使 STP 的评估适用于所有的烟叶供应商，STP 也提出了完善体系中项目、指标的适用性原则。

其一，就是针对非普遍适用的项目，在开展评估之前，均会让烟叶供应商确认该项目是否适用于本评估。如果烟叶供应商认为该项目不适用，可选择“否”，这样将不再对该项目或指标继续开展评估，且不会影响对该烟叶供应商的整体评估分数。但是在这种情况下，烟叶供应商要提供相应的证明材料。

其二，是最佳措施评估法。在这种情况下，烟叶供应商可以根据本地区的实际情况，基于项目实施指南的提示，自定义满足该项目指导原则的衡量指标、衡量标准与实施的最佳措施。英国 ABS 公司就会根据烟叶供应商所提出的指标、标准与最佳措施，进行相应的评估。

通过这两个原则的实施，极大提高了 STP 的评估适用性。

（二）STP 的评估流程

STP 的评估流程并不复杂，主要包括 4 个阶段，即烟叶供应商自评、英国 ABS 公司的第三方独立评估、评估的反馈以及改进实施等。

六、我国实施 STP 的必要性

进入 21 世纪以来，我国的烟叶生产取得了长足的发展，尤其是现代烟草农业的建设实践，不但极大地提升了烟叶生产的能力，而且对烟区的大农业生产提供了较为坚实的基础设施保障，也促进了大农业生产的发展。然而，随着我国社会经济的不断发展和城镇化建设力度的不断加强，我国的烟叶生产将面临新的挑战，依然存在一定的不确定性。在这种新形势下，在我国烟叶生产中，全面开展 STP 实践，依然有其必要性与必然性。原因如下。

1. 工业化和城镇化发展，使 STP 实践成为必然

目前，我国工业化和城镇化的不断发展，给农业与农村带来了诸多的变化。其中，土地资源的紧缺与青壮年劳动力的流失，成为不可阻挡之势。所以，土地的集中与种植规模的扩大，将成为农业发展的必然趋势，开展 STP 的实践，也就成为必要的选择。

2. 生态环境恶化与自然灾害频发，使 STP 实践成为必由之路

近年来，农业生产中自然灾害频繁发生，农业生态环境持续恶化，使得农业生产的可持续发展，成了优先要确保的目标。对于烟叶生产而言，尽管近年来大力开展的现代烟草农业建设改善了我国烟叶生产的基本条件，进行烟叶可持续生产的基础设施与基本条件显著增强，但是，在烟叶生产中依然存在诸多制约因素，开展烟叶生产的 STP 实践势在必行。

3. 劳动者保护意识的增强，使 STP 实践迫在眉睫

随着我国社会经济的快速发展、法律体系的不断完善以及广大人民群众法律意识的不断增强，劳动者对劳动的自我保护也愈发重视，法律维权意识不断增强。这也使 STP 的实施迫在眉睫。

4. 吸烟与健康问题被广泛关注，使 STP 实践成为必由之路

随着人们生活水平的不断提高，人们的健康意识也不断觉醒，对于吸烟所导致的健康问题也有了十分清醒的认识。然而，烟草行业在我国的国民经济中所占有的地位较为特殊，如何在舆论的压力下进一步发展烟叶生产，就成为行业发展所要面对的问题。这也为 STP 的实施提供了前提。

5. 提升烟农的收入水平，是 STP 实施的关键契合点

我国烟叶产区广泛、深入地参与 STP 评估，对于进一步完善我国烟草农业基础设施与烟叶生产标准化体系、提高烟区现代烟草农业建设水平、促进烟叶出口、提高烟农的收入与劳动保障，都具有十分重要的意义。所以，在烟叶产区开展 STP 实践，是我国烟草发展的趋势，具有十分重要的现实意义。

七、我国实施 STP 中出现的问题以及取得的经验

（一）我国实施 STP 中出现的问题

目前，我国烟叶生产 STP 已经在个别产区进行了实施，从实施的情况来看，主要存在以下几个方面的问题。

1. 实施起步晚

尽管我国已经开始实施 STP，但是与国外发达国家相比，还处于开始阶段。对照 STP 的要求，我国烟区的 STP 建设，在公司政策、农田生态环境建设、污染物无害化处理、有害生物管理、风险评估以及生产者健康、安全和福利等方面，依然有大量的基础工作需要开展。因此，我国烟区的 STP 建设，依然任重而道远。

2. 理解不到位

STP 评估体系，是一个内容庞杂的复杂体系，其涵盖内容广、考核与监测的指标众多。对于从事 STP 工作的一线工作人员而言，理解起来需要一个过程。同时，对 STP 评估的形式不太熟悉也导致了个别烟区 STP 工作的滞后。此外，将 STP 所要求的各项指标，具体落实到烟叶生产的方方面面，也是一个艰巨的工作，任务十分繁重。

3. 评估优势彰显不够

STP 是对烟叶生产可持续性发展进行评估的体系，在此体系下，通过不断的认证与改善，公司的政策将会越来越契合生产实际，生产的环境将会不断满足烟叶生产可持续发展的要求，烟叶的品质将会不断提升，生产者的权益与收益将会不断得到保障。从目前的 STP 管理实践结果来看，通过 STP 的实施，尽管烟叶产区的烤烟品质均有所提高，然而 STP 实施的优势并没有显现出来。也就是说，通过 STP 的实施，烟叶产区并没有看到立竿见影的效益，这在一定程度上影响了烟叶产区实施 STP 的积极性。

（二）我国实施 STP 过程中所取得的经验

1. 深入宣传，加强管理

管理是一切工作成功的基础与保障。STP 也强调了管理的作用，STP 的相关文件对管理的总体要求是：公司应将烟草可持续发展计划的成功开展以及计划实施的完整性和可靠性纳入其业务实践当中。因此，在 STP 的实施过程中，要完善管理体制，优化组织机构。同时，加强对 STP 的宣传，使其家喻户晓、妇孺皆知，形成生产者与经营者合力实施 STP 的局面。

2. 抓住烟叶产品安全的牛鼻子

在作物部分，STP 的总体要求：公司推广良好农业规范，使烟草生产具有可持续性，并具备适当的产量、质量、风格和生产管理的完整性，以满足法律法规和 STP 的要求。根据我国烟叶生产的实际情况，在 STP 实施过程中，紧紧抓住有害生物综合治理和非烟物质控制这一关键点，是做好 STP 工作的关键所在。具体而言，在烟叶生产中，要进行绿色综合防控，加大农业综合防控以及生物防控的力度，严格控制化学农药的使用场景以及使用剂量。提倡精准用药，推广绿色防控产品，以保障烟叶农残监测的合格率。在非烟物质控制方面，一是要在预检环节增加非烟物质检查；二是要大力推广

烟夹编烟等措施，以减少非烟物质的污染。

3. 大力改善烟叶生产环境

在环境部分，STP 的总体要求：公司应和烟农一起，以对环境产生不利影响尽可能小的方式进行烟叶生产。对于烟叶生产而言，烟叶烘烤过程中烤房所产生的污染，以及烟叶生产过程中农药包装物和地膜，是对环境影响较大的两个方面。所以，在进行 STP 实践时，应考虑利用生物质燃料和天然气替代普通燃煤，以减少温室气体和颗粒物的排放。此外，对农药包装物进行集中回收、安全处置，对地膜进行回收循环利用，也是创造烟叶生产友好环境的重要举措，并且可以起到立竿见影的效果。

4. 安全用工，保障生产者权益

在生产者部分，STP 的总体要求：公司应和烟农一起来确保农场雇佣工人的安全和劳动权益得到保护。在实施 STP 时，应对生产者进行风险评估，明确安全工作环境类以及童工类的风险程度，并采取相应的措施。如在农药使用及存储过程中，在烟叶采收时，如何保障使用与贮藏的安全，提升烟草生产安全用工水平。此外，根据我国烟叶产区的具体情况，烟农子女在暑假期间帮工，经常参加烟叶采收等情况，要制定完善的措施，以预防并有效降低家庭帮工和使用童工的风险。

第三节　烟农队伍管理与服务

一、新型职业烟农建设的背景

农业经营的主体，是农业生产发展的理性经理人。根据"刘易斯拐点"理论，随着社会经济的发展和工业化进程的推进，工业部门的产值和利润会相对上升，所需要的劳动力会越来越多；而农业部门的产值和利润会相对下降，所需要的劳动力会越来越少。劳动力过剩向短缺的转折点，是指在工业化过程中，随着农村富余劳动力向非农产业的逐步转移，农村富余劳动力逐渐减少，最终枯竭。经济发展过程是现代工业部门相对传统农业部门的扩张过程。这一扩张过程一直持续到把沉淀在传统农业部门的剩余劳动力全部转移完毕，直至出现一个城乡一体化劳动力市场为止。"刘易斯拐点"的到来，迫使经营主体必须加大经营方式的改革和转型，伴随着农民工工资的较大幅度提高，低附加值劳动密集型农业生产就到了难以为继的地步，强制性地"倒逼"农业发展方式的转变。转型升级是经营主体生存、发展的根本出路。

随着我国经济的新常态发展，农业发展面临着劳动力短缺，农产品价格"天花板"封顶、生产成本"地板"抬升、资源环境"硬约束"加剧等新挑战，迫切需要加快转变农业发展方式。基于提升农业生产效益和可持续发展，国务院办公厅于 2015 年出台了《关于加快转变农业发展方式的意见》，其核心思想是要把转变农业发展方式作为当前和今后一个时期加快推进农业现代化的根本途径，以发展多种形式农业适度规模经营为核心，以构建现代农业经营体系、生产体系和产业体系为重点，着力转变农业经营方式、生产方式、资源利用方式和管理方式，推动农业发展由数量增长为主转到数量质量效益并重上来，由主要依靠物质要素投入转到依靠科技创新和提高劳动者素质上来，由依赖资源消耗的粗放经营转到可持续发展上来，走产出高效、产品安全、资源节约、环境友好的现代农业发展道路。

为了推进农业发展方式转型，培训新型经营主体，中共中央办公厅、国务院办公厅相继发布了《关于加快构建政策体系培育新型农业经营主体的意见》（中办发〔2017〕38号）、《关于促进小农户和现代农业发展有机衔接的意见》（中办发〔2019〕8号），着力培育新型经营主体，完善农业社会化服务体系，加强新型经营方式与小农户紧密衔接，推动农业规模化、专业化、集约化发展。区别于传统农业经营主体，新型经营主体应具有“规模化、专业化、集约化”的特点，主要包括3类：家庭经营，包括专业大户、家庭农场；合作经营，包括专业合作社、土地股份合作社；公司制经营，包括龙头企业、专业服务公司。

在烟草生产经营过程中，国家烟草专卖局也高度重视新型经营主体培育。2007年，国家烟草专卖局发布《国家烟草专卖局关于发展现代烟草农业的指导意见》（国烟办〔2007〕467号），提出积极探索土地流转的有效方式，促进烟田向种烟能手集中；培育“以烟为生、精于种烟”的职业化烟农队伍，持续提高种烟收入占烟农家庭收入的比重，努力培育一批素质高、技术好、稳定性强的烟叶生产工人；支持与烟叶生产有关的农民专业合作经济组织、烟农协会、烟农互助组的发展，培育专业化、社会化服务主体，扶持专业队、专业户发展，促进与烟农利益合理联结机制的形成，注重让烟农得实惠。积极探索专业化、社会化服务的有效途径和可行方式。

烟农专业合作社是目前探索烟叶生产规模化种植、集约化经营、专业化分工的重要手段，也是各产区在新型经营主体培育方面探索最深入、取得效果最好的一个方面。它推进了烟叶生产组织模式转变，提高了烟叶生产规模化、专业化、集约化水平，加快了烟叶科技进步，推进了烟叶生产减工降本、提质增效。

二、泸州烟区新经营主体培育的实践

泸州烟区主要分布在乌蒙山片区的古蔺和叙永两县，地形地貌复杂，土地零散，长期以来均是以小农户经营为主的烟叶生产模式。随着现代烟草经营方式的转变，烟草专业合作社逐步发展，在很大程度上改变了烟区传统烟草种植的旧有模式，使烟草种植和加工从手工转向机械生产，并提供了一系列标准化、专业化方式，对于推进烟草农业产业化进程、提高烟农收入水平、稳定烟区农村社会具有重要的意义。

泸州烟区自2010年开始启动各基地单元合作社依法注册和试点建设运营工作，全市已依法注册烟农专业合作社18家，其中县级联合社2家，叙永烟农合作社9家，古蔺烟农合作社7家。合作社发展过程中，积极向广大种烟农户，特别是种烟专业户、职业烟农等规模较大的烟农进行宣传，重点吸纳种烟大户、专业化服务队员通过资金、农机等资产入股形式加入合作社。目前，全市合作社共有社员3 892名，其中烟农3 892名，占总社员的100%。合作社的注册法人大多为烟农，少数为村社干部或行业员工，派遣行业技术骨干牵头发展合作社，每个烟站明确1~2名人员帮助合作社发展，突出抓好管理模式、服务模式、经营模式“三个模式创新”，充分发挥专业服务、技术推广、组织烟农“三大功能”，有效增强内生发展和服务烟叶“两个能力”。合作社发展过程中，完善了“三会”建设，做强了“成员大会”这个最高权力机构，做精了“理事会与理事长”这个决策机构，做实了“监事会与监事长”这个监督机构。同时，健全了职业经理制度、合作社规章制度和日常运营机构。紧紧抓住“资金管理”这个牛鼻子，完善财务制度，规范会计记录，强化财务、审计部门主动介入力度。

合作社运行过程中，在育苗、机耕、植保、烘烤、分级 5 个专业服务领域取得了显著成效。

1. 专业化育苗

全部采取合作社统筹安排专业户经营且不收取管理费的育苗形式，2016 年和 2017 年承担育苗面积分别为 12.5 万亩和 12 万亩，专业化育苗比例达到 100%。在行业补贴上，主要以物资补贴形式，对所用烟种、黑膜、基质、漂盘、苗肥等全额免费供应，实现统一采购、统一供应、全额补贴，折合每亩补贴 70 元左右。在成本上，每亩用工 38 元、设施折旧 3 元、队长收益 1.5 元，成本小计 42.5 元 · 亩$^{-1}$。在收费上，按照每盘 5 元、每亩 10 盘的标准，每亩收取烟农 50 元，除去成本实现 7.5 元 · 亩$^{-1}$的收益。

2. 专业化机耕

全部采取合作社专业化队伍统一经营的形式，2016 年和 2017 年机耕面积分别为 10.37 万亩和 10.08 万亩，分别占 83% 和 84%，起垄面积分别为 8.87 万亩和 8.64 万亩，分别占 71% 和 72%。在补贴上，机耕每亩补贴 7.50 元、起垄每亩补贴 7.50 元；在成本上，包括用工、机械折旧与维护、队长收益等，机耕小计 46.37 元 · 亩$^{-1}$，起垄小计 38.82 元 · 亩$^{-1}$；在收费上，每亩机耕、起垄分别收取 40 元和 35 元，除去成本分别实现 1.13 元 · 亩$^{-1}$和 3.68 元 · 亩$^{-1}$的收益。

3. 专业化植保

将病虫害的普防、统防纳入专业化植保范围，对“两病一虫”（气斑病、白粉病、蛞蝓）进行统防，重点推广波尔多液防治技术，形成“合作社统防、烟农统治”的良好格局，提高了病虫防控成效。2016 年和 2017 年，合作社分别承担每年 2 次的病虫害统防工作，服务面积分别为 5.75 万亩和 5.76 万亩，分别占 46% 和 48%。在补贴上，行业配套提供“两病一虫”防治药剂，每亩另补贴 8 元；在成本上，包括另购农药、人工、燃油、队长收益小计 0.35 元 · 亩$^{-1}$；在收费上，每亩收取烟农 15 元，除去成本实现 3.95 元 · 亩$^{-1}$的收益。

4. 专业化烘烤

2017 年采用全包烘烤和巡回指导两种形式开展专业化烘烤服务。对于全包烘烤，每炕行业补贴 100 元，煤电物资、人工、队长收益等成本小计为每炕 969.7 元，每炕收取烟农 900 元，每炕实现收益 30.3 元。对于巡回指导，行业不予补贴，仅人工成本每炕 20 元，每炕收取烟农 15 元，每炕亏损 5 元。2017 年，在古蔺县金星龙田、叙永县合乐兴复两个合作社工场各开展 500 亩采烤分一体化推广工作。采取合作社统一购买煤炭、用电、汽油等烘烤物资方式，科学核算人工、管护、管理成本，实行统一组织采烤、按炕收费，目前正在持续开展中。

5. 专业化分级

2017 年，在烟站分级场地、有固定分级设施的烘烤工场集中进行专业化分级。在补贴上，行业补贴 10 元 · kg^{-1}，并统一配置专业化分级设备；在成本上，包括人工、用电、队长收益，小计 1.23 元 · kg^{-1}；在收费上，收取烟农 0.30 元 · kg^{-1}，加上行业补贴，实现收益 0.07 元 · kg^{-1}。2017 年，泸州 1.35 万 t 烟叶收购全面实施“站点一体化、联岗一体化”两种专业化分级散叶收购模式，不断提升专业化分级服务水平和合作社盈利水平。

三、泸州烟区职业烟农的培育

烟农作为烟叶生产的执行者和主力军，是发展现代烟草农业的重要组成部分。职业烟农是烟农中的“精英”群体。在当前国内外市场竞争日益激烈的情况下，要实现烟叶从传统生产向现代烟草农业发展，培育一支有文化、懂技术、会经营、善管理的职业烟农队伍，对于稳定烟叶生产具有重要的意义。

据调查统计，泸州烟区 2017 年 60 岁以上烟农占比 9.3%，50 岁以上烟农占比 32.5%，40 岁以上烟农占比 76.2%，而 30 岁以下烟农仅占比 5.4%。全市烟农数量从 2011 年的 13 500多户降至 2018 年的 3 700多户，其中 2018 年烟农数量同比降幅达 39.01%。在种烟农户数量不断下降的情况下，培育职业烟农成为稳定烟叶规模、促进现代烟草农业发展、提升烟叶质量的迫切需求。为此，泸州市公司明确职业烟农应符合以下条件：一是种植规模适中，户均种植面积以 1.00~2.67 hm^2 为宜，以烟叶生产收入为主；二是技术水平高，熟悉烤烟生产各环节标准要求，能正确使用各种生产工具；三是生产管理到位，具有一定的文化素养和农业生产管理思维，能按要求开展各项生产管理；四是诚信意识较强，按照烟草行业要求组织生产，杜绝违规生产、套取补贴、异地交售、强行要级要价等不诚信行为。

在培育职业烟农过程中，泸州市公司从以下几方面进行着实践。一是坚持政策导向，实施分类管理。全市烟农评定分为 5 星级、3 星级、1 星级和普通烟农 4 类，分别占比 15%、30%、30%和 25%。在生产补贴标准、种植计划分配、技术服务、学习培训、烟基设施资源等方面实行差异化管理。二是细化评定指标，实施动态管理。设置 3 项简单易懂的评定指标，总分为 100 分：合同交售履约率占 60 分；烟叶等级结构占 30 分；烟叶管理技术到位率占 10 分；同时对一些严重的违规行为实行“一票否决制”，不予“评星”：种植合同约定外品种；多签少种、少签多种、异地交售等严重不诚信行为；故意寻衅滋事、强行要级要价等违反收购纪律行为。三是完善评定流程，确保公平公正。按照“烟农自评、烟点测评、烟站初评、县局（分公司）复评、市局（公司）审定”流程开展，并充分公示评定结果，确保有序可行、公平公正。

依据职业烟农培育的实施进程，泸州市烟草公司每年均将制订年度培育工作方案。如 2021 年市公司制订了《2021 年泸州市职业烟农培育工作方案》，相应制订了《职业烟农资金测算表》《职业烟农基本条件认定统计表》《职业烟农星级评定打分统计汇总表》《职业烟农认定申请表》等操作规范。提出遵循“行业引导、烟农自愿，严格评定、差异扶持，动态管理、示范带动”的原则，开展职业烟农星级评定，优化完善职业烟农管理、扶持、培训等政策体系，引导烟农向规模化种植、标准化生产、集约化经营方向发展。并制订了职业烟农认定的基本条件，主要包括：近 5 年中有 3 年及以上种植烟叶；种烟面积20亩及以上；烟叶种植收购合同履约率90%及以上；交售上等烟比例55%及以上；遵守烟草专卖法律法规，诚信经营，严格履行烟叶种植收购合同，自觉维护烟叶收购秩序；自觉接受站点工作人员技术指导，严格落实烟叶标准化生产。同时，泸州市公司将根据量化的职业烟农认定的结果，设置“四星、三星、二星、一星”4个职业烟农等级，次年依据职业烟农等级，在肥料奖补扶持、种植计划优先分配、技术培训、评优奖励等开展差异化支持，以推动烟叶生产的高质量发展。

第四节　烟叶购销组织管理

一、“泸叶醇”烟叶购销管理做法

1. 泸州烟叶收购管理

泸州市公司在烟叶收购过程中，以“泸叶醇”品牌保障为重要导向，以“提质量、严规范、强基础、防风险”为收购工作主线，以“制度化、标准化、程序化、信息化”管理为收购工作抓手，严格质量监管，强化规范管理，聚焦工业导向，进行烟叶收购管理，并建立了相关收购管理制度。针对泸州烟叶发展实际，提出了烟叶收购的质量和管理目标。一方面，提升质量目标。一是等级合格率。等级合格率达到全省平均水平，严控“三混一超”，混青杂比例控制在2%以内，混部位比例控制在2%以内。二是等级纯度。上等烟不低于90%，中等烟不低于85%，下低等烟不低于80%；混青杂比例控制在2%以内，混部位比例控制在2%以内，一类非烟物质控制率为零。三是烟叶损耗。收购调拨环节总损耗率控制在2%以内，烟包重量允差控制在5%以内，烟叶水分控制在16%~18%，烟叶库存霉变、压油比例控制在1%以内。另一方面，注重提升烟叶收购管理目标。一是收购管理。烟叶入户预检到位率100%，专业化分级落实率100%，约时定点交售率100%，磅组四员到位率100%；以县为单位收购时间控制在55 d以内；原则上单户合同交售次数控制在6次以内；单点单日收购限量不超过计划的4%。二是质量管理。四级质量岗位聘任100%到位，烟叶评级人员100%持证上岗，对样分级执行率100%，对样定级执行率100%；落实“质量监管巡查制、质量结果反馈制、质量问题追溯制、质量事故追责制”。三是流通管理。全面推行当日收购烟叶当日成包，全面推行烟包电子标签，全面推行烟叶调运“零库存”，全面推行“一打三扫”原收原调模式。四是基础管理。按照“1 000 t以上设收购站、500 t以上设收购点”标准调整站点数量，撤销整合纯管理职能烟站，全市设置收购点17个；以县为单位统一烟叶仓储物流标准化财务台账；烟包堆放严格按照“五距”标准，堆码高度上等烟不超过5个烟包，中等烟、下低等烟不超过6个烟包。

为了实现高效收购管理工作，泸州市公司建立了相应的保障制度。

（1）严格合同管理制度　严格核实烟农信息，有效甄别烟农身份，确保烟农身份、合同信息、银行卡三者一致，保证合同真实有效。并通过烟叶生产经营2.0系统、“泸叶醇数据中心”等信息平台，对烟农和收购点烟叶交售时间异常、等级结构异常、交售数量异常、合同执行率异常等情况严格预警，发现问题及时通报处理。加大合同抽查力度，通过电话调查、实地查看、交售数据分析等方式定期开展合同检查，发现问题立行立改。

（2）在收购过程中推进精准收购　全面落实约时定点交售制度，入户质量管理员结合“泸叶醇服务烟农”App 开展“精准预约”，按“定日期、定时段、定数量”原则，严格控制交售时间、次数和数量。同时落实精准化烟叶交售，进行烟叶交售质量看板管理，统一看板内容和格式，及时更新烟农交售数量、质量情况、交售进度以及站点成件信息、等级分布、在库管理等动态信息。实行分段式烟叶收购，推行两段式或三段式收购，设定各收购阶段时间上限，有效降低烟叶部位交叉互混现象，不断提升烟叶等级纯度。为提升收购效率，建立以质管员、评级员、司磅员、仓管员为基础的“四员”磅组队伍，落实精准化磅组管理。按照全省统一的烟包编码规则和标签标识标准落实烟包电子标签，通过“一包一签”方式，将烟包信息植入电子标签，保证每个烟包具有唯一身份标识，为实现烟叶收购数字化管理奠定基础。

（3）强化质量管控　一是加强等级质量标准管理。加强标准样品管理，强化质量标准落地应用，突出“中棵烟”收购优质优价导向作用，全面落实对样分级、对样收购；二是全面落实四级质量管理；三是完善收购质量管理体系。四是强化重点指标管控力度，尤其加大收购重点质量指标控制力度，含青、杂等副组烟叶比例控制在 2%以内，混部位烟叶比例控制在 2%以内，一类非烟物质检出率控制为零、二三类非烟物质检出率控制在 5%以内，无水分超标、霉变、虫情、陈烟等重大质量问题。五是建立质量问题负面清单。中国烟草总公司四川省公司明确提出含青、杂等副组烟叶比例超过 10%的批次、混部位比例超过 10%的批次、单批次入库合格率低于 65%的站点、总体入库合格率低于 70%的县级分公司、严重非烟物质和水分超标、霉变、虫情、陈烟等重大质量问题列为质量问题负面清单，对存在此类突出问题的单位和个人进行点名通报和责任追查。

（4）加强流通管理　一方面，加强调运管理，全面落实烟叶实时打包制度，当天收购烟叶实时分类打包成件，及时粘贴电子标签，标示产地、时间、等级等产品要素。深入推行烟叶“零库存”制度，加快成件烟包的周转效率，成件烟包在未达调运标准下，每件烟包在库时长最多不超过 3 d。另一方面，加强烟叶调拨管理。做好烟叶物流统筹工作，以收购线为单位制订烟叶物流实施方案，提升烟叶物流运行效率。完善烟叶调拨管理制度，加强同工业企业、复烤公司协调，科学测算和运用仓储容量，形成高效快捷的运行机制，不断提高调拨效率，提升工业企业满意度。同时，加强烟叶在库管理。加强库房烟包管理，严格分区堆放，严格堆包层数，严控非烟物质。认真做好烟叶台账管理，全面推进电子台账管理。统一台账和垛卡文本标准，制订规范的建账流程，做好定期的盘库盘存，确保在库烟叶账物管理规范。做好在库烟叶质量检测，定期开展水分、霉情、虫情、压油等指标检查工作，对异常情况采取有效的应急处置措施，全面降低在库烟叶水超比例、压油率、霉变率。加强物流信息化管理。做细做实烟叶出入库“一打三扫”信息化管理，完善入户预约、约时收购、烟包打码、出站（点）扫码、在途运输、进仓扫码、调运出库等各个环节的信息化建设，加快实现烟叶收购流通环节信息化全覆盖。

(5) 严格过程管理　一是严格落实专分散收。强化设施配套，完善分级场地设施建设，合理配套专用分级设施设备。强化组织管理，规范第三方专业化分级服务运营管理，做细做实合作社、烟农、分级人员等相关协议签订工作，提升分级作业的规范化和工序化程度。强化人员培训，严格执行分级人员经培训合格后持证上岗，强化技能提升，打造一支高水平的专业化分级队伍。突出运行效果，以提升等级纯度为目标，科学核定分级工效，加强现场管理，严格控制混青杂、混部位、混非烟物质比例，确保烟叶等级质量水平得到有效提升。二是严格落实原收原调。强化服务意识，完善工业客户烟叶需求档案，以市场为导向实施差异化服务，进一步稳定烟叶销售市场。强化流通管理，做好收购入库、站点出库、仓储入库各环节的流通管控，抓实站点内部和市县两级对接，确保站点入库与出库、站点出库和仓库入库数量与等级相符合。强化工商协作，提高工业客户在烟叶收购、质量管控过程中的参与度，做好生产收购调拨等信息资源的共享，协调好工商需求对接，完善烟叶调拨环节的衔接机制。强化过程管控，认真抓好原级收购、原级成包、原级备货、原级交接等关键环节，健全质量追溯体系，实现产销数量和结构平衡。三是严格落实信息化管控。收购前全面清理配套收购视频监控设施设备，做到“分级、定级、过磅、仓储打包”区域全覆盖；坚持无视频监控的情况下不开展收购作业，拟定视频问题清单，落实值班制度、周报制度，发现问题及时整改。每日收购前，排查核准电脑终端系统时间，杜绝终端时间和烟叶生产经营 2.0 系统时间不一致导致的非正常时间段收购问题。通过“泸叶醇服务烟农”App，监管精准测产、预检预约、烟叶初检，实现“未测产不能预约，未预约不能交售”；通过“泸叶醇数据中心”平台，及时查看辖区收购数据，掌控收购进度，便于及时监控与调控；通过“泸叶醇烟农之家”平台，实现烟农预检预约情况查询、合同查询、交售情况查询等，进一步提升服务烟农水平。

(6) 基础管理　一是加大站点整合力度。整合有效资源，推动现有烟叶收购站点整合，取消纯管理职能烟站。按照“1 000 t 以上设收购站、500 t 以上设收购点”的标准加大站点整合力度，积极探索“县管点”管理模式，进一步提高烟叶收购点的收购管理效能。二是加强基层队伍建设。加强基层烟叶收购站党的组织建设，发挥基层党组织战斗堡垒作用。加强基层烟叶收购站点人员队伍建设，选配在册职工充实收购管理岗位以及质管、评级、司磅、仓管等关键岗位，坚持收购线主评岗位必须由在册职工担任，没有上岗资质质检人员的不得设置收购线。三是加快基层设施配套。加快收购站点设施设备升级改造，完善专业化分级、散叶收购、原收原调、烟叶仓储等设施和装备配套，配套必要的职工工作、生活设施，提升基层站点工作效率。

(7) 风险管控　一是加强烟叶质量安全管理。以收购为导向，开展烤后烟叶农残快检，加强收购烟叶农残控制，进一步规范烟农用药、购药和施药行为，确保烟叶质量安全。健全烟叶农残责任追溯机制，出现农残超限的要追溯到站点、烟技员和烟农，有效查明原因，给予相应处罚，切实起到警示作用。二是加强收购廉洁风险防控。切实做好收购政策宣传公示，全面推行政务公开民主管理制度，公布各项烟叶收购政策，明确烟叶收购流程，公开投诉监督电话；尤其注重对“收购人员岗位信息、开秤停秤时间、专业化服务队员、专业化服务内容数量价格”等内容开展公示，打造“公正透明、阳光收购”的工作环境。全面构建科学有效的轮岗交流机制，有计划、有重点、有步骤地对收购站（点）长和评级人员进行交流轮岗，有效防控廉洁风险。加强各级人员廉政教育和警示教育，牢固树立法纪意识和规范意识，将廉政风险防控意识与烟叶收购工作实践紧密结合起来，认真落实各项风险防控措施，把好烟叶收购廉洁关。三是加强监督监管。切实加大监督检查力度，对烟叶合同管理、质量管理、仓储管理、流通管理、政策补贴等重点环节强化督导检查，发现问题立行立改，及时排查管理风险。严格专卖管理，严禁跨区收购烟叶，严厉打击内外勾结、非法流通以及任何倒买倒卖烟叶的违纪违法活动，保证烟叶收购秩序规范稳定。切实加大追责问责力度，严格按照烟叶收购检查考核方案，对照清单严格打表，严肃追责问责。严格对应四川省烟草公司泸州市公司检查结果和中国烟草总公司四川省公司通报结果，加大考核力度，确保烟叶收购管理规范运行。

2. 烟叶原收原调和专业化分级的做法

（1）烟叶原收原调 泸州市全面实施专业化散叶收购和原收原调，全面落实100%对样收购、100%原级成包、100%原级备货、100%原级调拨。为此，四川省烟草公司泸州市公司要求烟叶收购等级质量合格率、工商交接等级质量合格率达到全省平均水平以上；收购调拨损耗率控制在2%以内；烟叶水分控制在16%～18%；一类非烟物质控制符合要求。

为了高质量实现原收原调，四川省烟草公司泸州市公司成立了领导小组，下设收购管理小组和质量管控小组，确保原收原调工作顺利推进实施。加强了站点建设及整合进度、信息应用及质量追溯、推进功能区配套完善、维护完善视频监控设备等硬件配套优化工作；制订了协调收调计划、落实精准测产、制作新烟样品、入户质量管理、专业化分级、严格对样收购、原级成包打码、原级扫码移库、原级扫码入库验收、原级备货、工商交接11项规范化的操作流程。在质量管理方面，专分环节实施专业化分级队员培训和持证上岗率、预检执行率、专业化分级执行率均达到100%；定级环节实施烟叶质量主评对检验合格的烟叶进行逐筐上台验收，按照新烟样品评定等级；成件环节由仓储保管人员高标准地进行散叶堆码、成包、保管工作；移库环节原级扫码出库，仓储中心质量复检组严格检查，判定烟叶质量；仓储备货环节，实施账、卡、实物必须保持一致，达到备货要求的原烟产品由烟叶质量总检签发“原烟产品备货说明”；交接调运环节由备货仓库根据“原烟产品验货（调运）单”办理调运手续，核对烟包等级和数量，及时上报原烟产品出库信息；环节监管中市、县两级严格执行质量“巡查制”，有序开展质量巡查工作，保障原收原调。

（2）专业化分级 实施专业化分级后的烟叶，必须满足以下质量要求：分清青杂、分清部位、分清颜色，纯度允差符合国家标准规定；排除霉变、油印、虫蛀、杂物或带茎、污染等无用烟叶，非烟物质符合规定；烟叶水分、沙土率符合国家标准规定；农药残留、重金属等符合国家、行业标准规定。

为了推进专业化分级，四川省烟草公司泸州市公司建立了一套高效的专业化分级工作方法。按照“第三方组织、集中定点、专业分级”要求，全面实施“联岗一体化”模式，适度开展“站点一体化”模式。采用“U”形、“L”形分级台摆放形式，实行

“半封闭”收购，禁止烟农参与分级、进入烟叶仓库。

站点一体化模式：根据收购对照样品的指导要求，对烟农送至分级场所的烟叶进行分级，为烟叶收购做准备，其标准化工作流程为制作样品→安排分级轮次→待分烟叶检验→专业化分级→等级验收→质量检验→考核管理。

制作样品。参照工业企业与商业企业协同制作的新烟样品，主评员与分级队长共同负责制作收购对照样品，每个等级不低于15片。收购对照样品在保证样品外观特征和等级质量标准的前提下，3~5 d内使用，并妥善保管备查，保管期限至该部位烟叶收购结束。填写《收购对照样封签》，仿制人（主评员、分级队长）和复核人（站长或质量主管）签字，并加盖公章；样品制作、复核合格后，填写《收购对照样制作和使用记录表》。

安排分级轮次。收购线根据预约情况，安排烟叶收购计划并提前告知分级队长。分级队长通知烟农按照约定分级时间、数量将烟叶运至分级点，时间细化约定至上、下午，并现场安排烟叶分级台位。

待分烟叶检验。预约烟农将预检后的烟叶送到分级现场，分级队长依据预检二维码进行验收，开展“三混两超”首检，检验待分烟叶水分、去青除杂、非烟物质控制情况，水分含量高于18%的即为水分超标，水分超标烟叶实行先除湿、再分级，合格烟叶进入分级流程，不合格烟叶退回烟农。

专业化分级。采取“两工位”制，按照收购对照样品进行烟叶分级。第一工位负责去除青、杂、僵、糟等不适用烟叶，对部位整理分类；第二工位负责分级。

等级验收。分级组长依据收购对照样品分别对各工位的烟叶进行验收，合格烟叶交由分级队长检验，不合格烟叶退回相应工位重新分级。

质量检验。分级队长依据收购对照样品对报检的烟叶进行检验，开展“三混两超”二检，合格的烟叶进入收购环节；不合格烟叶退回分级组长安排重新分级。分级队长及时查询收购过磅信息，准确填写“专业化分级情况记录表”。

考核管理。主评员考核分级队长，分级队长考核分级组长，分级组长考核分级队员。分级队员的分级数量为工资兑付的基本依据。

联岗一体化模式：根据收购对照样品的指导要求，对烟农送至分级场所的烟叶进行分级，为烟叶收购做准备，其标准化工作流程为制作样品→安排分级轮次→待分烟叶检验→专业化分级→质量检验→考核管理。

制作样品。参照工商协同制作的新烟样品，主评员与分级队长共同负责制作收购对照样品，每个等级不低于15片。收购对照样品在保证样品外观特征和等级质量标准的前提下，3~5 d内使用（原则上一个交售轮次换一次），并妥善保管备查，保管期限至该部位烟叶收购结束。填写《收购对照样封签》，仿制人（主检、分级队长）和复核人（站长）签字，并加盖公章；样品制作、复核合格后，填写《收购对照样制作和使用记录表》。

安排分级轮次。收购线根据预约情况，安排烟叶收购计划并提前告知分级队长。分级队长通知烟农按照约定分级时间、数量将烟叶运至分级点，时间细化约定至上、下午。

待分烟叶检验。预约烟农将预检后的烟叶送到分级现场，分级队长依据预检二维码封签进行验收，开展"三混两超"首检，检验待分烟叶水分、去青除杂、非烟物质控制情况，水分含量高于18%的即为水分超标，水分超标烟叶实行先除湿、再分级，合格烟叶进入分级流程，不合格烟叶退回烟农。

专业化分级。采取"两工位"制，对照收购对照样品进行烟叶分级。第一工位负责去除青、杂、僵、糟等不适用烟叶，对部位整理分类；第二工位负责分级。

质量检验。分级队长依据收购对照样品对分级后的烟叶进行检验，开展"三混两超"二检，检验合格的烟叶进入收购环节；不合格烟叶退回相应工位重新分级。分级队长及时查询收购过磅信息，准确填写"专业化分级情况记录表"。

考核管理。主评员考核分级队长，分级队长考核分级队员。分级队员的分级数量为工资兑付的依据。

二、"泸叶醇"烟叶购销管理下的生产及收购情况

为了支撑"泸叶醇"品牌烟叶的可持续生产和质量稳步提高，在完善的购销管理制度制订和执行下，泸州烟叶质量稳步提升。虽然在宏观管理下，泸州烟叶的总产量由2017年的1.12万t降低至2019年的0.80万t，但烟叶品质得到了稳步提升。收购的烟叶比例中，中部烟的比例由2017年的47.6%提升至2019年的48.9%，橘色烟的比例由2017年的86.6%提升至2019年的88.6%，提升了2个百分点（图8-1）。烟叶质量的稳步提升，有助于保证"泸叶醇"品牌的质量稳定性。

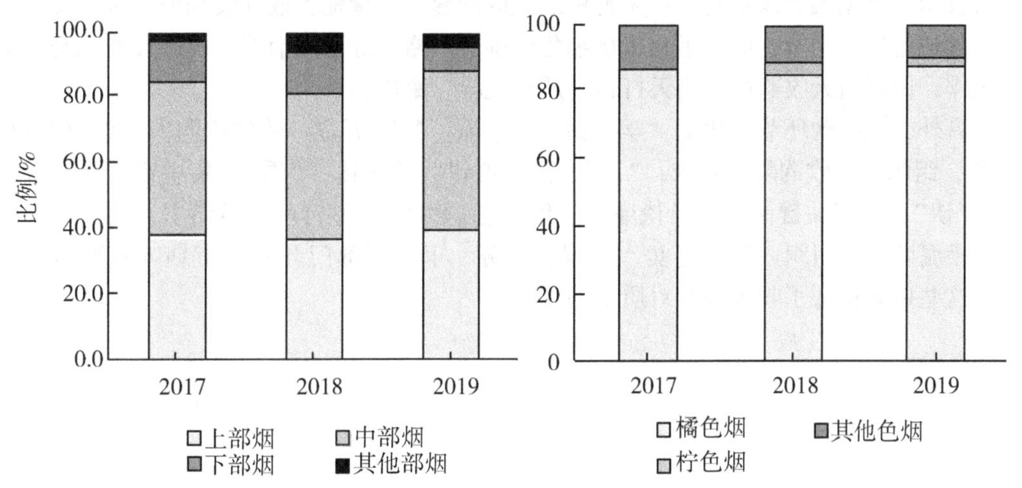

图8-1 泸州烟叶收购特点

以2020年为例，全市烟叶生产收购按照管理制度严格执行。全市共落实种烟乡镇23个、村156个、社408个、烟农2 187户，计划面积6.8万亩，实际6.8万亩，户均面积31.09亩，首次突破户均30亩。执行过程中，泸州烟区强化合同面积核实，实行"市-县-站（点）-网格"4级审核机制，统筹内管、监察、信息、烟叶等部门，通过GPS实地丈量、入户走访、电话询访相结合的方式开展面积核查。累计核查100亩以上

大户70户、50~100亩大户100户、随机电话询访烟农220户，通过边查边补方式，全市累计补栽面积1 064亩。

交售过程中，依托烟叶生产经营2.0系统和"泸叶醇烟叶数据分析平台"，收购全过程对烟农及收购线烟叶交售时间异常、等级结构异常（上等烟比例大于70%预警、大于80%暂停交售）、合同执行率异常（烟农合同履约率较本收购点进度低30个百分点）、交售次数异常（50亩以下超6次的，50~99亩超8次的，100亩以上超10次的）、单产过高（亩产165 kg预警、亩产175 kg暂停交售）等情况定期预警、逐一排查。同时，收购时，加强了收购基础管理，推行了限时、限次、分段式收购，限时上要求各收购线19：00前结束过磅，到点自动关闭收购权限和数据通道；限次上严格控制交售次数，普通烟农6次、50~99亩大户8次、100亩以上大户10次，对需要增加次数的烟农，4次以内由县公司审批、4次以上由市公司审批；分段式收购上以收购线为单位，原则上下部烟叶10 d、中部烟叶20 d、上部烟叶15 d收完。

收购过程中，突出"宣贯、检验"两项重点，落实了质量管理，印发烟农农残控制资料2 500余份、开展收购现场标语宣传100余条，大力宣传"采烤前15 d不施农药、农残超标烟叶不收购"等控制措施；采购农残试纸2 500余条，针对"多菌灵、甲基硫菌灵、二甲戊灵"3个风险重点，所有收购线全面开展烟叶收购农残快检，确保超标烟叶不进仓。收购时，加强了流通管理，全面落实了专业化分级"两工位"制，第一工位负责剔除青、杂、僵、糟烟叶，并分颜色；第二工位根据烟叶油分、身份、长短、部位等烟叶等级要素再精准分级。各收购线因地制宜实行"L"形、"U"形半封闭式收购，避免人为掺杂使假；完善标准光源配套，足量配备散叶装烟框，全面实现散叶不落地管理。同时，加强了仓库精细化管理。严格做好仓库消毒、设施设备配套等基础工作，做到当天收购烟叶当天打包，严禁混堆、窜堆。

另外，在收购环节强化了"学、讲、谈、看、签"五位一体的收购人员廉政教育。"学"，组织学习收购规范要求；"讲"，逢会必讲收购纪律；"看"，集中观看警示教育片；"谈"，组织关键岗位人员谈廉政、做表态；"签"，签订廉政承诺书，确保警钟长鸣、拒腐防变。组织内管、专卖、监察、财务、审计等部门开展全市烟叶收购综合督察。这些措施保证了收购环节对质量的保证。

参考文献

常寿荣，吴涛，罗华元，等，2010. 烤烟品种、部位及生态环境对烟叶香气物质的影响［J］. 云南农业大学学报，25（1）：58-62.

董志坚，陈江华 ，宫长荣，2000. 烟叶烘烤过程中不同变黄和定色温度下主要化学组成变化的研究［J］. 中国烟草科学（3）：21-24.

韩锦峰，刘卫群，杨素琴，等，1993. 海拔高度对烤烟香气物质的影响［J］. 中国烟草（3）：1-3.

李常军，宫长荣，李锐，等，2000. 施氮水平和烘烤条件对烤后烟叶品质和含氮组分的影响［J］. 河南农业大学学报，34（1）：47-49.

李常军，宫长荣，肖鹏，等，2001. 施氮水平和烘烤条件对烤后烟叶品质和含氮组分的影响［J］. 中国烟草科学（1）：4-7.

刘国顺，2009. 烟草栽培学［M］. 北京：中国农业出版社.

孟祥东，赵铭钦，李元实，等，2010. 不同耕作模式对烤烟常规化学成分、经济指标及香气成分的影响［J］. 云南农业大学学报（自然科学版），25（5）：642-648.

张红，阳苇丽，肖勇，等，2018. 四川省烤烟香型风格区划及特征［J］. 四川农业科技（5）：10-13.

赵铭钦，2008. 卷烟调香学［M］. 北京：科学出版社.

附　录

附录1　“泸叶醇”烟叶品牌及宣传

一、“泸叶醇”烟叶品牌 LOGO 解读

“泸叶醇”烟叶品牌 LOGO 及释义见附图 1-1 及附表 1-1。

（扫码看彩图）

附图 1-1　“泸叶醇”品牌的标准 LOGO、单色及反色应用

附表 1-1　“泸叶醇”品牌元素 LOGO 及释义

元素	元素释义
	泸州烟区主要分布于古叙乌蒙山区
	泸州烟区的特色烟叶
	红色文化背景，烟叶尊贵典雅特征，产销红红火火

（续表）

元素	元素释义
	生态环境优势，绿色天然，适宜生产优质生态烟叶
	泸州（LZ）首字母整合，形似河流，代表着流经烟区的赤水河等河流，也代表泸州烟叶海纳百川，烟叶生产源远流长
	烟叶的具体产地，与泸州深厚的酒文化、红色文化、边城文化紧密相连
	泸州生态烟叶这一特定的卷烟工业原料
	具有双重含义，代表泸州烟叶的醇香风格，也代表泸州的酒文化为烟叶品牌增加底蕴
	泸州生态烟叶蜜甜香型的香韵特征

二、“泸叶醇”烟叶品牌内涵解读

1. 品牌定位

泸州烟叶的主要特色是产地生态条件好，质量上乘，融酒文化、民俗与烟文化于一体。定位于现有烟叶工业企业中高端卷烟的生产，为其提供质量稳定原料。

2. 品牌愿景

“做全国知名的生态烟叶供应者！”该愿景主要由于泸州烟叶产地生态环境质量高，产品的外观质量、香韵香型等质量稳定上乘，配伍性强，能为工业客户的卷烟生产带来较高的体验。

3. 品牌核心价值

“生态绿色、持续创新、质量稳定、热情周到。”该核心价值主要针对泸州市公司对产品体验、服务体验、人员体验、文化体验等方面的关注和工业客户对生态、质量、服务等的关注，共同凝练而成的核心价值。

4. 品牌架构

单品牌架构。本品牌架构的提出基于泸州烟区当前仍处于初创阶段，而且产品相对单一，若进行多品牌架构则会冲淡品牌的价值，不利于品牌的宣贯。

5. 品牌口号

醉美泸州，生态泸烟！

三、"泸叶醇"烟叶品牌视频形象宣传脚本文

阳光、温度、雨水、土壤。温润如玉、如诗如画的川南秀美山川，得天独厚的生态条件，酝酿了泸州千年美酒，更孕育出特色优质的生态烟叶——"泸叶醇"。"泸叶醇"生态烟叶基地位于北纬28°，地处中国白酒金三角核心腹地，分布于乌蒙山区森林茂密的丘陵盆谷之中，经过半个多世纪的薪火相传，书写出泸州特色烟叶历史的醇香诗篇。

1. "泸叶醇"品牌的生态支撑

"泸叶醇"生态烟区，环境优美，生态适宜，四季分明，年降水量超过1 000 mm，日照时数1 000 h以上，水质润养清冽，负氧离子浓度达到国家一级标准，极大地促进了烟叶香气物质的形成和积累，使烟叶香气饱满飘逸，是我国蜜甜香型烟叶种植的绝佳沃土，成功创建了2个国家局基地单元，7个省局基地单元，为"泸叶醇"品牌形成奠定了坚实的生态基础。

2. "泸叶醇"品牌的科技支撑

科技创新是"泸叶醇"品牌持续发展的内生动力。烟区注重创新驱动发展，拥有1个市级创新平台，2个县级推广平台，16个科技示范园，形成了"1216"一心两翼新架构。种植云烟85、云烟87、云烟99等优良品种，形成了质量稳定的品种结构。开展了小苗精简定量移栽技术研究推广，改进了移栽工具和移栽方法，促进烟株苗壮生长。利用酒糟生产优质有机肥还田，推广烟草绿肥合理轮作种植，持续提高了土壤综合生产能力；坚持GAP管理模式，按品质区划择优布置植烟区，严格遵循烟叶质量可追溯；大力推广生物防治，降低烟叶农残；自主研发混合能源烤房，实现了省工节本增效。

3. "泸叶醇"品牌的生产管理支撑

"泸叶醇"品牌烟叶生产始终坚持精细化管理，实现了规模化种植、集约化生产、信息化管控。改革创新组织形式，扶持了一批新型经营主体，有效降低种烟劳力和物资成本。改革绩效考核体制，激发了员工工作热情，不断提升了烟叶工作水平。改革生产管理方式，开展6S管理，推广两册一本，建立起完善的基层精益管理制度体系，实现了烟叶生产收购、物资管理全过程实时监控和有效管控。

4. "泸叶醇"品牌的自身建设管理

品牌自身管理是品牌持续发展的原动力。"泸叶醇"品牌瞄准泸州烟区的地域自然资源和人文特色，塑造了"生态绿色、持续创新、质量稳定、诚实可信、热情周到"的核心价值，树立了"做全国知名生态烟叶供应者"的宏伟愿景，建立了一套标准化的生产体系。

5. 共筑品牌，创造辉煌

"泸叶醇"品牌的建设明确了泸州烟区"我是谁、为了谁、我和谁"3个烟叶可持续发展议题，泸州烟草将始终秉承"诚信为本，质量为重，特色为要"发展理念，不断提高生态烟叶生产能力，维持"泸叶醇"品牌的创新发展。泸州烟草将和各界人士一道，携带生态泸州的醉美"泸叶醇"品牌，迈开阔步前行的铿锵步伐，在全国的生态福地上逐梦前行，为中国卷烟工业品牌发展提供持续动力！

附录2　烤烟湿润育苗技术规程①

1. 湿润育苗技术

育苗场地应选择在背风向阳，光照充足、地势平坦，交通方便，靠近洁净水源，排灌方便，地下水位较低、排水方便，远离村庄、烤房等建筑物 50 m 以上，上年未种过烟草以及十字花科作物等无污染源的场地。四周无污染，便于建立标准育苗拱棚群。每亩大田种植面积需准备苗床 3.5～4 m^2，床地有效利用面积 2.3 m^2 · $亩^{-1}$（漂浮育苗 1.5 m^2 · $亩^{-1}$）。

育苗棚的搭建：推广 30 亩 3 畦棚可拆卸式标准化育苗棚，棚膜选用聚氯乙烯无滴膜［厚度为（0.1±0.02）mm］。标准化棚的规格为：长 22.4 m、宽 5.7 m、高 2.2 m（棚膜长宽为 28 m×9 m）。两头留规范的小拱门用于通风透气和管理人员进出育苗棚，门高 1.7 m，宽 0.7 m。在棚外的四周挖一条深 10 cm、宽 20 cm 的排水沟。

苗床准备如下。

凸形苗床畦：在棚内中间挖一条深 5 cm、宽 40 cm 的走道。保证育苗畦高出走道，走道高出排水沟，棚内安排育苗畦；整平育苗畦：按照育苗畦宽略大于 2 个育苗盘长边（1.25～1.30 m）的原则，平整棚内走道两边的育苗畦，把育苗畦表面的土整细耙平，捡掉小石头、稻草等硬物，以免扎破塑料薄膜。育苗床间沟宽 0.4～0.5 m；分隔育苗池：在育苗畦的四周用厚 1.0～1.5 cm、长 2.0～2.5 m、宽 5 cm 的木板作挡板，在育苗畦上每隔 12 盘育苗盘的面积（长约 2.05 m），用上述规格的木板作横向隔板间隔出大小一致的小池。

2. 育苗物资的准备

烤烟育苗物资的准备工作主要包括育苗基质、育苗盘、塑料薄膜、拱棚、育苗专用肥、种子、人力等的准备。只有备齐育苗必需的烟用物资并做到心中有数，才能使烟叶生产得以有序进行。

（1）湿润育苗盘　湿润育苗盘为一分隔成多个育苗小室且各育苗小室的顶部与底部均具有开口的盘状结构，其特征是各育苗小室呈上大下小的形状，在育苗盘底部设有与盘体一体化的网状底网，各育苗小室内壁上均设有由上而下的内凹状植物根部生长引导槽。湿润育苗盘用聚苯乙烯加工而成，特点是质地轻，承载基质和烟苗，耐腐蚀，有一定机械强度。育苗盘选用 100 孔的塑料托盘，规格为长 60.0 cm，宽 33.5 cm，每亩 1 200株，共用 12 个盘，旧盘用 0.1%～0.5%高锰酸钾浸泡 2 h，然后用清水冲洗干净，新育苗盘不必要消毒。

（2）对育苗池注入水　入池摆盘前必须在育苗小池内注入稀释后的营养液。湿润育苗专用肥为液态溶液，每份母液可供 2 亩湿润苗的需肥用量。将 1 号、2 号母液各 50 mL先后倒入 35～37 kg 水中充分混合后，小心注入育苗池中，加入的水量以浸住穴盘 1～1.5 cm 为佳。注入育苗池的水不要超过 37 kg，否则就会造成基质水分过多导致

① 摘编自四川省烟草公司泸州市公司企业标准［Q/LZYC. J05（YG）041—2014］

通透性差，易发生烂种现象，从而影响出苗时间和出苗率。播种时，也可以在育苗池内注入35~37 kg的干净无毒水，先后加入1号、2号肥母液，与水混合均匀后，放入育苗盘。

(3) 育苗基质　它是由漂浮育苗基质和新鲜无污染黄土按一定比例混配而成，其中漂浮育苗基质要求质地轻、易吸水，但不糟水、不腐烂，无毒副作用。配制方法：取新鲜干净的红泥土，过0.8~1.0 cm筛（粒径0.5 cm的黄泥要有50%以上）后，把黄泥土和漂浮育苗基质按一定比例混合均匀，混配比例一般为2∶8或3∶7，混合基质。基质混合后，将一定数量的混合基质装入容器内，倒入少量水，将水与基质充分搅拌混合，使混合基质成为米糊状，1 min后，用pH值试纸片垂直伸进上层水液中1 cm左右，再将其拿出与pH值对比版对比，以中性到弱酸为宜（pH值6~7）。

3. 基质装盘技术

育苗基质的选择是整个育苗技术中的关键因素，基质的好坏直接关系到出苗的质量与数量。基质的作用，一是对烟株和根系提供机械支撑；二是提供足够的空气供根系呼吸；三是提供适宜的水分和营养供烟苗生长。基质装盘包括育苗盘消毒和基质装填两个步骤，凡是使用过的苗盘，应在育苗前消毒，用混配均匀的干基质装盘即可。装填时先将基质均匀填平盘面后，然后墩盘1~2次，墩盘高度10~15 cm，再用刮板刮去多余基质，使盘面平整。装盘时要求充分、均匀、松紧程度适中，装后仔细检查格盘孔穴填料量是否一致。保证穴内基质自然填充，不架空、不过紧，应装得适度适量，装得过松或过紧都会影响烟苗的出苗数量。

4. 播种技术

苗盘装好基质后，用手或其他工具打一个0.3~0.5 cm的种穴，每个穴内播1~2粒种子，播完一盘后用木板或手轻压苗盘表面，使种子覆盖2~3 mm厚的基质。每种苗棚配备一个播种垫板（规格为长80.0 cm，宽45 cm），保证播种均匀方便，每个育苗孔穴内播1~2粒包衣种子，播完后在盘上方均匀反复用喷雾器喷洒清水（雾状），使种子包衣充分吸水裂解，然后将塑料穴盘放在注入了稀释营养液的育苗池内。播种的关键是包衣种子播下后能否充分接触基质、迅速吸收水分，很好地裂解发芽、扎根。

5. 施肥技术

烟草湿润育苗应使用专门配制好的湿润育苗专用肥，按配制好的肥料种类及规定的用肥量、方法施用。苗盘入池前，先往育苗池内加入湿润育苗用水，深度不超过2 cm，然后加入适量的漂浮育苗营养液，N素浓度控制在150 mg·kg^{-1}，共加4~5次肥料，每棚（360张育苗盘100穴）加肥90包（漂浮育苗肥，每包130 g）。总之，施入各种肥料时应根据营养池中的水量来决定施肥量，要将各种肥料溶解、搅拌均匀再投放池中，每放一种肥料要间隔1~2 h。施肥后要将池中的肥料搅拌均匀，经常检查池中营养液的pH值，pH值应保持在5.8~6.5。

6. 水分管理

出苗前：严格控制育苗池内营养液的深度，最高不超过2 cm，使基质充分吸收营养液，保持正常的水分、养分供给，确保出苗及时均匀。

出苗—剪叶前：及时控制水分，池中水深保持 1 cm，池中水干时并且基质表面开始出现干爽时，应及时补充水肥，但要注意补水肥不宜过迟，否则烟苗生长会受抑制。

第一次剪叶后：用洒水壶喷洒营养液和水分，喷施的水分相应减少，目的是促进烟苗根系生长，形成发达根系。

成苗期：减少浇水次数和浇水量，以间断供水为主，拆除育苗池挡板，池底不能有水层，保证成茵时根系将基质全部包裹，控水的程度以烟苗中午发生轻微萎蔫，早晚能恢复为宜。一般从移栽前 10 d 开始间断供水、拆除育苗池挡板。

7. 温度和湿度管理

播种后棚内温度保持在 22 ℃，苗出齐后棚内白天最高温度控制在 28 ℃以下，夜间棚内温度以 13～15 ℃为宜。在搭建育苗棚时配备防冻设施，采取“棚中棚”的方式，在建棚时，准备好搭小棚需要的竹弓及薄膜，在低温寒流天气到来之前，及时建好小棚进行保温。寒流天气时可推迟开门时间，下午提早关门。温度回升时，要及时掀开小棚薄膜，打开大棚两头薄膜通风，防止气温骤升出现高温烧苗。

8. 适时剪叶

在 5 叶 1 芯时进行第一次剪叶，剪叶次数 1～2 次，每次间隔 7～10 d，第一次剪叶把握适当轻剪、以促苗平衡为主要目的；以后视天气情况及苗情每次剪掉叶片的 1/3～1/2。剪叶应在生长点上方 3 cm 以上位置，以不伤芯叶为主。采用剪叶器剪叶可实现着床剪叶，比手工剪叶提高工效 5 倍以上，剪叶后，应及时清理掉入苗床的碎片。

9. 病害虫防治

坚持综合防治、预防为主的原则，在育苗过程中进行适当的药剂防治，移栽前喷施 1～2 次病毒病防治药剂。发现苗床出现病株时应及时拔除处理。育苗大棚内禁止吸烟，进行各项农事操作之前用肥皂水洗手，以防止病害的传播，特别是病毒病。

10. 炼苗

移栽前 10 d 开始控水炼苗，拆去育苗池挡板，并且将池底膜往沟底顺铺，便于排除积水，同时，循序渐进地揭开棚四周的薄膜进行炼苗。最后两天可以将薄膜全部揭去，如遇雨应及时盖膜。

11. 壮苗标准

苗龄 60～65 d，生长强壮，根系发达，活性强，茎粗 0.5～0.7 cm，苗高 10 cm 左右，叶色浅绿色，烟苗整齐一致，无病虫害。烟苗离盘时，基质不残留、不散落。